高等学校新工科计算机类专业系列教材
辽宁省优秀教材

计算机操作系统

主　编　于　红　冯艳红

副主编　黄　璐　林远山

参　编　王　芳　滕　琳　孙京恩

西安电子科技大学出版社

内 容 简 介

本书主要介绍计算机操作系统的基本原理。全书共分 8 章，主要介绍了以下内容：操作系统的定义、功能、分类、特征、发展历程等基本知识，操作系统的运行环境和用户接口，进程管理的基本概念、进程的同步与互斥、进程通信的基本方法等，处理机调度的基本概念和基本方法以及死锁的概念与解决方法，存储器管理的基本概念和基本方法，设备管理的概念和方法，文件管理的概念及方法，多核系统的基本概念及多核系统下的内存管理、进程同步及进程调度。

本书可以作为本科院校学生操作系统课程的教材，也可以作为计算机及相关专业的工作人员学习操作系统原理的参考用书。此外，本书内容涵盖了全国计算机科学与技术专业硕士研究生入学考试全国统考科目操作系统考试大纲的全部内容，因此还可作为硕士研究生入学考试专业课的参考资料。

图书在版编目(CIP)数据

计算机操作系统 / 于红，冯艳红主编.--西安：西安电子科技大学出版社，2017.5
(2024.12 重印)
ISBN 978-7-5606-4476-9

Ⅰ.①计…　Ⅱ.①于…②冯…　Ⅲ.①操作系统—基本知识　Ⅳ.①TP316

中国版本图书馆 CIP 数据核字(2017)第 065633 号

策　划	高　樱	
责任编辑	阎　彬	

出版发行　西安电子科技大学出版社(西安市太白南路 2 号)
电　话　(029)88202421　88201467　　邮　编　710071
网　址　www.xduph.com　　　　电子邮箱　xdupfxb001@163.com
经　销　新华书店
印刷单位　咸阳华盛印务有限责任公司
版　次　2017 年 5 月第 1 版　　2024 年 12 月第 3 次印刷
开　本　787 毫米×1092 毫米　1/16　印　张　15.5
字　数　365 千字
定　价　39.00 元
ISBN 978-7-5606-4476-9
XDUP　4768001-3
如有印装问题可调换

前　　言

操作系统是计算机系统中重要的系统软件，每一个用户在使用计算机时都需要与操作系统打交道。那么，操作系统是如何让程序按照人们的意愿完成特定功能的呢？计算机操作系统这门课程可以帮助大家回答这一问题。

本书编写团队拥有二类本科院校操作系统课程二十多年的教学经验，在教学中通过与学生沟通，了解到学生认为操作系统课程内容抽象、枯燥、难以理解。通过分析学生的特点，发现二类本科院校学生存在分析问题、理解问题能力的不足，缺乏对复杂问题理解的耐心。针对上述情况，本书尽可能多地运用生活中的实例，深入浅出地讲解操作系统的原理与算法思想，让学生通过对生活实例的感性认识来理解操作系统的理性知识，完成从感性到理性的认识过程；本书尽可能降低知识点的复杂度，将复杂知识点分解成多个简单的知识点以提高学生的学习兴趣；同时，在操作系统的发展历程、多核系统等章节中增加了学生自我学习和讨论学习的内容，以增强学生利用网络资源进行学习的意识和能力。

本书总体上采用"总—分"的结构，先从计算机系统体系结构入手总体介绍操作系统的相关概念及基本结构；然后详细介绍每一个模块的具体技术，让学生从系统的角度全面理解操作系统的结构、原理和方法。而对每一个模块的介绍也是先阐述总体概念和结构，再详细介绍具体细节，最后总结概括，符合学生的学习习惯。

本书强调计算机技术发展的螺旋式上升过程，启发学生注重在螺旋式上升过程中的创新，从而培养学生的创新思维能力。

全书共分 8 章，第 1 章介绍了操作系统的定义、功能、分类、特征、发展历程等基本知识，第 2 章介绍了操作系统的运行环境和用户接口，第 3 章介绍了进程管理的基本概念、进程的同步与互斥、进程通信的基本方法等，第 4 章介绍了处理机调度的基本概念和基本方法以及死锁的概念与解决方法，第 5 章介绍了存储器管理的基本概念和基本方法，第 6 章介绍了设备管理的概念和方法，第 7 章介绍了文件管理的概念和方法，第 8 章介绍了多核系统的基本概念及多核系统下的内存管理、进程同步及进程调度。

本书由于红、冯艳红任主编，黄璐、林远山任副主编，参加编写的还有王芳、滕琳、孙京恩等。于红负责编写第 1 章、第 7 章、第 3 章的 3.1～3.5 节，并负责全书写作思路的确定，最后对全书进行了统稿；冯艳红负责编写第 3 章的 3.6～3.9 节、第 4 章的 4.4～4.6 节，并负责全书编写提纲的起草和修改工作；黄璐负责编写第 5 章，并参与了编写提纲的讨论和修改；林远山负责编写第 2 章及第 4 章的 4.1～4.3 节，并参与了编写提纲的讨论和修改；王芳负责编写第 8 章，并对全书内容进行了校对和修改；滕琳负责编写第 6 章的 6.1节、6.4～6.7 节，并对全书内容进行了校对；孙京恩负责编写第 6 章的 6.2 节和 6.3 节。

由于我们对教材的编写模式还处于探索阶段，本书在结构设计、内容组织及知识表达方式上难免有不足之处，恳请广大读者批评指正。我们也将不断探索，以便修订时完善。

编　者

2017 年 3 月

目　　录

第1章　操作系统引论

◇ **本章导读**

计算机操作系统想必大家都用过，那么你是否做过如下思考：

(1) 什么是操作系统？

(2) 最开始的操作系统是什么样的？今天你所使用的操作系统经过怎样的变更？未来会变成什么样？

(3) 是不是所有的操作系统都与你所使用的操作系统一样？操作系统有哪些类型？你使用过几类操作系统？这几类操作系统的差别是什么？

(4) 操作系统有哪些功能？

(5) 操作系统有哪些特征？

(6) 我们为什么要学习操作系统？

　如果你可以很清晰地回答上述问题，请快速浏览本章内容，了解本书观点与你的观点之不同，并深入思考二者的优劣；如果不能回答上述问题，请认真阅读本章内容，并在其中找到答案，若有表述得不清楚的地方，请参阅其他操作系统教材或者到互联网上寻求答案。

1.1　操作系统的概念

本节导读：对于初学者来说，操作系统(Operating System, OS)是一个看不见摸不着的抽象概念，本节主要通过生动的小故事和读者生活中熟悉的实例让读者先对操作系统有一个直观的认识，再通过分析计算机系统的结构，让读者进一步了解计算机操作系统的概念，最终的目的是让读者在学习操作系统的基本原理、方法之前对操作系统有一个初步的认识。

☺ **小故事　第一季**(1)：**家门口开了个小饭店**

　因为小程所在公司的一个项目快要验收了，小程在公司加班，错过了吃饭时间，和往常一样，小程在回家的路上就盘算如何解决晚餐问题，可加班太累，实在不想自己做饭。正在一筹莫展之际，发现家门口新开了一家 OS 饭店，小程心里暗喜，真是老天有眼！小程向 OS 饭店走去，刚走到门口，就见到一位服务员主动跟小程打招呼，了解小程的用餐诉求之后，把小程带入就餐区。小程发现就餐区很小，只有一个座位，但是环境很好。服务员拿来餐牌，小程点了自己最爱吃的粉蒸肉。10 分钟的等待之后，小程吃上了可口的粉蒸肉，结账之后美滋滋地哼着歌曲回家了。

小程对这家小饭店很满意，他无需关心粉蒸肉是怎么做出来的，只需在优雅的环境中等待片刻即可吃上可口的饭菜。小程之所以感到满意是因为饭店有服务员负责接待、厨师负责做菜、调度员负责座位调配，也就是说饭店有一个专门的团队来对饭店进行管理，这个团队就是饭店的操作系统。

在现实生活中存在各种各样的组织机构，每一个组织机构中都有一个掌管全局的角色，这个角色就可以看成是机构的操作系统，当然这里的角色可以是一个人，也可以是一个团队。以下是几个生活中的实例。

⊡ **实例 1.1**

班级是为了方便同学们学习而建立起来的一种组织机构，如果班级没有一个以班长为核心的班委掌管班级总体情况，为班级同学做好服务，则很难形成良好的班风，建立和谐的学习氛围，为班级同学提供一个温馨的成长环境。虽然个别学生不管是否有班委都会很好地规划自己的学习和生活，但是从班级同学的总体情况来看有班委和没有班委会有较大差异，班委的效率会直接影响班级同学的发展水平，班级的班委就是班级的操作系统。请仔细观察你身边各个班级班委的工作作风，结合班级同学的总体情况，分析不同的班委对班级发展的影响。

⊡ **实例 1.2**

学校是为学生提供学习机会的场所，如果学校没有一个掌管总体情况的校长和为全校师生服务的部门，那么学生的学习、生活都需要学生自己去做，势必会降低学生的学习效率，部分自理能力较差的学生可能无法完成学习任务。学校的管理机构可以看成学校的操作系统。学校的管理机构的管理策略、管理方法和工作效率，对学校的发展产生至关重要的影响。

从上述实例可以看出，操作系统在我们的日常生活中非常常见，班级、学校、饭店、公司都有操作系统，不同的操作系统具有不同的特点。计算机也一样，计算机系统的管理团队是计算机系统的操作系统。不同的操作系统既有共性，也有差异。由于不同操作系统的管理对象不同，因此每种操作系统都有自己的特色。本课程讨论的是计算机操作系统，自然要从分析计算机系统入手来理解计算机操作系统的概念。

1.1.1 计算机系统简介

计算机系统是可以按用户的要求接收和存储信息、自动进行数据处理并输出结果的系统，其结构示意图如图 1-1 所示，它包括硬件系统和软件系统两部分，其中硬件系统又包括中央处理器(CPU)、内存储器和 I/O(输入/输出)设备。I/O 设备主要有硬盘、光盘、优盘等外存储器，键盘、鼠标、扫描仪、数字化仪等输入设备以及打印机、绘图仪等输出设备。软件系统包含系统软件和应用软件，系统软件有操作系统、数据库管理系统等，应用软件有教务管理系统、航空订票系统等。

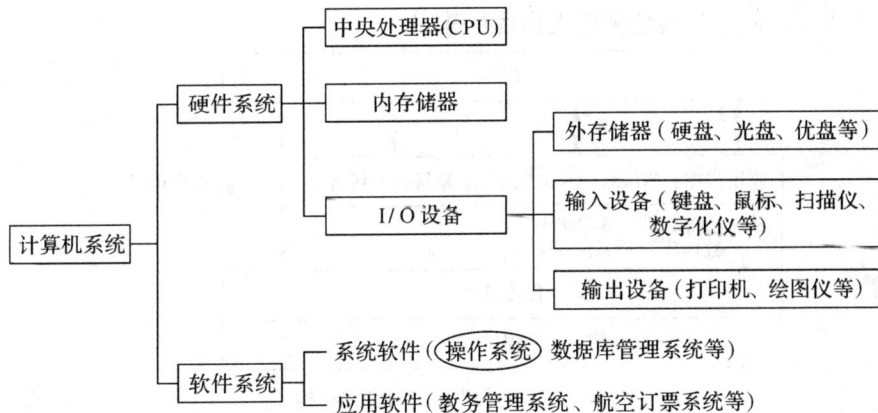

图 1-1　计算机系统结构示意图

从图 1-1 中可以得出结论：计算机操作系统是计算机系统中的系统软件。

1.1.2　计算机系统的层次结构

从 1.1.1 节中可以看到，计算机系统是由硬件系统和软件系统构成的，其中硬件是软件运行的基础，软件是硬件功能的扩充。没有硬件，计算机系统就失去了物理基础，软件也就无法存在了。反过来，若只有硬件而没有软件，就像最初的计算机那样，将会很难使用，效率也很低，没有太多的应用价值。可以看到，硬件与软件是有机结合在一起的，那么硬件和各种软件是如何组织在一起的呢？

？思考题 1.1：计算机系统是有层次的吗？

✿小问题 1.1：你有没有自己安装过操作系统？

如果你安装过操作系统，你就会知道计算机是有层次的。

计算机在出厂的时候只有硬件，没有安装任何软件，这样的机器被称为"裸机"(Bare Machine)，只有对计算机系统的硬件结构和工作原理非常熟悉的人才会使用裸机，要想让计算机有效工作就需要安装软件。

由此可以看出，先有裸机、后有软件，软件是安装在裸机上的，裸机是软件运行的基础。因此，裸机在计算机系统中处于最底层。

？思考题 1.2：是不是什么软件都可以直接安装在裸机上呢？

安装过操作系统的人一定知道，必须先安装操作系统，然后才能安装其他软件，因此操作系统处于裸机之上的第一个层次。由此可见计算机系统是有层次的。计算机系统的层次结构如图 1-2 所示。操作系统直接安装在裸机上，安装了操作系统之后才可以安装编译程序、数据库管理系统等其他系统软件，进而才能安装需要用到数据库的教务管理系统、航空订票系统等应用软件。没有操作系统，其他软件就不能运行；没有其他软件，计算机的作用就不能有效发挥。

因此我们可以得出结论：操作系统是计算机系统软硬件之间沟通的桥梁和纽带，向下管理所有的硬件，向上为其他软件提供运行基础。

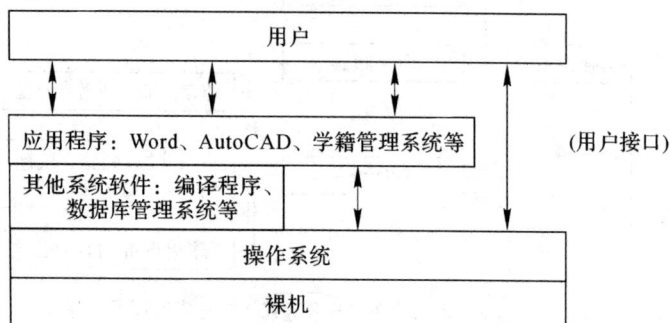

图 1-2　计算机系统的层次结构

1.1.3　程序的执行

程序是程序设计人员根据用户需求开发的、用程序设计语言编写的、可以在计算机上执行的指令集合。程序只有在计算机上执行才能完成用户期望的功能，例如选课、买飞机票等。程序在计算机上的执行与学生在学校的学习过程类似，要想知道程序在计算机内是如何运行的，首先让我们看一下学生在学校是如何完成学业的。

　⊡ **实例 1.3**

学生是学习的主体，学生具有学习能力，但是学生要完成学业需要使用学校提供的实验室、教师、宿舍、食堂等各种学习资源，如何利用这些资源完成学业不由学生自己掌控，需要学校统一安排。例如：后勤管理处统一安排学生在校学习期间的生活起居，学生处统一安排学生的日常活动，教务处统一安排学生的选课。而上述各个职能部门就是学校的操作系统，因此，学生的学习过程由学校这一操作系统统一指挥、调度。

由实例 1.3 可以看出，学生的学习过程是在学校的职能部门调配下完成的，而程序的执行则需要使用内存、CPU、外设等各种资源，对这些资源的使用同样也不能由程序自身完成，需要在操作系统的各个功能模块的控制下进行。操作系统中有专门负责内存管理的模块、专门负责 CPU 管理的模块、专门负责设备管理的模块，不同的模块有不同的分工，就像学校的后勤管理处、教务处、学生处一样，如果没有操作系统的统一调配和控制，程序的执行就会非常混乱、低效。

由此可以得出结论：操作系统控制程序的流程。

1.1.4　计算机的使用

用户如何使用计算机呢？每一个使用过计算机的人都会觉得这个问题很简单，可以通过键盘命令或者点击鼠标来使用计算机。事实上，计算机的硬件并没有给用户提供点击鼠标界面或者键盘命令，计算机硬件只为用户提供了一个基本的指令系统，而这个基本的指令系统的使用非常繁琐，普通用户根本无法使用。为了方便用户使用计算机，操作系统为用户提供了字符界面和图形界面，用户可以通过输入一些简单的命令或者点击鼠标完成对计算机的使用。

由此可以得出结论：操作系统为用户使用计算机提供了方便的接口。

1.1.5　操作系统的定义

对于操作系统的定义，不同学者有不同的观点，到目前为止，还没有一个统一的定义。本书从操作系统的功能和角色等视角给出操作系统的如下定义。

定义 1.1　操作系统：计算机系统中的一种系统软件，管理计算机系统的软硬件资源，控制程序的流程，并为用户使用计算机提供方便的接口。

从上面这个定义可以看出，操作系统主要扮演着资源管理员、程序指挥员和用户接待员三个重要角色。

1. 资源管理员

在现代计算机系统中，一切软硬件都是系统资源，硬件资源主要包括 CPU、内存和 I/O 设备等，而软件资源主要有各种程序、数据结构及各种数据等。所谓资源管理，就是为正在运行的、相互竞争的多个程序之间合理而有效地分配资源，使每个程序都能正确而有效地运行，并最大化发挥所有资源应有的功能。资源管理的总体目标就是为用户提供一种简单而有效的使用资源的方法，充分发挥各种资源的作用。我们知道，一般来说计算机系统中的资源都是稀缺的，通常多个程序共享使用。比如说，某一台计算机连着一台打印机，假设现在有三个程序试图同时用这台打印机来打印文档。如果不对打印机加以控制，就有可能出现这样的情况：同一页纸上头几行是程序 1 的输出，接下来几行是程序 3 的输出，然后是程序 2 的输出等等，这样的打印显然是很糟糕的。而我们在现实中没有遇到这种问题，是因为操作系统帮我们管理了这台打印机。与之类似的还有 CPU 的调度、内存的管理、鼠标的控制等，而所有这些复杂的工作都是由操作系统来完成的。因此，从这个角度来看，操作系统扮演着资源管理员的角色。

2. 程序指挥员

一个应用程序的执行自始至终都在操作系统控制下进行。我们知道，想用计算机来解决一个实际问题，首先得用某种程序设计语言编写一个程序，然后把这个程序连同相应的数据一起输入计算机内，最后操作系统根据要求控制这个应用程序的执行直到结束，从而解决该实际问题。操作系统控制应用程序的执行主要按以下步骤进行：调入相应的编译程序，将用某种程序设计语言编写的源程序编译成计算机可执行的目标程序，分配内存等资源，将程序调入内存并启动，根据某种策略对该程序进行调度，为其分配 CPU 并执行相应的语句，包括进行各种运算、处理各种 I/O 请求等，直至所有语句全部执行完。从这个角度看，操作系统又扮演着程序指挥员的角色。

3. 用户接待员——软硬件界面，人机界面

众所周知，计算机是由 CPU、内存、磁盘、显卡、声卡等许多设备组成的，而且这些设备的厂商众多，品种繁杂，不同厂商生产的同种设备虽然可以完成同种功能，但是具体细节却千差万别。如果没有操作系统，为了正确管理和使用这些设备，用户或程序员就需要了解和掌握各种设备的工作原理。即使对于同种设备，不同的硬件厂商在实现细节上的差异也会使得用户或程序员陷入了复杂的硬件控制的深渊！为了让用户或程序员从这个"苦海"中脱离出来，操作系统承担了这个复杂的工作，它通过设备驱动程序来与计算机硬件打交道，通过一系列的功能模块将整个计算机硬件系统抽象成为一个公共、统一、开放的

接口，再将这些接口提供给用户使用，这些接口主要有命令方式、图形化(窗口)方式和应用程序接口方式。操作系统就是通过也只能通过这些接口来响应用户的请求。从这个角度来看，操作系统扮演着用户接待员的角色，当从相应的接口接收到用户的请求后，操作系统便调动相关的"人马"为用户提供相应的服务。

1.1.6　操作系统的设计目标

目前存在着多种类型的操作系统，不同类型的操作系统各有侧重，但一般来说操作系统的设计目标有以下几点：

1. 有效管理系统资源

计算机系统包含着许多软硬件资源，如何有效地管理好这些系统资源，使系统资源得到充分的利用，是操作系统首要解决的问题，也是配置操作系统所要达到的一个重要目标，具体包含着以下两方面的含义。

1) 提高系统资源利用率

一般来说计算机系统资源是稀缺的，并且有运行速度的差别，如果各种资源不加以协调，很多诸如 CPU、I/O 设备等资源就会经常处于空闲状态，不能被充分利用，从而造成计算机系统资源的浪费。在配置操作系统后，操作系统会对计算机系统资源进行管理，使计算机系统资源能够有序、充分地使用，从而提高了系统资源的利用率。

2) 提高系统吞吐量

操作系统通过合理地组织计算机的工作流程(如多任务并发)来进一步提高计算机系统资源的利用率。提高系统吞吐量意味着计算机系统在单位时间内处理的用户或系统请求越多，系统资源越能得以充分利用。

2. 方便用户使用计算机系统

在使用未配置操作系统的计算机时，你面对的是一个个只认 0 和 1(机器码)的硬件，用户在使用计算机时必须给计算机发出(输入)由 0 和 1 组成的机器码指令，然后计算机才能明白你的想法，这就使得用户使用计算机很不方便。在配置操作系统后，用户可以直接调用易懂的命令或点击鼠标来使用计算机，这就让使用计算机变得更加方便。

3. 适应硬件的更新换代

随着超大规模集成电路(VLSI)技术和计算机技术的迅速发展，计算机的硬件和体系结构也随之更新换代，那么操作系统的设计就必须考虑到将来可能存在的硬件扩充功能或更新的问题，即充分考虑兼容性的问题，提供统一的接口，为可能的功能预留接口。

4. 实现开放环境

由于计算机网络的迅速发展，特别是互联网应用的日益普及，计算机操作系统的应用环境已由单机封闭环境转向开放的网络环境。为使不同厂家的计算机和设备能通过网络加以集成，能正确、有效地协同工作，实现应用的可移植性和互操作性，要求计算机系统必须提供统一的开放环境，进而要求操作系统具有开放性。开放性是指系统能遵循世界标准规范，特别是遵循开放系统互连(OSI)国际标准。凡遵循国际标准开发的硬件和软件，均能彼此兼容，可方便地实现互连。

1.2　操作系统的发展

本节导读：任何事物的发展都是有原因的，也是有规律的，不同事物发展的原因和规律既有差异性，又有相似性。本节主要分析推动操作系统发展的因素，并详细阐述操作系统的发展历程，主要目的是希望读者能够了解操作系统发展的内在及外在原因并找到操作系统的发展规律。本节内容的学习不仅可以指导后面章节中操作系统理论的学习，还可以将操作系统的发展规律应用于其他领域。

☺ 小故事　第一季(2)：OS 饭店扩大了

因为项目交付，小程去外地工作了一段时间，这段时间，他一直非常想吃 OS 饭店的饭菜，回来后就径直来到 OS 饭店，他惊喜地发现，OS 饭店有了很大变化：饭店的门面扩大了，座位由原来的 1 个增加到 16 个；环境更好了，安装了空调等设备；菜品的种类增多了，除了肉类，还增加了海鲜类菜肴；服务员的分工更明确了，有专门负责接待的、专门负责领位的、专门负责点菜的；相应地，服务比以前更贴心了。小程点了一份清蒸黄鱼，在短暂的等待时间之后，小程吃上了味道鲜美的清蒸黄鱼，这一餐让小程吃得心满意足，更加喜欢 OS 饭店了。

由此我们可以看出，OS 饭店在开店初期规模不大，但是随着时间的推移，OS 饭店不断发展成一个有一定规模的大店，当然饭店的发展是受客户需求、市场竞争等因素推动的。与 OS 饭店一样，计算机操作系统也并不是一开始就有，它经历了从无到有、从小到大、从简单到复杂的发展历程，而且现在还在不断发展，下面我们首先看看推动操作系统发展的因素有哪些，然后详细阐述操作系统的发展历程。

1.2.1　推动操作系统发展的因素

操作系统发展至今，在性能、规模等方面都有了很大的提高，操作系统的功能已非常强大，用户使用更加方便。推动操作系统不断向前发展的动力有很多，但归结起来，操作系统发展的主要推动力是计算机硬件的更新换代、用户需求的扩大、计算机体系结构的不断发展和市场的激烈竞争。

1. 计算机硬件的更新换代

计算机系统中的硬件是所有软件运行的基础，操作系统是裹在硬件之上的第一层软件，与硬件的关系尤为密切，它对硬件资源直接实施控制、管理。如果一台计算机增加了一种新硬件，操作系统就要增加对这种新硬件进行管理的功能，否则就不能胜任系统资源管理者的角色，因此硬件的升级换代促使操作系统进行相应的改变以适应硬件的发展。例如：早期的计算机没有鼠标，只有键盘，当然，操作系统就不需要具备管理鼠标的能力；20 世纪 90 年代鼠标技术逐渐成熟，促使操作系统升级，增加了管理鼠标的功能，同时由于鼠标的广泛应用使得操作系统的界面由字符界面升级到图形界面，大大方便了用户的使用。由此可见，硬件更新换代是推动操作系统发展的因素之一。计算机硬件从电子管到晶体管、集成电路、大规模集成电路，发展至当今的超大规模集成电路，计算机系统的性能得到快速提高，这也促使操作系统不断发展，其功能不断完善。

2. 用户需求的扩大

OS 饭店的发展很大程度上是由于客户需求的增加，当初只有一个座位的小饭店不断扩大规模，增加菜品和服务，是因为 OS 饭店的客户反馈机制做得好，同时他们能认真研究客户反馈信息，并根据客户反馈进行改进。计算机操作系统的发展也要归于用户需求的不断扩大。在 20 世纪 60 年代，计算机主要用于科学计算，后来用户不仅希望计算机能进行科学计算，还希望计算机能进行工业控制和实时信息检索，为此操作系统进一步发展，增加了实时控制及实时信息检索的功能。用户应用需求的不断扩大促进了计算机技术的发展，也促进了操作系统的不断更新升级。另一方面，用户对操作系统现有功能的不满，也会不断敦促操作系统厂商完善操作系统的功能，使操作系统朝着更加完美的方向发展。

◆ 小启示：对我们个人也一样，我们周围的人发现并指出我们的缺点或者对我们提出较高要求对我们是一件好事，我们只要能够认真反思，改正缺点，就会变得越来越完美。

3. 计算机体系结构的不断发展

计算机体系结构的发展，也不断推动着操作系统的发展甚至产生新的操作系统类型。例如，当计算机由 32 位处理机系统发展为 64 位处理机系统时，相应地，操作系统也就由 32 位操作系统发展为 64 位操作系统。又如，当出现了计算机网络后，配置在计算机网络上的网络操作系统也就应运而生，它不仅能有效地管理好网络中的共享资源，而且还向用户提供了许多网络服务。

4. 市场的激烈竞争

市场的激烈竞争也在不断推动着操作系统的发展。当操作系统适应硬件的发展并满足用户的功能需求后，用户对操作系统又提出了更高的要求，用户希望操作更方便、界面更美观、用户体验更好等等。于是，为了抢占市场份额，各大操作系统厂商纷纷想方设法实现用户的期望，这成为继续推动操作系统发展的又一个动力。近年来，Linux 操作系统的市场份额不断增加，是因为 Linux 操作系统看好了 PC 操作系统的市场，并在操作系统的功能、性能、易用性等方面不断迎合用户的需求而进行改进，促使 Linux 操作系统不断发展。而微软也不会轻易放弃已有的市场，微软的 Windows 操作系统就是一个典型的例子，由开始的 Windows 3.2、Windows 95、Windows 98、Windows 2000、Windows XP、Windows 7、Windows 8、Windows 10 等不断进行升级换代，功能越来越强大，推动 Windows 操作系统不断完善。

综上所述，计算机硬件的更新换代、用户需求的扩大、计算机体系结构的发展以及市场竞争等因素不断推动计算机操作系统向前发展。计算机操作系统到底经历了怎样的发展历程呢？下面详细阐述。

1.2.2 手工操作阶段

众所周知，世界上的第一台计算机是 1946 年诞生的，从第一台计算机至 20 世纪

50 年代中期的计算机属于第一代计算机，因为这时计算机逻辑电路的主要部件是电子管，所以这个时期又被称为电子管时代。这时的计算机体积庞大，耗能高，价格十分昂贵，且没有配备操作系统，使用起来不仅非常繁琐，而且只有具有深厚计算机专业知识的人才能使用，普通用户无法使用计算机。由用户(也是程序员)采用手工方式直接控制和使用计算机硬件，大体的操作过程是：首先程序员使用由 0 和 1 构成的二进制代码表示程序，例如，假设 A 用 01000001 表示，B 用 01000010 表示，加运算用 00010101 表示，则表示 A+B 就需要用下面的二进制串表示：

00010101

01000001

01000010

一段具有一定功能的程序需要用很长的二进制代码表示，用户需要将事先准备好的程序和数据穿孔在纸带或卡片上(穿孔表示“1”，无孔表示“0”) (图 1-3 就是存储某个程序或数据的纸带)，程序准备好之后，在约定的时间去使用计算机，使用计算机时需要先手工将纸带或卡片装入纸带机或卡片读入机，由纸带或卡片输入机将程序和数据输入计算机；然后手动扳动开关启动计算机运行，程序运行过程中出现意外或者程序运行结束，程序员需要通过控制台上的按钮、开关等来操纵和控制程序，程序运行结束后，用户取走计算结果，这时下一个用户才能上机。当时的计算机没有显示设备实时显示程序运行结果，因此中间的运行过程中出现的任何错误都必须在程序运行结束时才能知道，程序员也不能在机器上实时调试程序，程序中出现的错误需要程序员回去之后自己修改程序，将修改后的程序重新穿孔到纸带或卡片上，重复上述过程，直到程序能正确运行。

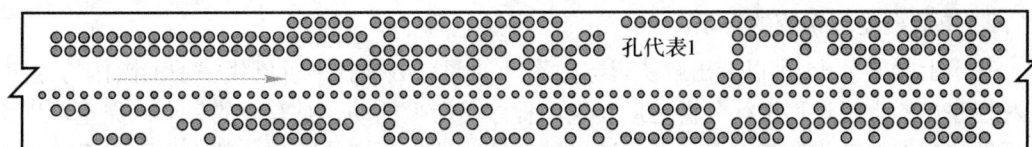

图 1-3　存储某个程序或数据的纸带的示意图

从上面操作过程的描述可以看出，这种人工操作方式对用户的要求很高，用户往往既是程序员又是操作员，但更重要的是，随着计算机的运算速度的提升，人工干预时间占据很高的比例，人工速度跟不上计算机的速度，从而出现“人—机矛盾”，造成计算资源浪费。早期的计算机计算速度较慢，为几千次每秒，这种人工干预对计算资源的浪费还不是很明显，但是后来计算机的运算速度大大提高，达到了几十万甚至上百万次每秒，这时人工速度对整体性能的影响就变得显著了。例如：假设早期的计算机计算速度为 2000 次/秒，一个程序的运行需要进行 3 600 000 次运算，而人工进行输入/输出、启动按钮等动作的时间是 3 分钟，一个程序运行需要花费的时间为程序运行时间 + 人工干预时间 = 3 600 000 次/2000 次/秒 + 3 分钟 = 1800 秒 + 3 分钟 = 33 分钟。在 33 分钟的时间内有 3 分钟的时间是人工干预时间，用户干预时间占程序运行时间的比例不超过 10%，对一般用户而言是可以接受的。随着计算机运算速度的加快，假设机器的运算速度为 20 000 次/秒，手工干预时间不会因机器运行时间的改变而改变，因此，手工干预时间还是 3 分钟，则运行程序所需要的总时间为 3 600 000 次/20 000 次/秒 + 3 分钟 = 180 秒 + 3 分钟 = 6 分钟。在

6 分钟的程序运行时间里，有 3 分钟时间是人工干预时间，占总时间的 50%，这对于昂贵的计算资源是一种严重浪费，因此就要想办法来提高机器的利用率。

通过上面的分析可以看出，手工操作阶段有如下特点：

(1) 人机串行。人手工进行磁带机和卡片机的安装、按钮启动等工作时，计算机不能工作，而计算机在工作的时候，人不能进行任何操作，这样就形成了人机串行的工作模式。

(2) 资源独占。这个时期的计算机同一时刻只能运行一个程序，整个计算机中的所有软硬件资源在同一段时间内只能为一道程序服务，所有的资源都被一个任务所独占。

❓ **思考题 1.3**：手工操作有什么缺点？如何改进？

1.2.3　单道批处理系统

1. 批处理系统的引入

从上节的分析和思考我们看到，手工操作方式的最大缺点是计算机资源的利用率比较低，导致资源利用率低的主要原因是在人机串行的工作模式下，人工操作的时间所占比例过大严重影响了机器的工作效率。为了解决这个问题，能想到的办法有两个，一是提高人的工作速度，二是用其他更高效的方法代替人的手工操作。前一种方法显然不可行，因此需要积极思考能代替手工操作的方法，由此引入了批处理系统。

◆ **小启示**：在批处理系统的引入中，我们可以看出创新的过程，在现实生活中注意观察并发现现有的产品或技术存在的问题，并分析产生该问题的根本原因，探索解决的途径，这就是一种创新。在计算机领域，最容易想到的创新，就是让计算机代替人做事。

2. 单道批处理系统的实现

基于上面的分析，可以看出解决机器效率低的问题必须找到可以代替手工操作的方法，在对程序员的上机过程进行分析之后发现，程序员所做的动作是有限的集合，完全可以将人所做的每一个动作变成一个命令，通过一种称为监控程序的软件，使用户不必直接接触机器，而是先通过卡片机和纸带机向监控程序提交作业，由监控程序将作业组织在一起构成一批作业，然后将整批作业放入由监控程序管理的输入设备上，每当一个作业执行完毕返回监控程序时，监控程序自动装入下一个作业。监控程序的工作流程如图 1-4 所示。机器启动后，读入第一个命令，由监督程序解释所读入的命令，完成相应的动作，再读入下一条命令，执行结束命令。因为这一做法要成批处理作业，因此被称为批处理系统。

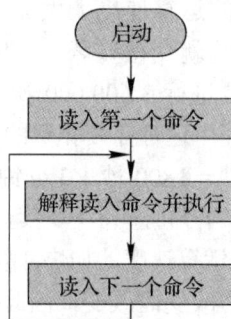

图 1-4　监控程序的工作流程

3. 单道批处理系统的分类

根据输入/输出设备与主机的连接方式不同，单道批处理系统可以分为联机批处理和脱机批处理两种类型。

1) 联机批处理

在联机批处理系统中，作业的输入/输出设备与主机直接相连，作业的输入/输出是在主机的控制下进行的。联机批处理系统的工作流程如图 1-5 所示。

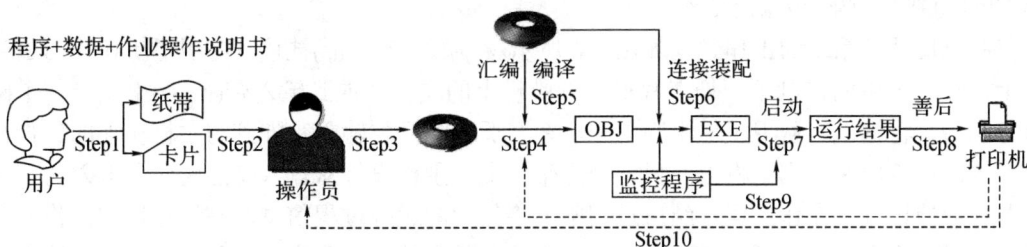

图 1-5　联机批处理系统的工作流程

Step 1：用户分别在自己的工作空间内编写程序并把作业的全部内容(包括程序、数据及作业的操作说明书)做成穿孔纸带或卡片。

Step 2：用户将做好的，存有程序 + 数据 + 作业操作说明书的卡片或纸带提交给操作员。

Step 3：操作员有选择地把若干作业合成一批，在主机的控制下，通过输入设备(纸带输入机或者读卡机)把作业存入磁带。

Step 4：监控程序从磁带中的一批作业中读入一个作业。

Step 5：根据作业的操作说明书从磁带中调入相应的汇编程序或编译程序，将用户作业源程序翻译成目标代码。

Step 6：按照作业操作说明书的要求用连接装配程序把编译后的目标码及所需的子程序装配成一个可执行程序。

Step 7：启动程序的执行。

Step 8：程序执行完毕，由善后处理程序输出计算结果。

Step 9：从磁带上读入下一个作业，重复 Step 5 至 Step 9。

Step 10：一批作业完成，返回 Step 3，处理下一批作业。

从上述过程可以看出，联机批处理系统用监控程序实现了作业的成批处理和作业运行过程的自动控制，用机器的自动操作代替了人工干预，大大提高了计算机的工作效率。

思考题 1.4：联机批处理方式有什么缺点？如何改进？

2) 脱机批处理

众所周知，CPU 是计算机系统中最重要的资源，也是最昂贵的资源，CPU 的计算速度很快，而纸带机、卡片机的速度很慢。在联机批处理系统中，将纸带机、卡片机等输入/输出设备直接连接到主机 CPU 上，让主机 CPU 直接控制作业的输入/输出就好像让比尔·盖茨直接领导微软公司的代码小组的成员写代码，从功能上看，比尔·盖茨完全能胜任这份工作，但是从性价比上分析，公司有更多更重要的工作需要他去做，让他直接领导代码小组写代码是资源的严重浪费。回到批处理系统的问题中，采用联机批处理，在作业输入和结果输出时，大多数情况下，主机的高速 CPU 处于空闲状态，等待慢速的 I/O 设备完成工作，这是 CPU 资源的严重浪费。那怎样才能减少 CPU 资源的浪费呢？对于微软公司而言，就是找一个专门负责人领导代码小组的成员写代码，让比尔·盖茨去做更重要的公司决策层的事情。基于这一思想，提出了脱机批处理。

脱机批处理的基本思想是：引入一个卫星机，专门负责控制输入/输出，卫星机可以脱离 CPU 直接控制输入/输出工作。

脱机批处理系统的工作过程如图 1-6 所示。将输入带(磁带)挂接到与卫星机相连的磁带机上，在卫星机的控制下，把卡片机、纸带机上的作业存放到输入带(磁带)上，当一个磁带存满后，将输入带从卫星机上卸下来。在合适的时间将输入带挂到与主机相连的磁带机上，同时将输出带挂到主机上的另一个磁带机上。主机直接从输入带上将作业调入内存并控制作业的运行，在作业运行结束过程中，将作业的运行过程信息写到运行日志，作业运行结束时，将运行结果写到输出带。当一条输入带上的所有程序均运行完成后，将输出带从主机上卸下来。在卫星机空闲的情况下，将存有运行结果的输出带挂到与卫星机的磁带机上，在卫星机的控制下进行结果的输出。

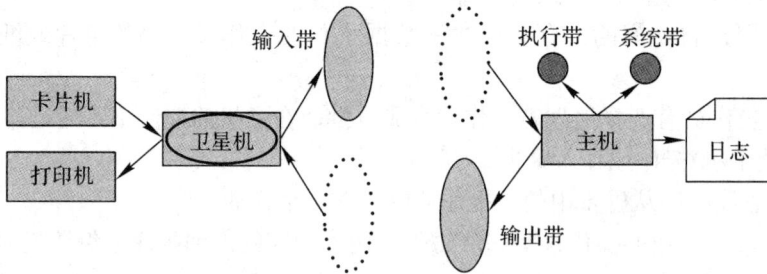

图 1-6　脱机批处理系统的工作过程示意图

从上面的工作过程可以看到，主机不需要与速度很慢的卡片机、纸带机直接打交道，而是与速度较快的磁带机打交道，而且，磁带机上每次存放一批作业，可以实现作业的批量处理，大大提高了主机的工作效率。这样，装带(卡)、卸带(卡)以及将数据从低速 I/O 设备送到高速磁带(或盘)上，都是在脱机情况下进行的，并不占用主机时间，同时主机和卫星机分工明确，可以并行工作，从而有效地减少了 CPU 的空闲时间，在一定程度上缓和了人机矛盾。

◆ 小启示：脱机批处理的思想让我们看到，管理一个小规模的公司，公司的领导可以亲力亲为，所有的事情都自己做，可以节省人力成本。当公司规模越来越大时，就应该增加一些能替领导分忧解难的中坚力量，分工明确，这样可以提高管理效率。

脱机批处理系统在 20 世纪 60 年代应用十分广泛，它极大缓解了人机矛盾及主机与I/O 设备的矛盾，是现代操作系统的雏形。IBM-7090/7094 配备的监控程序就是脱机批处理系统。

4. 单道批处理系统的特点

与人工操作方式相比，单道批处理系统有了很大的进步，它摆脱了人的手工操作，实现了作业的自动过渡，它有如下特征：

(1) 单道性。任何时刻内存中仅有一道作业运行，即监控程序每次从磁带上只调入一道作业进入内存运行，当该作业完成或发生异常情况时，才换入其后继作业进入内存运行。

(2) 成批性。磁带上总是有一批作业等待处理，作业之间的切换由监控程序自动完成，无需人工干预。

(3) 顺序性。磁带上的各道作业是顺序地进入内存，先进入内存的先完成。

1.2.4　多道批处理系统

1. 多道批处理系统的引入

单道批处理系统作业的运行过程如图 1-7 所示，作业的运行时间包括 I/O 操作时间 + CPU 计算时间，其中 I/O 操作时间包括将数据从磁带调入内存的时间和将运行结果写入磁带的时间，这部分时间主要是外设在工作，CPU 处于空闲状态；而 CPU 计算时间是 CPU 工作，而外设空闲。从图中可以看出，每当作业进行 I/O 操作时，CPU 空闲，而每当 CPU 在计算的时候，I/O 设备空闲，致使 CPU 和 I/O 设备等资源都得不到充分的利用，特别是对于 I/O 量非常大的作业，CPU 的利用率会大大降低。

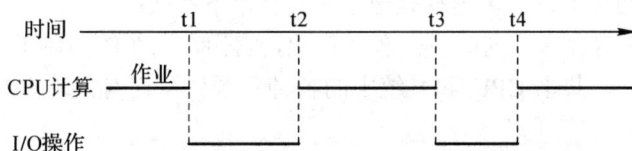

图 1-7　单道批处理系统中作业运行过程示意图

到了 20 世纪 60 年代，计算机的硬件在两方面得到了发展，一是有了通道技术，二是有了中断技术。通道是一种专门负责外设与主存之间数据交换的处理部件，可以同时控制多台外设工作，启动后可以独立于 CPU 运行，这样，当 CPU 把 I/O 任务布置给通道之后，CPU 就可以专心于计算任务，也就是说，CPU 和外设可以同时工作。而中断技术则是 CPU 具有被中断的机制，CPU 在工作时，可以接收外部信号，当 CPU 接到外部信号时，可以中断正在进行的工作，转去处理发送信号的事件，当这一事件处理完毕以后，将回到原来的断点继续工作。

这两种技术的出现使得操作系统有了进一步的发展。人们发现，单道批处理系统的效率之所以低，是因为任何时刻内存中只有一道作业，当作业进行 I/O 操作的时候 CPU 只能空闲。这就好比一个医院某个诊室里有一个医生和一个护士，医生负责给患者问诊，护士负责给患者进行仪器检查，如果该诊室一次只允许一个患者进入，则医生问诊时，护士只能闲着；而护士检查时，医生只能闲着，这种机制致使没有足够多的患者让医生和护士有效并行工作。有了通道和中断技术之后，医生和护士就可以并行工作了，护士只有在进行仪器检查过程中有疑问的时候才向医生发中断请求，医生接到请求“中断”自己的工作帮护士处理相应的问题。在计算机系统中则是 CPU 专注于计算，通道专注于 I/O，当通道在进行 I/O 操作的过程中遇到问题时则向 CPU 发中断。为改善系统资源的利用率，人们借助通道技术和中断技术，引入了多道批处理系统(Multi-programmed Batch Processing System)。

2. 多道批处理系统的实现

在多道批处理系统中，同时把多个作业放入内存，并允许它们交替在 CPU 中运行，共享系统中的各种硬、软件资源，当某个作业因 I/O 请求而暂停运行时，CPU 便立即转去运行另一个作业。图 1-8 给出了多道批处理系统中 A、B 两个作业的执行过程，从图中可以看到，作业 A 和作业 B 在执行过程中的某些操作是同时进行的(如作业 A 使用输入设备的时候，作业 B 在使用 CPU 进行计算)，即真正做到了 CPU 执行过程与 I/O 处理过程并行。

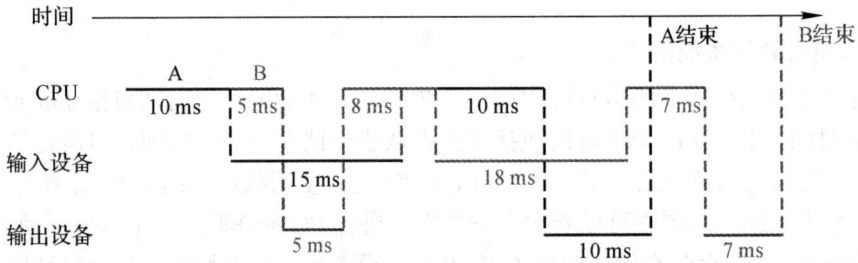

图 1-8　多道批处理系统中两道作业执行示意图

从上面的介绍可以看出，多道批处理系统具有以下特征：

(1) 多道性。在内存中可同时驻留多个作业，它们在系统的控制下，可相互穿插、交替地在 CPU 上运行，共享 CPU 和系统中的各种资源，从而有效地提高资源利用率和系统吞吐量。

(2) 成批性。用户所提交的作业都先存放在外存上并排成一个队列，称为"后备队列"，系统按一定的调度策略从后备队列中选择若干个作业调入内存。作业的加载、运行、退出等工作均由系统自动完成，从而在系统中形成一个自动转接的、连续的作业流。

(3) 无序性。由于多个作业交叉执行，所以作业完成的先后顺序与它们进入内存的顺序并无严格的对应关系，也就是说后进入内存的作业可能先完成。

(4) 宏观上并行。同时进入系统中的几道程序都处于运行状态，即都正在运行且没有运行完成，宏观上各道程序是并行的。

(5) 微观上串行。虽然多道批处理系统在客观上是并行的，但是从某一个时间点上看，各道程序轮流使用 CPU、外设，无论是 CPU 还是外部设备，任何时刻只能为一道作业服务，因此从微观上看，作业是串行使用各种资源的。

3. 多道批处理系统的特点

在分析多道批处理系统的优缺点之前，先介绍几个相关概念。

定义 1.2　多道程序设计：将一个以上的作业放入主存，并且同时处于运行状态，这些作业共享处理机的时间和外围设备等其他资源。

定义 1.3　多道批处理系统：采用多道程序设计技术实现的批处理系统。

定义 1.4　吞吐量：在单位时间内计算机系统完成的作业的道数。

多道批处理系统的主要特点如下：

(1) 资源利用率高。由于在内存中驻留了多道批处理系统，它们共享资源，可保持资源处于忙碌状态，从而使各种资源得以充分利用，尤其是 CPU。如图 1-8 中的例子，完成两道作业共耗费 60 ms，CPU 共运行 40 ms，因此 CPU 的利用率为 40/60 = 66.7%，而如果是在单道批处理系统中运行，由于作业串行执行，所以完成两道作业的时间是两作业执行时间之和 95 ms(作业 A 花 45 ms，作业 B 花 50 ms)，得到 CPU 的利用率是 40/95 = 42.1%。

(2) 系统吞吐量大。如前所述，系统吞吐量是系统在单位时间内所完成的总工作量。能提高系统吞吐量的主要原因可归结为：第一，CPU 和其他资源保持"忙碌"状态；第二，仅当作业完成时或运行不下去时才进行切换，系统开销小。如图 1-8 中的例子，完成两道作业共耗费 60 ms,而在单道批处理系统中完成这两道作业共花 95 ms，可见同样的工作量，多道批处理系统比单道批处理系统少花了 35 ms 的时间，吞吐量提高了 35/60 = 58.3%。

(3) 作业执行时间长。作业的执行时间是指从作业进入内存开始，直至其完成并退出系统为止所经历的时间。由于同时多道作业在运行，一个作业的运行可能因另外一个作业占用某个资源而需要等待，这就导致作业的执行时间过长。如图 1-8 中的例子，作业 B 的执行时间是 60 ms，而在单道批处理系统，它的执行时间是 50 ms，在多道批处理系统中作业 B 有 10 ms 等待时间。

(4) 无交互能力。用户一旦把作业提交给系统后，直至作业完成，用户都不能与自己的作业进行交互，对修改和调试程序是极不方便的，这是多道批处理系统最大的缺点。

多道程序系统的出现标志着操作系统渐趋成熟，逐渐出现了作业调度管理、处理机管理、存储器管理、外部设备管理、文件系统管理等功能。

4. 多道批处理系统的适用范围

从多道批处理系统的实现思想可以看出，对于需要频繁切换的小作业，批处理系统的优势不是特别明显，这是因为作业切换需要花费一定的额外代价。而对于计算量较大的作业，或者数据处理量较大的作业，批处理系统的优势得到有效发挥，因此批处理系统适用于进行大量的科学计算和大量的数据处理。

思考题 1.5：批处理系统有什么缺点？如何改进？

1.2.5　分时系统

1. 分时系统的引入

从上节可以看出，批处理系统中，尖锐的人机矛盾和高速 CPU 与低速 I/O 设备之间的矛盾相继得到解决，大大提高了计算机的工作效率，但是同时也带来了新的问题。其一，由于批处理系统采用人脱机的方式工作，因此用户将自己的程序提交给系统之后不能看到程序的运行过程；其二，由于批处理系统需要将一批作业组织到一起才能开始运行，多道程序同时运行作业可能出现等待，因此使得作业的周转时间通常变得很长。这样，对程序员的要求特别高，程序员写的程序不能出错，否则，每次出错都要重新修改并提交给操作员，形成一批作业再运行。这将大大增加程序的调试周期，而且不太容易根据程序的运行状态发现程序中存在的问题。此时，用户对计算机系统提出了更高的期望。

首先，用户期望能够像人工操作阶段那样对计算机系统直接控制。程序员新编写的程序难免会有错误或不当之处(即便我们现在使用高级语言都那么容易出错，更何况是当时采用的语言不是那么高级的)，这时程序员希望能够联机控制程序的运行，根据运行过程出现的现象判断程序出错的原因，并进行相应的修改。

其次，用户期望执行作业时像自己独占计算机，可随时与计算机交互。而现实是在 20 世纪 60 年代计算机非常昂贵，不可能像现在这样每人独占一台微机，只能是多个用户共享一台计算机(每个用户通过自己的键盘、显示器等终端设备与主机相连)，用户通过终端提交并执行作业。由于多道批处理系统只有在某个作业提出 I/O 请求时(即 CPU 空闲的时候)，其他作业才有可能得到 CPU 的执行，并且一旦被 CPU 执行，只要没有 I/O 请求就会一直执行到结束。这样某些用户等待时间过长，甚至无法忍受。

因此，保持多道批处理系统高效性的前提下，让用户能像手工操作阶段对计算机直接控制成为新的操作系统的设计目标。基于用户的这一需求，人们在 CPU 分时技术的支持下提出了分时系统。

◆ 小启示：由联机方式到脱机方式再回到联机方式，这是一种螺旋式上升的过程，第二次的联机具有与第一次联机不同的意义。大多数的创新并不是原始创新，而是在前人工作的基础上，发现前人工作的不足，并针对这一不足提出解决方案。当然，这一解决方案可能带来新的不足，再针对这一不足提出新的方案，又是一次创新。这也印证了牛顿的那句话"如果我比别人看得远，那是因为我站在巨人的肩膀上"。只要能用心研究别人的成果，发现其中的不足并加以改进，人人都可以成为创新者。

2. 分时系统的实现

分时系统的实现依赖于分时技术，为了能让大家很好地理解分时系统的实现思想，先介绍两个概念。

定义 1.5 分时技术：把处理机的运行时间分成很小的时间片，按时间片轮流把处理机分给各联机作业使用，若某个作业在给定的时间片内不能完成，该作业暂时中断，处理机让给其他作业，等待下一轮时间继续运行。

定义 1.6 时间片：CPU 的时间段，时间片的大小由操作系统决定，可以是固定时间片(每个时间段长度一般为 0.2 s)，也可以是可变时间片。

分时系统的基本思想是在一台主机上连接多个带有显示器和键盘的终端，如图 1-9 所示，使得多个用户能通过自己的终端与主机进行交互，而系统采用分时技术及时响应

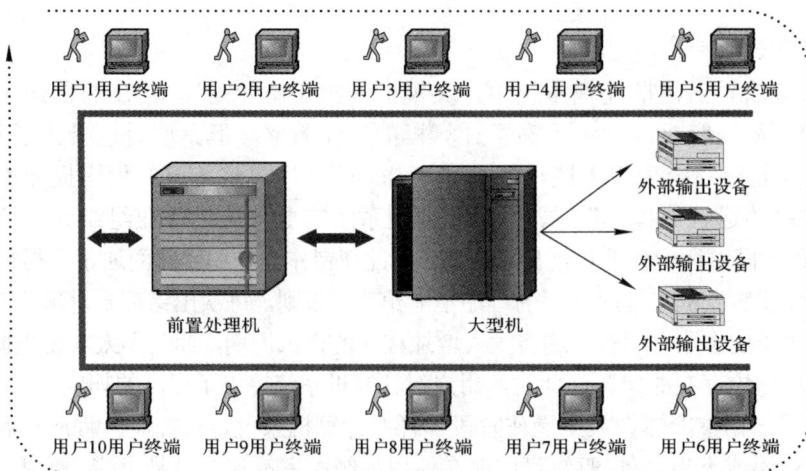

图 1-9　分时系统计算机的组成结构

各个用户的交互请求。由于计算机速度很快,作业运行轮转得很快,给每个用户的感觉是,好像他独占了一台计算机。而每个用户可以通过自己的终端向系统发出各种操作控制命令,在充分的人机交互情况下完成作业的运行,由于作业的响应时间很短,每个用户都感觉不到其他用户的存在。

例如:一个分时系统同时连接 10 个终端,有 10 个用户同时使用计算机,每个用户运行一道作业,假设作业 1 到作业 10 的运行时间分别是 20 ms、30 ms、40 ms、20 ms、20 ms、60 ms、30 ms、45 ms、25 ms、30 ms,而 CPU 的时间片长度为 20 ms(也就是,在每一个周期内,CPU 分配给每道作业的时间是 20 ms,如果 20 ms 内不能完成,作业需要等待每道作业都运行了 20 ms 之后,进入下一轮分配时再执行),CPU 按照作业编号依次为各个作业服务,作业的切换时间忽略不计,则作业 1 要求运行时间 20 ms,时间片的长度是 20 ms,在第一轮作业 1 就能够运行完成,因此作业 1 的响应时间是 20 ms;作业 2 要求运行时间 30 ms,CPU 的时间片是 20 ms,第一轮作业 2 没能完成,需要等待作业 3 到作业 10 各运行 20 ms,共 160 ms,160 ms 之后进入第二轮,第二轮作业 2 用了 10 ms 就运行完成,因此作业 2 的响应时间为:20 ms(等待作业 1 运行) + 20 ms(作业 2 的第一轮运行) + 160 ms(等待作业 3 到作业 10 的第一轮运行) + 10 ms(作业 2 的第二轮运行) = 210 ms。以此类推,作业 3 到作业 10 的响应时间依次是 230 ms、80 ms、100 ms、315 ms、260 ms、320 ms、285 ms、295 ms。由此可见,每一道作业的响应时间都不足 1 s,因此,用户不会感觉到其他用户影响自己使用计算机。

第一台真正的分时操作系统(Compatible Time Sharing System,CTSS)是由麻省理工学院开发成功的。继 CTSS 成功后,麻省理工学院又和贝尔实验室、DEC(美国的数字仪器公司,Digital Equipment Corporation)联合开发多用户多任务操作系统——MULTICS,不过在 MULTICS 还没有开发出来的时候,开发团队内部出现了分歧,Ken Thompson 和 Dennis MacAlistair Ritchie 等几个贝尔实验室的人觉得自己的思想方法跟 DEC 和 MIT 的有很大不同,贝尔实验室的人便中途退出,自立门户最后开发出了大名鼎鼎的 UNIX,Ken Thompson 和 Dennis MacAlistair Ritchie 并因此获得了图灵奖。UNIX 的出现,使得 MULTICS 很快就被淘汰了。

3. 分时系统的特点

与多道批处理系统相比,分时系统具有非常明显的特征,主要如下:

(1) 多路性,也叫同时性,是指在一台主机上同时连接多台联机终端,系统按分时原则为每个用户服务。宏观上,多个用户同时或基本同时使用计算机,而微观上,则是每个用户作业轮流运行一个时间片。它提高了资源利用率,降低了使用费用,从而促进了计算机更广泛的应用。

(2) 独立性。每个用户各占一个终端,彼此独立操作,互不干扰。因此,用户所感觉到的,就像是他一人独占主机。

(3) 及时性。用户的请求能在很短的时间内获得响应。此时间间隔以人们所能接受的等待时间来确定,通常仅为 1～3 s。

(4) 交互性。用户可通过终端与系统进行广泛的人机对话,其广泛性表现在:用户可以请求系统提供多方面的服务,如文件编辑、数据处理和资源共享等。

4. 分时系统的适用范围

同样还是分时系统，我们给出另一个例子。例如：一个分时系统同时连接 10 个终端，有 10 个用户同时使用计算机，每个用户运行一道作业，假设作业 1 到作业 10 的运行时间分别是 20 s、30 s、40 s、20 s、20 s、60 s、30 s、45 s、25 s、30 s，而 CPU 的时间片长度为 20 s，CPU 按照作业编号依次为各个作业服务，作业的切换时间忽略不计，则作业 1 要求运行时间 20 s，时间片的长度是 20 s，在第一轮作业 1 就能够运行完成，因此作业 1 的响应时间是 20 s；作业 2 要求运行时间 30 s，CPU 的时间片是 20 s，第一轮作业 2 没能完成，需要等待作业 3 到作业 10 各运行 20 s，共 160 s，160 s 之后进入第二轮，第二轮作业 2 用了 10 s 运行完成，因此作业 2 的响应时间为：20 s(等待作业 1 运行) + 20 s(作业 2 的第一轮运行) + 160 s(等待作业 3 到作业 10 的第一轮运行) + 10 s(作业 2 的第二轮运行) = 210 s。以此类推，作业 3 到作业 10 的响应时间依次是 230 s、80 s、100 s、315 s、260 s、320 s、285 s、295 s。每一道作业的响应时间都很长，因此，用户再也不会忽视其他用户的存在了。由此可见，分时系统对于小作业是不错的选择，如果是运行时间较长的大作业，其优势就不是很明显了。通过对分时系统进行分析发现，分时系统适用于开发程序、调试程序、测试软件性能，特别适合用于小作业，如果作业很大，用分时系统是一件很让人头疼的事情。

◆ 小启示：同样是分时系统，前面的例子我们看到了分时系统的好处，后面的例子我们看到了分时系统的缺点。由此可见，一个系统不能保证任何情况下都好用。从某种意义上说，好坏都是相对而言的，所以，如果能够找到较好的某个产品或方案的软肋，也就是在什么情况下不灵，针对这种情况提出新的方案，也是一个不错的创新思路。

1.2.6 实时系统

1. 实时系统的引入

虽然多道批处理系统和分时系统能获得较令人满意的资源利用率和系统响应时间，在某种程度上能满足各种用户的不同需求，但是随着计算机的发展，人们对计算机的需求也不断增加。20 世纪 60 年代中期，计算机发展进入第三代，机器性能得到了显著的提高，应用范围迅速扩大，从传统的科学计算扩展到商业数据处理、生产控制、武器控制等。对于生产控制、武器控制这类应用，通常需要实时响应(短时间内处理完某项任务)。比如：控制钢水温度，需要根据钢水的温度实时进行参数控制；控制导弹发射，需要根据目标及时调整方向及各种参数。这时分时和批处理显然难以满足这种应用，为此人们引入实时系统。也就是说，为满足自动控制等方面的需求而引入实时系统，主要解决那些需要在规定时间内处理完的问题。

2. 实时系统的实现

在分时系统和批处理系统中，解决问题的正确性主要依赖于计算的逻辑结果。而实时系统不同，其解决问题的正确性不仅依赖于计算的逻辑结果，而且依赖于结果产生的时间，如果在限定的时间内给出正确的计算结果，则被认为是正确的；如果不能在限定的时间内给出正确的结果，则即使逻辑上结果是正确的，也被认为结果不正确。例如：控制导弹发射的实时系统检测到目标物体的轨迹发生变化，如果不能在限定时间内调整导弹的方向，这样，即使进行了导弹方向的调整，也很难准确打击目标。为了保证计算结果的响应时间，在实时系统的实现上有以下几点要注意：

(1) 处理问题的程序常驻内存。众所周知，程序是在内存中运行的，而大多数应用程序是保存在外存上的，在需要运行程序时，将程序由外存调入内存。但是，对于实时系统而言，由于对运行时间有要求，希望程序都在很短的时间内做出响应，如果处理应急响应事件的程序放在外存，需要的时候再调入内存，则将程序从外存调入内存需要花大量的时间，进而严重影响事件的响应时间。因此实时系统中处理问题的程序需要常驻内存，这样，一旦紧急事件发生就可以立即执行相应的处理程序，从而在限定的时间内做出响应。

(2) 由事件激发程序的执行。一般应用程序是用户发出执行命令才会执行，而用户的动作通常要比机器动作要慢得多。因此在实时系统中，为保证事件响应时间，需要采用事件驱动机制，即由事件激发程序的执行，当系统检测到某件事情发生时，由系统自己调用驻留在内存中的事件处理程序。

(3) CPU 要根据事件的轻重缓急进行时间分配。在实时系统中，可能有多个紧急事件同时发生，当多个紧急事件发生时，不同事件之间的紧迫程度不同，因此响应的优先级也要有所区别，CPU 需要根据事件的轻重缓急进行时间分配。

(4) 需要有时钟管理模块。因为实时系统中对时间的要求非常严格，因此需要有专门的时钟管理模块，以保证事件的响应时间，同时应具备定时处理和延时处理能力。

(5) 需要有在线的人机对话。虽然实时系统中要尽量避免人工操作以保证事件的响应时间，但是由于计算机是电子类设备，而电子元器件的稳定性和可靠性不能达到100%，因此不可避免地可能出现自动控制失效等异常情况。因此，为了保证系统的运行，在实时系统中必须有在线的人机对话，以保证在自动控制失效时可以采用人工控制的方式进行弥补。

(6) 需要有过载保护。由于实时系统是处理应急事件的，而应急事件的出现具有随机性，因此进入系统的实时任务数量和时间都是不可控的，有可能出现在某一时刻进入系统的实时任务超过系统的处理能力，从而出现过载问题。因此要求系统采取适当措施进行过载保护。例如：对于短期过载，把实时任务按照一定的策略排队，等待调度；对于持续性过载，可以采用拒绝新任务，或者有选择地放弃一些优先级不是很高的实时任务的做法，尽量使系统的损失降到最小。

(7) 冗余措施。由于实时系统对系统的可靠性和安全性要求较高，因此，需要采取一定的措施，硬件上经常采取的措施是双机热备，也就是双机系统前后台同步工作，一个系统是运行系统，另一个系统是同步备份系统，一旦运行系统出现故障系统自动切换到同步备份系统中，保证系统绝对可靠。

◆ 小启示：对错的定义是相对的，在实时系统中，对时间的要求是非常严格的，因此时间就是衡量结果对错的参数之一。在进行方案设计时，必须考虑全面，否则逻辑上正确的方案也没有意义。

3. 实时系统的分类

实时系统主要应用在两个方面，一是实时控制，二是实时信息处理，因此根据实时系统的应用不同可以把实时系统分成强实时和弱实时两类。

(1) 强实时系统(Hard Real-Time System)。在航空航天、军事、核工业等一些关键领域中，应用的时间需求应能够得到完全满足，否则就出现如飞机失事等重大安全事故，造成重大的生命财产损失和生态破坏。因此，在这类系统的设计和实现过程中，应采用各种分析、模拟及形式化验证方法对系统进行严格的检验，以保证在各种情况下应用的时间需求和功能需求都能够得到满足。在轧钢、石化等工业生产中的过程控制，也要求计算机能及时处理由各类传感器送来的数据，然后控制相应的执行机构。

(2) 弱实时系统(Soft Real-Time)。某些应用虽然提出了时间需求，但实时任务偶尔违反这种需求对系统的运行以及环境不会造成严重影响，如视频点播(Video-On-Demand，VOD)系统、银行系统、订票系统、信息采集与检索系统等就是典型的弱实时系统。在 VOD 系统中，系统只需保证绝大多数情况下视频数据能够及时传输给用户即可，偶尔的数据传输延迟对用户不会造成很大影响，也不会造成像飞机失事一样严重的后果。

4. 实时系统的特征

实时操作系统的主要特征如下：

(1) 实时性。实时系统是为了提高系统响应时间而设计的操作系统，特别是实时控制系统，对外部时间的响应要十分及时。外部时间往往以中断方式通知系统，系统有较强的中断处理能力。每一个信息接收、分析处理和发送的过程必须在严格的时间限制内完成。

(2) 可靠性。多道批处理系统和分时系统虽然要求系统可靠，但相比之下，实时系统则要求系统高度可靠，因此实时系统采取冗余措施，双机系统前后台工作，也包括必要的保密措施等。

(3) 安全性。由于实时系统多用于涉及国家战略的重要领域，因此系统的安全性非常重要，只有保证实时系统的安全性，才能保证其上运行的应用的安全性，进而满足国家战略发展需要。

(4) 专用性。由于实时系统大多用来解决对响应时间要求非常严格的问题，因此必须保证系统的专用性。试想一下，如果让消防兵去大街上指挥交通，一旦发生火情，就不能保证消防兵在最短的时间内出现在火灾现场，因为消防兵还需要从交通指挥岗位上回到消防队，然后再去火灾现场。实时系统也一样，或许平时不会发生紧急事件，但是，为了保证紧急事件发生时系统的响应时间，就要保证系统的专用性。

(5) 有限交互。实时系统一般是专用系统，它能提供人机交互方式，但用户只能访问系统中某些特定的专用服务程序，不能像分时系统那样向终端用户提供多方面服务。

5. 实时系统的适用范围

从上面的分析可以看出，实时系统主要应用于两种情况：一是航空航天、军事、工业等领域的实时控制问题，例如导弹发射、飞机飞行、炼钢、发电等；二是银行、交通等领域的信息检索和数据交换等问题，例如银行账目往来、飞机订票、信息检索等。

6. 批处理、分时、实时三种操作系统的比较

至此，批处理系统、分时系统、实时系统这三种典型的操作系统均已阐述，表 1-1 比

较了这三种操作系统。从比较结果可以看出，三种系统各有特色，可以分别满足不同的应用需求。

表 1-1　分时、实时、批处理三种操作系统的特性比较表

操作系统＼特征	及时性	交互性	效率	通用性	可靠性	适用范围
批处理	弱(天、小时)	无	高	较好	弱	大作业、科学计算
分时	较强(秒、毫秒)	强	较高	好	较强	小作业、测试、调试、开发
实时	强(微秒、毫秒)	较强	低	差	强	实时控制、实时信息处理

1.2.7　通用操作系统

批处理系统的不断发展，分时系统的不断改进，实时系统的出现及应用范围的日益广泛，致使操作系统日益完善，出现了通用操作系统。

定义 1.7　通用操作系统：同时兼有多道批处理、分时、实时三种系统的功能或具有其中两种系统功能的操作系统。

例如：OS/400 和 MVS 均为通用操作系统，这两种系统均有分时和批处理系统的功能，其中 CPU 的分配采用分时技术，系统中的作业分为前台(终端)作业和后台作业两种，这里前台作业采用分时系统，后台作业采用批处理系统。在进行作业调度时，分配给前台作业的时间片小，分配给后台作业的时间片大；在同时有前台作业和后台作业时，后台作业的调度优先级更高。

20 世纪 60 年代，随着各种操作系统的发展，每种操作系统的技术都很成熟，同时，每种操作系统都有不足，人们开始试图研究大而全的通用操作系统，这些通用操作系统的目的是功能齐全，可以解决各类问题，但是由于系统过于庞大、臃肿，给系统的维护带来了很多问题，因此这些通用操作系统大多以失败告终。

◆ 小启示：通用操作系统的失败告诉我们，追求大而全未必是明智的选择，只要一个产品或技术有自己的特色，就会有生存空间。

1.2.8　PC 操作系统

1. PC 操作系统的引入

20 世纪 80 年代，随着大规模集成电路技术的发展，计算机的硬件价格不断下降，诞生了 PC(Personal Computer)。PC 价格便宜，对环境的要求比较低，没有必要多个人使用一台计算机，因此不存在资源共享的问题，也无需采用分时技术，每个用户独立联机使用一台计算机，资源独占。这样，分时系统、批处理系统、实时系统等传统操作系统应用于 PC 显得过于复杂，于是，产生了 PC 操作系统。当时，典型的 PC 操作系统是 DOS 系统和 Mac OS。

2. PC 操作系统的实现

在早期，由于 PC 操作系统不需要考虑 CPU 的分配、内存的分配、用户管理等复杂问题，因此 PC 操作系统在实现的时候去掉了其他操作系统中的用户身份识别功能，也精简了资源管理功能，把主要的精力放在用户界面设计、文件管理等方面，使得 PC 操作系统具有良好的用户界面和强大的文件管理功能。

3. PC 操作系统的特点

(1) 用户界面友好：PC 操作系统为用户提供了友好的界面，使用户可以方便地使用计算机。早期的 PC 操作系统使用字符界面，现在大多数系统使用图形界面。近年来，随着多媒体技术的发展，在语音识别、手写识别等技术的支撑下，语音界面和手写界面也得到了快速发展，这些界面对计算机的应用推广起到了重要的作用。

(2) 文件管理功能强：PC 操作系统采用多级目录结构管理文件，对文件的创建、撤销、读、写等操作提供了统一的界面，为用户使用文件提供了方便的接口。

(3) 资源管理简单：由于 PC 操作系统是单用户系统，除了操作系统程序外，只有一道用户作业在运行，因此不需要做复杂的资源分配。

(4) 安全性差：单用户使用的计算机不需要进行用户身份识别，而缺少了安全识别的计算机很容易被攻击，因此，PC 中病毒泛滥。

4. PC 操作系统的发展

用户界面和文件管理恰恰是用户在使用计算机的过程中能直接感受到的，因此大多数用户很快就接受了 PC 操作系统，PC 操作系统得到了快速的发展。由于 PC 操作系统的界面简洁、易用，加上 PC 的价格不断下降，性能不断提升，PC 的应用范围越来越广泛，也反过来促使 PC 操作系统不断发展。

随着 PC 的发展，人们对 PC 操作系统也提出了新的需求。由于早期的 PC 操作系统没有用户认证信息，系统的安全性较差，一些病毒程序伺机对计算机进行攻击，导致 PC 上病毒泛滥，这也对 PC 操作系统提出了新的要求，后来的 PC 操作系统增加了用户认证信息，加强了系统安全功能。由于早期的 PC 操作系统是为一个用户服务，计算机在一个时刻只能执行一个任务，因此不存在资源共享等问题，这时的 PC 操作系统是单用户单任务操作系统。但是随着计算机的不断发展，即使是一个人独占所有的计算机资源，人们也希望同时做好几件事，例如一边听音乐、一边编程序、一边打印文档，这时就要求计算机具备同时执行多个任务的能力，因此就出现了多任务操作系统。多任务操作系统采用了分时系统中的分时技术，由于同时处理多个任务，资源管理也变得复杂，批处理系统、分时系统中资源管理的思想和方法也可以应用于多任务系统的资源管理。

目前常用的 PC 操作系统以 Windows 操作系统和 Linux 操作系统为主。

◆ 小启示：PC 操作系统的发展再一次让我们看到，继承和发扬前人的研究成果对推动技术的发展具有重要的作用。看似已经没用的分时技术和资源管理技术在 PC 操作系统发展到一定阶段又重新被应用，只不过新的应用背景和环境都发生了变化，因而也是突破性的创新，利用了分时技术和资源分配技术的 PC 操作系统可以同时处理多个任务，大大提高了系统的效率。这也告诉我们，用传统的方法或思想解决新环境下的问题也是一种创新。

1.2.9　网络操作系统

1. 网络操作系统的引入

PC 的发展与普及推动了计算机的发展，同时也带来了新的问题。其一，虽然计算机的价格便宜，但是如果每台计算机都配齐如打印机等各种外围设备，则价格也不菲，而事实上打印机这类设备的使用频率并不是很高，完全没有必要每台计算机配一台打印机，这就引出了一个新的问题——如何让多台 PC 共享一台外围设备？其二，两台不同计算机的用户之间没办法通信，文件传送也只能通过软盘拷贝的方式完成，很不方便，同时软盘还是病毒的重要传播途径，给计算机的安全带来很大的隐患。鉴于此，人们想着能不能把计算机连接起来，于是就出现了计算机网络。随着计算机网络的出现，相应地，就需要有能够进行计算机网络资源管理的操作系统，于是就产生了网络操作系统(Network Operating System，NOS)。由此可见，应通信和资源共享的要求而引入了计算机网络，相应地产生了网络操作系统。

2. 计算机网络的特征

计算机网络是将物理上分散的计算机通过通信线路连接起来的系统，其特征如下：

(1) 互连性：网络中的各台计算机通过通信线路连接在一起，形成了一个互连的计算机群体，群体中的计算机之间可以通过一定的通信线路彼此通信。

(2) 自治性：网络中的计算机之间具有松散耦合关系，每台计算机都具有一定的自治性，每台计算机都有自己的 CPU、内存、操作系统，脱离了网络，计算机也可以独立工作。

(3) 分布性：虽然所有的计算机连接成一个整体，但是这些计算机在物理上是分布的，它们位置不同、功能各异。同一个网络的计算机可能位于不同的房间、不同的建筑物、不同的城市甚至不同的国家；每台计算机的功能也有很大差异，可能会有专门进行医学图像处理的、专门进行气象数据分析的、专门进行交通数据分析的、专门进行教学的等。

(4) 统一性：虽然网络中的计算机具有自治性和分布性，但是要求整个网络对用户提供的接口是一致的。

3. 网络操作系统的实现

网络操作系统是随计算机网络而产生的，是一种能够控制计算机在网络中方便地传送信息和共享资源，并能为网络用户提供各种服务的操作系统。通常的实现方法是在单机操作系统的基础上，按照网络体系结构的各个协议标准开发，具有网络管理、通信、资源共享、系统安全等功能，如 NetWare 等。网络操作系统的实现有以下要点：

(1) 两个以上带有自己 OS 的计算机通过通信设施连接起来；

(2) 有各方认定的标准通信规则(协议)；

(3) 在单机操作系统的基础上建立一个网络操作系统，负责对网络资源和网络通信进行控制和管理，并为网络用户提供统一的接口。

4. 网络系统的功能

在原有的操作系统上，网络系统按照网络体系结构的各个协议标准增加网络管理模块来实现，应具有以下功能：

(1) 网络通信，即通过网络协议进行高效、可靠的数据传输，使用户可以访问网络上的软硬件资源。

(2) 资源管理，即协调各用户使用系统资源，对系统资源进行合理分配和调度。

(3) 网络服务，即提供电子邮件、文件传输、共享设备服务、远程登录服务等功能。

(4) 网络管理，即对网络中的软硬件资源进行管理，监视网络活动，包括安全控制、故障处理机性能维护等功能。

(5) 用户存取控制，即对用户进行访问权限的设置，保证系统的安全性，提供可靠的保密方式。

典型的网络操作系统主要有 Windows 2000 Server、Windows 2003 Server、NetWare、UNIX、Linux 等。

◆ 小启示：计算机网络系统让我们看到计算机的世界里也是分久必合、合久必分。手工操作阶段每个人独立使用计算机，到批处理系统多人使用一台计算机，再发展到 PC，又再发展到将多台 PC 联网形成一个网络系统，允许多用户共享资源。

1.2.10　分布式操作系统

1. 分布式系统的引入

计算机网络有效地解决了用户之间的资源共享和通信问题，但是用户的需求是无穷尽的。虽然计算机技术得到了极大的发展，但通常无法满足人们所要解决问题的规模和复杂度，问题规模和复杂度的增加意味着计算量呈几何级数增长，以致一台计算机难以完成。为此人们希望多台计算机能够合作完成某个复杂任务。而前面介绍的各类操作系统均难以满足这种需求，于是人们研究了一种新的操作系统，叫分布式操作系统。

2. 分布式系统的实现

表面上看，分布式系统与计算机网络系统没有太大区别。分布式操作系统也是通过通信网络，将地理上分散的具有自治功能的数据处理系统或计算机系统互连起来，实现信息交换和资源共享，并协作完成任务。但是，实现分布式系统有以下几个要点。

(1) 两台以上计算机通过通信设施连接起来。这一点看似与计算机网络没有太大的区别，但是本质上是有区别的，在计算机网络中对互联的机器没有要求，但是分布式系统中互联的机器要求是同构的。

(2) 使用内部的通信规则，无需遵循计算机网络相关标准(没有统一的标准)，各机器没有主次之分。这一点与计算机网络有很大区别，计算机网络要求网络中所有的机器遵循相同的通信规则，而分布式系统是系统内部的机器之间遵循内部的通信规则，系统之外的机器无需理解系统内部的通信规则。如果说计算机网络系统的通信规则是普通话，那分布式系统中的通信规则就相当于某个地区的方言。

(3) 整个系统有一个统一的操作系统，对系统中的所有资源进行管理、调度，对系统当中所有任务进行协调，并为用户提供接口。这一点与计算机网络有较大的区别，计算机网络中每台机器都有自己独立的操作系统，离开了网络环境，机器都能独立工作；而分布式系统中每台机器上没有自己的操作系统，整个系统有一个统一的操作系统，系统中的任何一台机器都不能独立工作。

3. 分布式系统的特征

分布式系统的重点是实现任务的协同处理，但分布式操作系统与网络操作系统具有以下明显的区别：

(1) 自治性：分布式系统中的计算机具有一定的自治性，但是比计算机网络的自治性差，分布式系统中每台机器有自己的 CPU、内存，但是没有独立的操作系统。

(2) 分布性：分布式系统中的计算机具有位置分布性，但是分布性比计算机网络差，分布式系统中的机器一般分布在一个楼内或一个办公室内，彼此之间的空间距离不会太远。

(3) 模块性：分布式系统中的计算机具有模块性，即系统中所有的机器必须同构(机器的机型相同)，因为只有机器同构才能实现任务转移，其中任何一台机器出现故障都可以把任务转移到系统中的其他机器上。

(4) 并行性：分布式系统中的各计算机并行工作。

？　**思考题 1.6**：目前比较典型的分布式系统是什么？

1.3　操作系统的功能

本节导读：操作系统是计算机系统中的一个系统软件，软件都具有一定的功能，本节主要分析操作系统这一计算机系统中特殊的软件具有哪些功能，主要目的是让读者对操作系统的功能有个初步的了解，为下一步学习每一个功能的具体实现技术奠定基础。

☺　**小故事　第一季**(3)：OS 饭店有明确分工了

因为小程经常去 OS 饭店就餐，某日小程去就餐时，饭店市场部小拓找到小程，希望小程能够办一张会员卡，成为饭店的 VIP。小程与小拓聊了起来，在聊天过程中，小程发现随着 OS 饭店的发展，饭店各个部门分工明确，针对饭店的资源，有不同的管理部门，技术部专门负责研究并管理菜谱，市场部专门负责开发并管理客户，业务部专门负责食材的加工和客户服务，资产部专门负责饭店家具、设备等采购及管理，人力资源部专门负责饭店员工的招聘和管理。由于饭店的管理有序、服务贴心，因此广受好评。鉴于 OS 饭店的系统结构清晰、功能完备，小程对 OS 饭店的前景看好，于是心甘情愿地办了一张 VIP 卡。

计算机操作系统发展到一定规模，成为一个复杂的系统，这样一个复杂的系统并非杂乱无章，而是分工明确、功能完备，与 OS 饭店一样，操作系统也是按照其管理的资源不同，明确各个模块的责任。从前面的计算机系统简介中我们知道，处理机、存储器、I/O设备和文件是计算机系统中最主要的资源。因此，从资源管理的角度来分析，操作系统的主要功能就是处理机管理、内存管理、I/O 设备管理、文件管理。此外，为了方便用户使用计算机，操作系统还需向用户提供方便的用户接口。所以，操作系统的功能主要包括处理机管理、存储器管理、设备管理、文件管理及用户接口五个方面。

1.3.1　处理机管理

中央处理机(CPU)是计算机中最重要的资源，是计算机的心脏，处理机的有效利用是提高计算机系统效率的基础。处理机管理就是对处理机(CPU)资源进行分配、调度等。由于处理机是计算机系统中最宝贵的硬件资源，所以应该让处理机尽可能忙起来，减少等待时间，提高它的利用率。如何提高处理机的利用率是操作系统要重点解决的问题。在单用户单任务的环境下，由于只有一个任务正在执行，这时处理机的管理工作十分简单，让该任务独占处理机就好，当该任务有 I/O 操作时就让处理机闲着，很显然此时的处理机的利用率很低。目前为了提高处理机的利用率，操作系统通常采用多道批处理系统技术。在多任务环境下，为了使正在运行的任务或程序能正确、顺利地执行，就必须要解决处理机的分配、调度和释放等问题。

为了更好地描述多道批处理系统中同时执行的程序，操作系统引入了进程(Process)的概念。进程是对处于运行状态的程序的动态描述，是系统资源分配的基本单位。有的操作系统为了减少对进程调度的开销，进一步提高系统的并发性，对进程进行进一步的细化，引入了线程的概念。线程实质上是进程内部能独立运行的程序片段，它不包含资源，是处理机调度的基本单位。因此，对处理机的管理，可归结为对进程和线程的管理，具体包括：创建和撤销进程(线程)，协调各进程(线程)的运行，实现进程(线程)之间的数据交换，以及为进程(线程)分配处理机。由于处理机管理的实质是进行进程管理，因此也被称为进程管理。

总的来说，处理机管理的主要功能就是进行任务的分配与调度，保证让各个进程合理地使用 CPU，以提高 CPU 的利用率，从而提高计算机系统的效率。

1.3.2　存储器管理

内存是计算机的储藏室，CPU 进行计算所需要的程序、数据都放在内存中，虽然近年来计算机内存的容量不断增加，但是随着计算机解决问题的复杂程度越来越高，运行的程序也越来越大，内存依然是计算机系统运行的瓶颈。操作系统的存储器管理是对内存资源进行分配与回收，提供内存的共享和保护，实现内存的逻辑扩充等。众所周知，程序只有加载到内存中才能被执行，而受成本等因素的制约，内存容量通常很有限，这就使得内存成为一种稀缺的资源。因此，如何提高内存的利用率，如何方便程序员使用内存，如何为程序员提供透明的服务，这也是操作系统必须要解决的问题。在多任务环境下，多个程序同时使用内存，操作系统需要为每个程序申请合理的内存空间并进行加载，同时设计相应的机制来保护每个程序不受其他程序的干扰或影响。具体来说，存储器管理的功能主要如下。

(1) 内存的分配与回收。根据程序的需要分配必要的内存资源，当程序结束后再回收其占用的内存资源，因此在系统中要登记当前内存的使用情况。

(2) 内存的共享和保护。存储器管理能让内存中的程序实现内存资源的共享，即多个程序包含同一个公用子程序时，该公用子程序在内存中只保留一个副本，这样可以提高内存资源的利用率。同时又要保证这些程序之间互不干扰、相互保密，保证各个程序在内存中的信息不被破坏，特别是应用程序不能访问操作系统的程序和数据，以免系统崩溃。

(3) 地址映射。我们知道一个程序(源代码)经过编译后，通常生成若干个目标程序，这些目标程序通过链接便可形成可装入程序。每个这样的可装入程序，它的起始地址都是"0"，程序中其他的地址都是相对此起始地址而言的，叫做逻辑地址(又称为相对地址)。在多任务环境下，不可能把每个程序都从物理地址为"0"的地方开始装入内存。为使程序能正确运行，存储器管理必须提供地址映射功能，实现当可装入程序从硬盘载入内存时，将程序中的逻辑地址转换为内存的物理地址(又称为绝对地址)。

(4) 内存的逻辑扩充。由于内存容量有限，为了提高进程的并发执行效率或实现小内存运行大程序，就需要对内存的容量进行逻辑扩充。操作系统主要采用置换、虚拟存储等技术，从逻辑上扩充内存容量，让用户感觉内存容量比实际的大得多。

从上面的介绍可以看出，存储器管理实质是进行内存管理，因此又称为内存管理。

总的来说，存储器管理就是进行内存的分配与回收、内存信息的共享与保护以及进行内存的扩充。

1.3.3　设备管理

I/O 设备是计算机的四肢和五官，是计算机与外界交流的通道，由于计算机的 I/O 设备种类繁杂，功能各异，因此设备的有效管理对于计算机系统资源的利用也非常重要。I/O 设备管理就是管理各种外围设备，响应用户进程 I/O 请求，为用户进程分配 I/O 设备，控制 CPU 与外围设备之间的数据交换等。其主要目标是方便用户使用 I/O 设备，提高 CPU 与 I/O 设备利用率。设备管理的具体功能如下。

(1) 缓冲区管理。CPU 运行的高速性与 I/O 设备的低速性之间的矛盾由来已久，随着 CPU 速度的大幅提升，此矛盾更为突出，若不加以解决，将会严重降低 CPU 的利用率。目前通常的做法是在 CPU 和 I/O 设备之间引入一个缓冲区，用以缓解 CPU 与 I/O 设备速度不匹配的矛盾，提高 CPU 和 I/O 设备的利用率，进而提高系统的吞吐量。因此，缓冲区管理是设备管理的一个重要内容。

(2) 设备分配与回收。I/O 设备通常是一种稀缺的资源，并且大部分属于独享设备，即任何时刻只能为一个进程使用。在多任务环境下，为了能让多个程序都可以使用 I/O 设备，通常采用"分配—使用—回收"的策略。因此，设备管理应包括设备的分配与回收，即根据用户的 I/O 请求分配相应的设备，并在使用完后回收该设备，尤其要解决在多进程间共享 I/O 设备资源等问题。从第 2 章的计算机硬件结构图中可以看到设备与设备控制器相连，因此设备的分配与回收不但要分配设备，还要进行设备控制器的分配与回收。在采用通道技术的系统中，设备控制器与通道相连，因此还需要进行通道的分配与回收。

(3) 设备操作控制。I/O 设备是用来完成某个特定的任务的，为了完成此任务它需要与 CPU 进行通信，因而设备操作控制是设备管理中不可或缺的一部分。一般利用设备驱动程序和控制程序完成对设备的操作。

(4) 实现设备的独立性和共享性。I/O 设备厂商众多，种类各异，不同厂商生产的同种设备虽然都能完成同样的功能，但是具体细节却千差万别。为此，设备管理有必要为应用程序提供统一的 I/O 接口，使得应用程序独立于物理设备，提高适应性。此外，当某个独享设备需要被多个进程共享时，设备管理应让应用程序在使用此设备时感觉如同自己独占该物理设备一样，操作系统通常采用虚拟设备技术实现此功能。

由于设备管理中主要管理的是用于输入/输出的设备，所以设备管理又称为 I/O 管理。

总的来说，设备管理就是进行设备、通道、控制器的分配和回收，缓解 CPU、内存与设备之间的速度差异，并保证设备独立性。

1.3.4　文件管理

软件是计算机系统中不可缺少的一种重要资源，对软件资源的管理是操作系统的重要功能。文件管理是指对计算机系统中的软件资源进行管理。软件资源主要包括各类程序和数据等，通常程序和数据是以文件的形式存放在外存(主要是硬盘)上的。文件管理的主要任务是对用户文件和系统文件进行有效管理，以方便用户使用，保证文件的安全性，实现对文件的按名存取，采用合理的分配策略来提高外存资源的利用率。为此，文件管理的具体功能如下。

(1) 文件存储空间的管理。在计算机系统中，常常要用到大量的程序和数据，因内存容量有限且不能长期保存，故平时总是把它们以文件的形式存放在外存中，需要时再随时将它们调入内存。如果由用户直接管理外存上的文件，不仅要求用户熟悉外存特性，了解各种文件的属性，以及它们在外存上的位置，而且在多任务环境下，还必须能保持数据的安全性和一致性。显然，这是用户所不能胜任也不愿意承担的工作，而且必然十分低效。因此，需要文件管理能够对诸多文件及文件的存储空间进行统一的管理，并把对文件的存取、共享和保护等手段提供给用户。这样，不仅方便了用户，保证了文件的安全性，还可有效地提高系统资源的利用率。

(2) 目录管理。在计算机系统中，经常在外存上存储大量各式各样的文件，如果随意地把这些文件放到外存的任意位置，那么用户查找文件的时候将会非常困难。为此，有必要采用合适的结构有效地组织和管理文件，使得用户能方便地在外存上找到自己所需的文件。目前，操作系统通常采用目录结构来组织文件，具体是为每个文件建立一个目录项，目录项包括文件名、文件属性、文件在磁盘上的物理位置等。多个目录项又可构成一个目录文件。因此，目录管理是文件管理的一个重要内容，通过合适的目录管理，便可实现方便的按名存取，同时还能提供快速的目录查询手段，从而提高对文件的检索速度。

(3) 文件的存取控制。在外存上存储程序和数据，最终的目的是为了使用，而要想使用则必须先将其加载到内存中，这个过程很显然就涉及文件的读和写。读就是把文件从外存加载到内存中，而写就是把内存的内容存储到外存上。为了方便用户在内存和外存之间进行信息的交换，系统应提供文件的读/写管理。此外，为了防止系统的文件被非法窃取和破坏，在文件管理中必须提供有效的存取控制功能，以防冒名顶替存取文件和以不正确的方式使用文件。

总的来说，文件管理就是实现信息共享和保护，进行外存空间的管理以及文件的存取控制等。

1.3.5　用户接口

前面讲过，直接使用计算机硬件是非常困难、不现实的，为了方便用户使用计算机，操作系统还应提供友好的用户接口,这是一个用户访问操作系统的手段,主要包括命令接口和应用程序接口两种。而命令接口又包括字符命令接口和图形用户接口两种类型,这两种类型的接口可以让终端用户(通过键盘、鼠标等终端使用计算机的人)直接使用操作系统基本功能或系统实用程序,而程序接口是提供给应用程序员让他们在编程时使用的。

(1) 字符命令接口。为了便于用户直接或间接地控制自己的作业,操作系统为用户提供了命令接口。用户可通过该接口发出命令以控制作业的运行。该接口又可进一步细分为联机用户接口和脱机用户接口。联机用户接口是当用户在终端或控制台上每键入一条命令后,系统立即转入命令解析程序,对该命令加以解释并执行,如 Windows 的 cmd 窗口就是典型的联机用户接口。而脱机用户接口又称为批处理用户接口,为作业的批处理提供。用户用批处理语言(命令)把对作业的控制写在一个作业说明书上,然后把它交给系统,系统就会自动地解释逐条命令并执行。一个常见的例子就是 Windows 的批处理文件。

(2) 图形化接口。图形化接口的实质也是命令接口,其外在表现形式是图形界面。主要考虑到用户虽然可以通过命令接口来获得操作系统的服务,但要求用户能熟记各种命令的名字和格式,这既困难又不直观。为此,操作系统通常还提供图形化的接口,它用非常容易识别的各种图标来将系统的各项功能、各种应用程序和文件直观地表示出来。用户可通过鼠标结合图形窗口中的菜单、按钮等来操作程序和文件。这样,用户就不用牢记那么多枯燥的命令了。

(3) 应用程序接口。应用程序接口(Application Programming Interface,API)是应用程序获取操作系统服务的唯一途径,专门为程序员准备的。操作系统通常为用户提供大量的应用程序接口,这些接口其实是一个个系统调用(子程序),每个系统调用都能完成特定的功能,当应用程序需要操作系统提供某种服务时,调用相应的系统调用即可。

由于早期的计算机系统中以作业的方式提交用户任务,因此用户接口又称为作业管理。

综上所述,计算机操作系统的基本功能包括处理机管理(进程管理)、存储器管理(内存管理)、设备管理(I/O 管理)、文件管理和用户接口(作业管理)五个基本功能。本书内容的讲解就是主要围绕这五个功能模块的实现技术展开的。

1.4　操作系统的类型

本节导读:操作系统是计算机系统中的软件产品,经过多年的发展,形成了很多不同的产品,各种产品之间有很大差异,为了突出不同操作系统的差异,给出操作系统的分类,由于这些差异的属性不同,因此操作系统的分类标准也不同。本节主要介绍操作系统的类型,通过不同操作系统的分类方法的介绍,让读者从不同角度分析操作系统的差异,进而掌握不同操作系统。同时操作系统类型的学习也可以让读者学会从不同角度看问题,看到的结果会有所不同,进而提高学生分析问题的能力和总结概括能力。

每个读者都用过操作系统,但是大家平时使用或者了解的操作系统都是某个具体的操作系统,例如 Windows、Linux、Mac OS、Android 系统等。其实目前的操作系统远远不止这些,还有很多其他的操作系统,而这些操作系统种类繁多,也很难用单一标准统一分类,因此本节按照不同的分类标准对操作系统进行分类。

1.4.1　按任务数分类

按照操作系统能同时处理的任务数可以把操作系统分为两种类型：单任务操作系统和多任务操作系统。

1. 单任务操作系统

单任务操作系统一次只能管理运行一个作业，也就是操作系统一次只能做一件事，必须在一个任务完成之后才能调入下一个任务，这时的计算机资源利用率很低，但是任务调度程序比较简单。典型的单任务操作系统有 DOS 操作系统、CP/M 操作系统等。

2. 多任务操作系统

在单任务操作系统中，系统资源的利用率很低，为了提高系统资源的利用率，人们就想让计算机同时做好几件事。多任务操作系统一次可以同时运行处理多个程序或多个作业，这个同时是宏观的，在任何一个时间点上，计算机上的某一个部件只能为一个任务服务，也就是多个任务虽然都在运行，但是分别运行在不同的部件上。典型的多任务操作系统有Windows、OS/2、UNIX 等。

1.4.2　按用户数分类

按照用户数对计算机分类可以分为单用户和多用户两种类型，相应地，操作系统分为单用户操作系统和多用户操作系统。

1. 单用户操作系统

单用户操作系统只允许一个用户操作计算机，用户独占计算机的全部资源，CPU运行效率低。目前大多数的微机采用单用户操作系统，如 DOS、Windows、OS/2 Wrap操作系统。

2. 多用户操作系统

多用户计算机系统是一台计算机接有多个终端，每个终端为一个用户服务，运行在多用户计算机上的操作系统就是多用户操作系统。多用户操作系统中多个用户共享计算机的软、硬件资源，如 UNIX、VMS、Linux 等操作系统。

思考题 1.7：单任务操作系统是否可能是多用户操作系统？单用户操作系统是否可能是多任务操作系统？为什么？

1.4.3　按使用环境及对作业的处理方式分类

按照操作系统的使用环境以及操作系统对作业的处理方式可以把操作系统分为批处理系统、分时系统、实时系统、PC 系统、网络系统和分布式系统。由于 1.2 节已经详细阐述了每种操作系统的实现原理和适用范围等，这里只简要概述每种操作系统的思想和特点。

1. 批处理系统

批处理操作系统是以作业为处理对象，连续处理在计算机系统运行的作业流。作业的运行完全由系统自动控制，吞吐量大，资源利用率高。典型的批处理系统有 MVX、DOS/VSE 等。

2. 分时系统

分时操作系统使多个用户同时在各自的终端上联机地使用同一台计算机，CPU 按优先级分配各个终端，轮流为各个终端服务，对用户而言，有"独占"这一台计算机的感觉。典型的分时系统有 Linux、UNIX、XENIX、Mac OS 等。

3. 实时系统

实时操作系统是对随机发生的外部事件在限定时间范围内做出响应并对其进行处理的系统。典型的实时系统有 iEMX、VRTX、RTOS、Windows RT 等。

4. PC 系统

PC 操作系统是在个人计算机上使用的操作系统，由于 PC 由一个人单独使用，因此早期的 PC 操作系统资源管理简单，没有用户认证功能。但是 PC 操作系统的用户接口友好，因此广受用户欢迎。典型的 PC 操作系统有 Windows、DOS 等。

5. 网络系统

网络操作系统是一种能够控制计算机在网络中方便地传送信息和共享资源，并能为网络用户提供各种服务的操作系统。典型的网络系统有 Netware、Windows NT、OS/2 Warp 等。

6. 分布式系统

分布式操作系统通过通信网络，将地理上分散的具有自治功能的数据处理系统或计算机系统互连起来，实现信息交换和资源共享，协作完成任务。典型的分布式系统是 Amoeba。

1.4.4　按应用领域分类

近年来，计算机的硬件技术快速发展，应用范围不断扩大，相应地，也要开发满足不同应用的操作系统，按照操作系统的应用领域，可以分为桌面操作系统、服务器操作系统、嵌入式操作系统、手机操作系统等。

1. 桌面操作系统

桌面操作系统主要是安装在个人计算机上的带有图形用户界面的操作系统，根据人通过键盘和鼠标发出的命令进行工作，是应用最为广泛的系统，它的特点是人机交互界面直观友好。典型的桌面操作系统有 Windows、Mac OS、Linux 等。

2. 服务器操作系统

服务器操作系统一般指的是安装在服务器上的操作系统，比如 Web 服务器、应用服务器和数据库服务器等，是企业 IT 系统的基础架构平台。典型的服务器操作系统有 Windows Server 2000、Windows Server 2012、Netware、UNIX、Linux 等。

3. 嵌入式操作系统

嵌入式操作系统是用于嵌入式系统的操作系统，广泛应用于工业控制、国防系统等领域，典型的嵌入式操作系统有 μClinux、WinCE、PalmOS、VxWorks 等。

4. 手机操作系统

随着智能手机的普及，手机上也需要安装操作系统，应用于智能手机上的操作系统就是手机操作系统，主要用于管理手机上的软硬件资源，为手机用户提供各种服务。典型的手机操作系统有 iOS、Android 等。

1.4.5　按源码开放程度分类

开源操作系统就是公开源代码的操作系统软件，可以遵循开源协议(GNU)进行使用、编译和再发布。在遵守 GNU 协议的前提下，任何人都可以免费使用，随意控制软件的运行方式。早期的计算机软件源代码都不公开，随着 UNIX 系统源代码的发布，开源软件也得到了快速发展。按照源代码开放程度可以把操作系统分为开源系统和非开源系统。

1. 开源系统

顾名思义，所谓开源系统，就是指操作系统的源代码完全开放的操作系统，这些操作系统产品不仅提供系统安装盘，同时提供系统的源代码，用户可以根据自己的需要对操作系统的源代码进行裁剪、扩展以满足自己个性化的需要。典型的开源操作系统有 UNIX、Linux 和 Chrome OS。

2. 非开源系统

非开源操作系统就是不开放源代码的操作系统，现在绝大多数商用的操作系统都是不开源的，这种操作系统产品只提供系统安装盘，不提供源代码，用户只能按照商家的说明书安装操作系统，不能对操作系统源代码做任何修改。典型的非开源操作系统有 Windows、Mac OS 等。

1.5　操作系统的特征

本节导读：要想深入细致地了解一件事，就需要了解其本质特征；要想让别人了解一个概念，就需要告诉别人这个概念的本质特征。本节主要目的是让读者知道操作系统的基本特征。通过对操作系统基本特征的分析，可以使读者在后面的学习过程中能够抓住操作系统基本理论的核心内容。

从前面几节的介绍可以看到，不同的操作系统都有自己的特点，如批处理系统具有成批性，分时系统具有交互性，实时系统具有实时性和高可靠性，网络操作系统具有网络互联性，分布式操作系统具有计算协同性等，但同时也应该看到，不管是哪种操作系统，都具有一些共同的特征，下面详细阐述操作系统的每一种特征。

1.5.1　并发性

在阐述操作系统的并发性之前，先介绍两个概念。

定义 1.8　并发(Concurrence)：两个或多个事件在同一时间内发生，亦即在同一时间段内多个程序都已开始执行且都未运行完成。

多道程序并发执行的示意图如图 1-10 所示。从图中可以看出，三道程序都开始运行，且都未运行完成，其中的每道程序处于不同的运行状态，一道在处理机上，一道在输入设备上，一道在输出设备上，从 t1 到 t3 这样一个比较长的时间段来看，三道程序都处于运行状态。

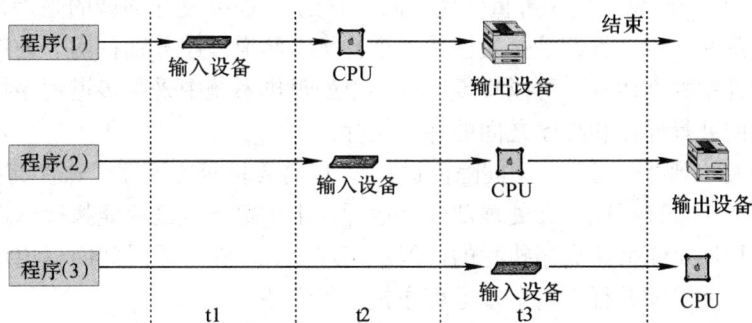

图 1-10　多道程序并发执行的示意图

定义 1.9　并行(Parallel)：两个或多个事件在同一时刻发生。

多道程序并行执行的示意图如图 1-11 所示。从图中可以看出，并行执行意味着两道程序同步运行，在某一个时间点上看，这两道程序的进度是一样的。

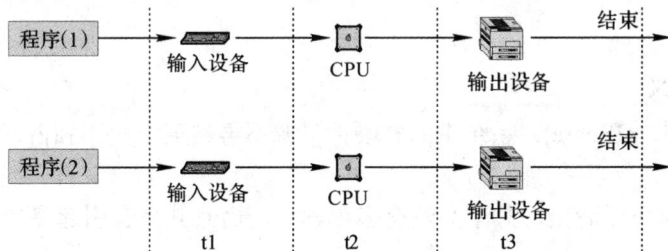

图 1-11　多道程序并行执行的示意图

如果两个学生早上一起起床，一起洗漱，一起吃饭，一起去上课……，做的每件事都是同步的，则这两个同学是并行的。如果 A 同学和 B 同学一个 7 点起床，另一个 8 点起床，一个洗漱之后去食堂吃饭，另一个洗漱之后去操场跑步，一个 11 点去食堂吃饭，另一个 12 点去食堂吃饭，那么虽然两个人都在忙，但是时间不同步，从 7 点到 12 点这一个时间段上看 A 和 B 都在忙，所以 A 和 B 并发。

操作系统是一个并发系统，并发性是它的重要特征，操作系统的并发性是指它具有让多道程序同时执行的能力，即在同一时间段内，在内存中可以有多个程序同时处在运行状态。读者在一台计算机上打开 MP3 播放器听音乐的同时又打开网页浏览器上网，这就是一个操作系统并发性的例子，操作系统在同一时间段内同时运行 MP3 播放器程序和网页浏览器程序。从微观来看，多个 I/O 设备同时在输入/输出，I/O 设备的运行和 CPU 计算同时进行，内存中同时有多个程序交替、穿插地执行等，所有这些都是操作系统并发性的例子。并发机制的引入能消除计算机系统中个部件之间的相互等待，有效地改善系统资源的利用率，提高系统的吞吐率，从而提高系统的性能。例如，一个程序在进行 I/O 操作的时候，系统把 CPU 分配给另一个程序来使用，这样就使得不同的程序同时使用系统中不同的资源，从而提高了资源的利用率。

思考题 1.8：在单处理机中，有没有并行运行的程序？有没有并发运行的程序？为什么？

从并发和并行的定义可以看出，并发性不完全等同于并行性，并行性是指两个或多个事件(或活动)在同一时刻发生，着重强调"同一时刻"，而并发性强调的是"某个时间段"，因此，从某个意义上说并行性是并发性的一个特例。两道程序分别在两个处理机(多 CPU)或两套处理部件中独立运行，可以实现并行。单处理机系统中采用多道程序技术后，可以实现硬件之间的并行操作和程序之间的并发执行。

并发程序要达到"在同一时间间隔内进行"，也需要相应的硬件或软件支持。例如，两道程序分别在一个处理机或一套处理部件上运行，由于每一时刻仅能执行一道程序，所以微机上这两道程序是交替和顺序执行的，但从宏观上看，在一段时间间隔内这两道程序同时运行。所以，并发和并行都需要多道程序技术的支持。

并发机制虽然能有效改善系统资源的利用率，但是并发会使系统的管理变得更加复杂。需要解决：何时进行程序的切换？怎样从一个程序切换到另一个程序？以何种策略来切换？怎样将各个程序隔离开来，使之互不干扰？多道程序同时访问同一数据时如何保证数据的一致性？具有并发性的操作系统需要一一解决上述问题。

1.5.2　共享性

1. 共享的定义

定义 1.10　共享(Share)：系统中的软硬件资源不再被某个程序独占，而是供多个程序共同使用。

从共享的定义可以看出，共享必然有多个程序，而且共享会引起多个程序竞争资源。

2. 共享的分类

操作系统的资源共享有两种方式：互斥共享和同时共享。

(1) 互斥共享。互斥共享也叫顺序共享，是指系统中的某些资源同一时间内只允许一个进程访问。许多物理设备以及某些数据和表格都是互斥共享的资源。当一个程序正在使用某个资源的时候，其他程序只能等待，只有该程序使用完毕，其他程序才能申请使用该资源。这种同一时间内只允许一个程序访问的资源称为临界资源。

(2) 同时共享。同时访问共享又叫并发共享，是指系统中的资源允许同一时间内多个进程对它进行访问，这里"同时"是宏观上的说法。典型的可供多进程同时访问的资源是磁盘，可重入程序也可被同时访问。

共享性(Sharing)是操作系统的另一个重要特征，指系统资源可被多个并发执行的程序共同使用，而不是被某个程序独占。因为一次性向每个程序分别提供它所需的全部资源不仅浪费，很多时候也是不可能的。比较现实的做法是让多个程序共用系统的所有资源，这就产生了共享资源的需求。

并发和共享是操作系统的两个基本特征，二者互为存在条件，一方面资源共享是以程序的并发执行为条件的，若系统不允许程序的并发执行，自然不存在共享问题；另一方面，若系统不能对资源共享实施有效管理，必将影响到程序的并发执行，甚至根本无法执行。

1.5.3　虚拟性

1. 虚拟的定义

定义 1.11　虚拟：把一个物理上的实体变成若干个逻辑上的对应物。前者是实际存在的，后者是虚的，是感觉性的存在。虚拟技术可以使设备和资源得到充分利用。

2. 虚拟的分类

操作系统的虚拟性分两种类别。

1) 时分复用技术

所谓时分复用技术，就是通过将时间分成多个片段，不同的时间片分配给不同的程序以达到共享的目的。采用时分复用技术的典型虚拟技术包括虚拟处理机和虚拟设备。

(1) 虚拟处理机：通过多道程序和分时使用 CPU 技术，物理上的一个 CPU 变成逻辑上的多个 CPU(多道程序和分时技术)。

(2) 虚拟设备：可把物理上的一台独占设备变成逻辑上的多台虚拟设备(Spooling 技术)。

2) 空分复用技术

所谓空分复用技术，就是通过将空间分成多个区域，不同的区域分配给不同的程序以达到共享的目的。采用空分复用技术的典型虚拟技术包括虚拟内存和虚拟磁盘。

(1) 虚拟内存：在一台物理内存为 1 MB 的计算机上运行总量超过 5MB 的程序。

(2) 虚拟磁盘：将一个硬盘虚拟成多个硬盘。

从上面的分析可以看出，虚拟性(Virtual)是指把一个物理设备变成多个对应的逻辑设备，或把多个物理设备变成一个对应的逻辑设备。虚拟性是操作系统管理系统资源的一种技术，采用虚拟技术的目的是为用户提供易于使用、方便管理的操作环境。如分时系统中，物理 CPU 只有一个，每次只能运行一个程序，但通过分时使用 CPU，宏观上有多个程序在同时执行，就好像一个物理 CPU 变成了多个逻辑 CPU 一样，每个程序就在属于它自己的逻辑 CPU 上运行。又例如，打印机属于临界资源，而通过虚拟设备技术，可以把它变为多台逻辑上的打印机，供多个用户"同时"打印；通常一台计算机只配置一个硬盘，但我们可以通过虚拟磁盘技术将一个硬盘虚拟为多个虚拟磁盘。在操作系统中，虚拟性表现的另一方面就是虚拟存储技术。该技术将内存和外存有机结合起来，通过软件技术为用户提供足够大的虚拟内存空间，使得计算机能运行比物理内存大得多的应用程序。

1.5.4　异步性

定义 1.12　异步(Asynchronous)：程序何时执行、何时执行完成以及执行顺序不确定。

异步性(Asynchronism)又叫不确定性或随机性，是指系统中各种事件发生的顺序是随机的。这是多道程序并发和资源共享所带来的必然结果。在多道程序环境中，允许多个进程并发执行，但由于资源有限，多数情况一个程序的执行不是一贯到底，而是"走走停停"。例如，一个进程在 CPU 上运行一段时间后，由于等待资源满足或事件发生，它被暂停执行，CPU 转让给另一个进程执行。系统中的进程何时执行？何时暂停？是以什么样的速度向前推进？一个程序的执行总共耗费多少时间？这些都是不可预知的，也就是说程序的执行具有异步性。异步性给系统带来了潜在的危险，有可能导致进程产生与时间有关的错误。在极端情况下，系统会出现死锁现象，即若干进程循环等待它方所占有的资源而造成的无限期僵持下去的局面。为此，操作系统内部必须设立相应的机制，协调各项活动，诊断并处理可能出现的故障。

1.6　学习操作系统的目的

本节导读：很多读者会问，将来我不想写操作系统，甚至不想搞计算机，我是不是就不用学操作系统了呢？学习操作系统有什么用呢？本节会告诉读者学习操作系统的目的不仅是掌握操作系统的原理，对软件开发有重要的指导意义，甚至将来不从事计算机专业的读者，也会从中学到很多解决问题的思想和方法。

为什么要学习操作系统，这是读者比较关心的问题。操作系统是计算机系统资源的管理者，同时又是用户和计算机之间的交互界面，从这可以看出操作系统处在计算机系统的核心地位。因此，我们只有理解了操作系统，才能方便、灵活地使用计算机，只有掌握了操作系统各种强大的功能，才能更好地利用系统资源，开发用户自己的应用程序，如过程控制系统、办公自动化、邮件系统等。具体来说，学习操作系统的目的主要有以下几个方面。

(1) 掌握系统软件的开发方法，为开发我国具有自主知识产权的操作系统进行基础知识积累。

众所周知，目前的商业操作系统中没有任何一个产品是我国具有自主知识产权的操作系统。在 Linux 操作系统中占一席之地的中科红旗操作系统也已宣布破产，这不能不说是我们国家计算机领域发展的尴尬。操作系统对一个国家信息产业发展的战略地位是毫无疑问的，一直依赖于其他国家的操作系统不仅影响我国计算机技术的发展，也对我国的信息安全带来诸多隐患，因此开发具有自主知识产权的操作系统对我国的计算机产业发展具有重要意义。

另一方面，在现实条件下，人们对计算机应用的需求也在发生着很大的变化，往往需要对现行操作系统的功能进行修改和扩充，例如操作系统内核的汉化、中文操作系统环境的建立等等。尤其是随着物联网的快速发展，人们的应用需求就更加多变甚至是千奇百怪，不同的应用需求对嵌入式计算机的功能、可靠性、成本、体积、功耗等要求也不尽相同，这就使得所选用的硬件千差万别，为了适应此硬件系统，就需要对现有的操作系统进行裁剪、修改等。

不管是哪种需求，开发具有自主知识产权的操作系统或者改写操作系统，都要求我们必须掌握扎实的操作系统的基本原理、技术和方法。当然，设计一个操作系统是学习操作系统的最高目的，但显然也是很困难的。

(2) 掌握底层程序开发的基本思想，为嵌入式软件开发打下坚实基础。

近年来，随着嵌入式系统的不断发展，针对嵌入式系统的软件开发需求越来越多，而嵌入式软件是在底层进行软件开发，直接针对嵌入式硬件进行各种操作。而目前大多数软件开发工具都是针对 PC 等平台,不能直接应用于嵌入式系统。而操作系统原理主要介绍底层软件开发的基本思想,因此掌握了操作系统原理,就会熟悉底层软件开发的基本思想,从而为将来从事嵌入式软件开发打下坚实基础。

(3) 掌握并发程序设计方法,为解决云计算、大数据、网络与分布式系统领域的实际问题提供知识积累。

操作系统的特点是并发和共享,因此其中对并发程序设计方法的介绍较为翔实。近年来发展起来的云计算、大数据、网络与分布式系统等领域的研究使得计算机技术向着大规模的方法发展,而解决规模较大的问题,最有效的方法是采用分而治之的思想,这种分而治之的思想就需要用到并发程序设计方法。因此,操作系统中的并发程序设计方法可对解决云计算、大数据、网络与分布式系统领域的实际问题提供知识积累,为读者将来从事相关工作打下基础。

(4) 掌握软件开发方法,将操作系统中程序设计的思想、方法应用于其他应用程序的开发。

操作系统也是软件,操作系统的原理中也包含了软件开发的方法,操作系统课程就是用案例讲解一个软件开发方法,因此学习操作系统课就会掌握软件开发方法,这一方法不仅用于开发操作系统,也可以用于开发其他软件。

(5) 作为计算机专业的学生,探究操作系统的基本原理,理解程序在计算机上的运行机理,可以提高程序设计的水平。

掌握了操作系统的基本原理之后,就可以理解各种程序在计算机上的运行机理。例如,了解内存管理的基本思想,在进行程序设计的过程中就可以采用合适的数据结构和程序流程,提高内存的利用率,进而提高程序的设计水平。

(6) 计算机操作系统中蕴含着很多管理学的思想、资源调度的方法,通过操作系统课程的学习可以掌握管理学的知识,提高学生的管理水平。

如果你将来不想做软件开发者,你想成为一个企业管理者,操作系统课程的学习对你同样有用。操作系统的定义已经告诉我们,操作系统是系统资源的管理者,既然是管理者,就要进行各种有限资源的管理与调度,这与一个企业一样。因此如何在资源有限的情况下实现资源的有效管理和调度是操作系统的智慧,也是管理者的智慧,这里的智慧对你日后管理企业会有帮助。

(7) 操作系统中蕴含着很多生活智慧和人生哲学,通过本课程的学习,可以通过理论分析使学生理解生活中的决策智慧。

在操作系统原理中,存在很多决策问题,在进行方案选择时,从系统的角度考虑问题,需要对选择局部最优还是全局最优进行抉择,而我们的成长过程中有很多事情需要抉择,例如短期发展和长期发展的抉择、近期快乐和未来快乐的抉择等,相信学过操作系统之后,会对我们的生活有启发。

1.7　本章小结

本章以实例为切入点,介绍了操作系统的定义;以技术发展为脉络阐述了操作系统的发展历程以及操作系统发展过程中每一种操作系统的引入、实现、特点及适用范围等；在此基础上，简要介绍了操作系统的功能、类型、特征；最后分析了学习操作系统的目的。通过本章的学习，读者对操作系统的概念有一个大概的了解，如果有一些概念不是很明白，带着问题进入下一阶段的学习，定会有更大的收获。

1.8 习　　题

1. 基本知识

(1) 简述操作系统的定义。

(2) 简要回答批处理系统、分时系统、实时系统各有什么特点，适用于什么情况。

(3) 操作系统的基本功能有哪些？

(4) 操作系统有哪些基本特征？

(5) 按照使用环境及对作业的处理方式不同，操作系统可以分为哪些类型？

2. 知识应用

(1) 用自己的语言描述时分复用技术和空分复用技术的基本思想。分别举出一个你自己生活中采用时分复用技术和空分复用技术的实例。

(2) 用自己的语言描述并发和并行的概念，分别举出一个生活中并发和并行的实例。

3. 开放题

(1) 通过对本章内容的理解，阐述你自己为什么要学习操作系统，最好与本章所列理由不同。

(2) 尝试自己给出操作系统的分类方法，给出分类依据和所分类别。

第 2 章　操作系统的运行环境与用户接口

◇ **本章导读**

第 1 章已经让大家了解了操作系统的基本概念，在学习第 1 章时下面的问题大家有没有做过思考：

(1) 操作系统运行在硬件平台上，这个硬件环境到底是什么样的呢？

操作系统是与其他软件不同的系统软件，那同样运行在计算机上的软件，怎么能让操作系统保持其特殊性？

(2) 除了硬件之外，操作系统与其他软件之间有什么关系呢？

用户通过操作系统提供的接口使用计算机，那么操作系统为用户提供的接口是什么样的，操作系统如何提供用户接口？

本章的内容将会帮助你找到上述问题的答案。

2.1　操作系统运行的硬件环境

本节导读：第 1 章操作系统的定义部分已经讲到，操作系统管理计算机软硬件资源，是软硬件之间沟通的桥梁，为了更好地理解操作系统的原理、方法，有必要先介绍一下操作系统运行的硬件环境是什么样子的，特别是跟操作系统密切相关的硬件环境。本节主要介绍与操作系统密切相关的计算机硬件结构、计算机中的存储介质以及指令的执行过程。

☺ **小故事　第二季(1)：小游的困惑**

小程的朋友小游最近又失业了，小游跟小程说其事业不顺利，小程突然想起了 OS 饭店，建议小游如果条件可以的话，开个小饭店也不错。可小游不知道开饭店都需要什么条件，作为 OS 饭店的 VIP，小程跟 OS 饭店的老板小盖混得很熟了，小程准备带小游去取经。下班后，小程和小游跟小盖见面，问小盖开饭店需要的条件。小盖说：厨房用品、房子、桌椅等硬件条件是必备了，此外还需要有一个良好的管理团队，也就是开饭店需要硬件，也需要操作系统，没有饭店的硬件，管理团队不会发挥作用。小游听到这儿，分析了一下自己的情况，有点沮丧，准备这些硬件就需要不少资金，现在困扰小游的就是资金问题了。

2.1.1　与操作系统相关的硬件结构

从功能上看，计算机的硬件系统主要包括三部分：CPU、内存和外设，但是每一部分又包含一些具体的硬件，计算机硬件的具体结构如图 2-1 所示。其中 CPU 主要包括程序计数器(PC)、指令寄存器(IR)、内存地址寄存器(MAR)、内存缓冲寄存器(MBR)、I/O 地址寄存器、I/O 缓冲寄存器；内存是由多个内存单元组成，内存区被分为程序区和数据区，程序区主要用于暂存程序，而数据区主要用于存储数据；外设即外部设备，主要用于将外部数据送入计算机内或者对计算机内的数据进行输出。外设由两部分构成，一部分是外部设备硬件，另一部分是 I/O 控制部分，其中 I/O 控制部分由各种 I/O 控制器以及缓冲存储器构成。计算机硬件系统中的各个部分之间通过总线连在一起构成了整个硬件系统，总线负责在不同部分之间传输数据。计算机操作系统对计算机硬件系统的管理也主要从对主机的管理、对内存的管理和对外设的管理三个方面考虑。

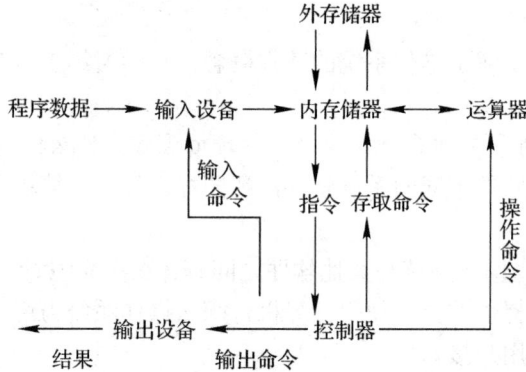
图 2-1　计算机硬件结构示意图

在 CPU 中包括一些重要的部件，每一个部件有不同的功能，部分部件功能介绍如下。

1. 程序状态字寄存器 PSW(Program State Word)

在程序运行过程中，经常需要确定处理机的状态，例如处理机的工作状态、目前是否允许中断、计算结果是否为负、计算结果是否溢出等，PSW 的各位代表系统中当前的各种不同状态与信息，例如是否允许中断、计算结果是否溢出等。不同机器的程序状态字格式不同，图 2-2 是 8086 处理机的程序状态字 PSW，其各位的格式如下：

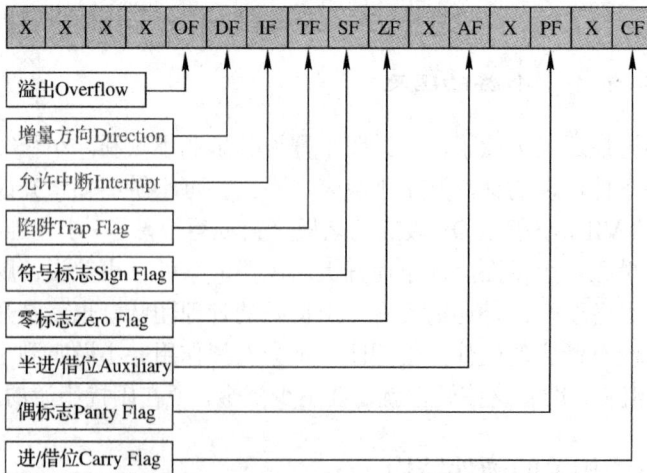
图 2-2　8086 处理机的程序状态字

2. 程序计数器 PC(Program Counter)

为了保证程序能够连贯、流畅地执行，主机必须在一条指令执行时就能确定下一条指令的地址，以便于当前指令执行完毕后立即执行下一条指令，尽可能减少指令切换时间。程序计数器是计算机处理器中的寄存器，它用来存放下一条要执行指令的地址(位置)。在一个程序开始执行之前，将程序起始地址，也就是程序的第一条指令所在的内存单元地址送入程序计数器。由于大多数程序都是顺序执行的，因此当程序计数器所指地址中的指令被取走之后，程序计数器通过执行自动加 1 操作以指向顺序中的下一个指令。但是并不是所有的操作都是顺序执行的，因此遇到跳转指令时，后继指令的地址(即 PC 的内容)必须从指令寄存器中的地址字段取得。而当计算机重启或复位时，程序计数器通常恢复到零。

3. 指令寄存器 IR(Instructor Register)

指令寄存器 IR 用来保存待执行的指令。当执行一条指令时，需要先把它从 PC 所指定单元取到数据寄存器(DR)中，然后再传送至 IR，指令译码器从 IR 中获取操作码进行译码，获取地址码进行相应操作。

4. 指令译码器

指令由操作码和地址码两部分构成，操作码是用来约定该指令所要完成的动作，地址码用来约定被操作的数据(简称操作数)的存放位置，即操作数地址。为了能够正确执行指令的动作，需要对操作码进行测试，以识别所要求的操作。指令译码器就是负责测试操作码所对应的动作。指令译码器对操作码进行译码之后，按照所测试的动作向操作控制器发出操作的对应信号，从而完成相应操作，当然在进行操作过程中需要用到的操作数从地址码所指定的地址中获取，正因为如此，需要有一个部件存储正在执行的指令，以便随时获取操作码和地址码。

2.1.2 存储介质

计算机中包括多种不同的存储设备，不同的存储设备作用不同、性能不同，如何有效利用各种存储介质提高操作系统的性能及如何有效地管理计算机系统中的各种存储介质是操作系统研究人员关注的两个问题，也是学习操作系统的关键点。要想充分理解这两个问题，需要先了解计算机中都包含哪些存储介质，每种存储介质有什么特性。

计算机的存储采用多级存储结构，存储结构示意图如图 2-3 所示。在该架构中，上层的存储介质访问速度快，单位成本高，容量小；下层的存储介质访问速度慢，单位成本低，容量大。计算机各级存储介质的访问延迟时间和平均容量如表 2-1 所示。辅存中的硬盘包括传统硬盘和固态硬盘两种，其中传统硬盘的容量大、成本低、访问速度慢，而固态硬盘的容量小，成本高、访问速度快。移动存储设备的容量是指单个设备的容量，由于移动存储设备是可拆卸的，因此可以同时使用多个设备存储数据。理论上讲，移动存储设备的容量是无限的，而移动存储设备种类较多，平均访问延迟时间差异较大。

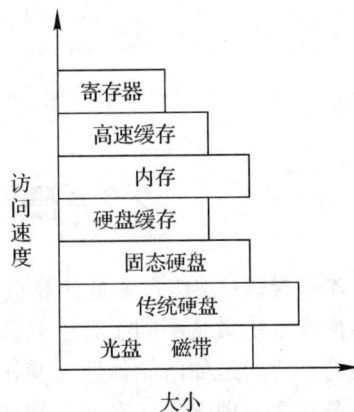

图 2-3 计算机存储结构示意图

表 2-1　各级存储介质的性能参数表

	平均访问延迟	平均容量
寄存器	1 ns	< 1 KB
高速缓存	2 ns	32 MB
内存	10 ns	128 GB～64 GB
辅存(硬盘)	1～10 ms	36 TB～4 TB
移动存储设备(U 盘、光盘、磁带等)	1～100 s	4 TB～1 TB

2.1.3　指令的执行过程

　　计算机中所有任务都是通过指令的执行完成的。那计算机中的指令是如何完成的呢？指令的执行也分两种情况：一种情况是无中断指令执行，另一种情况是有中断指令执行。早期的计算机没有中断机制，因此指令的执行过程比较简单，主要包括读指令和执行指令两个步骤。随着计算机技术的不断发展，20 世纪 60 年代引入了中断技术，中断是一个复杂过程，是在处理器执行指令过程中接到外部设备或计算机内部发来的紧急事件处理信号，处理器暂时停止正在执行的程序，转去处理紧急事件，当处理完紧急事件之后再返回被中断的程序继续执行的过程。中断是计算机中一种非常重要的技术，中断技术是多道程序技术的基础，没有中断就不能实现多道。有中断机制的指令执行过程如图 2-4 所示。从图中可以看出，在有中断机制的指令执行过程中，在一条指令执行结束，另一条指令的执行尚未开始之前检查是否有中断事件发生，因此，一般中断发生在两条指令执行之间。

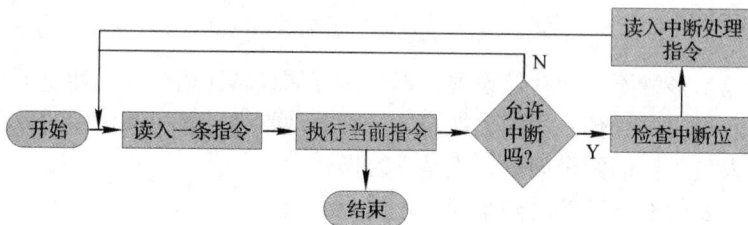

图 2-4　带有中断机制的指令执行过程

2.2　硬件为操作系统提供的支持

　　本节导读： 操作系统是计算机系统中的系统软件，它管理计算机系统中的软硬件资源。然而操作系统又是不同于其他软件的一种特殊软件，那它与硬件以及其他软件之间有什么关系呢？特别是如何能体现出操作系统与其他软件之间的差异？本节会回答以上问题。目的是让读者理解如何在一个软件中给不同的角色以不同的权限，从而让一些重要的软件具备更高的权限。

　　从操作系统的定义中已经看到，操作系统管理计算机系统中的所有硬件资源，同时操作系统与其他软件系统之间有区别，其他软件对硬件资源的使用是由操作系统统一管理和调配的，那怎样才能实现这一特权呢？其实操作系统要求硬件给予基本支持，主要的支持包括以下几方面。

(1) 特权指令。OS 要求硬件必须为其提供特殊的指令，这些指令是涉及系统安全性的指令。硬件一出厂有一个指令系统，其中有一小部分为 OS 提供的特权。所谓的特权指令就是只有操作系统才能使用的指令，其他软件用不了，这就可以保证操作系统与其他软件之间的不同。当然操作系统也不会滥用这些指令的，只有涉及系统管理的时候操作系统才会使用这些指令。例如：在现实生活中，救火车和救护车有特权，就是在遇到紧急情况时可以闯红灯，可以逆行。

(2) 处理机状态位。硬件为操作系统提供了特权指令，但是如何区分是操作系统程序在运行还是普通用户程序在运行呢？正如前文所述，救火车和救护车有一些特权，但是怎么区分救火车和救护车呢？需要有一个救火车或救护车的标识。同样在计算机中也有标识来区分操作系统程序和用户程序，那就是处理机的状态位，其目的是用来标识当前 CPU 的状态。处理机的状态位有两个值：管态，又叫核心态，是操作系统程序运行时的状态；目态，又叫用户态，是普通用户程序运行时的状态。通过 CPU 状态位来确定当前用户是谁，从而检查指令是否合法，若管态则什么指令都可以，若目态则不能执行特权指令。这样就可以根据处理机的状态位来检查指令的合法性。

(3) 通道或类似的部件(DMA 等)。操作系统在工作时希望提高各种资源的利用率，特别是提高 CPU 的利用率，这样就不能让 CPU 什么事情都亲力亲为，为了提高 CPU 的利用率，要把 CPU 用在最需要它的地方，因此硬件需要提供通道或 DMA 部件帮助 CPU 处理一些输入/输出事物，从而把 CPU 从繁忙的中断中解放出来。例如：一个大公司，老板不能事事亲力亲为，需要有首席执行官、首席财务官、首席信息官、首席技术官等不同的负责人负责不同的事物，而老板去做更重要的事情。

(4) 中断机构。操作系统是计算机系统中的系统软件，它要管理各种资源，这样，操作系统的任务非常繁忙，有各种事情要处理，为了让操作系统有效处理各种事物，不能让操作系统逐个事情去过问，而应该引入中断机构，让每件事情发生时，可以向操作系统发中断。这样，只有当程序需要操作系统时，才通过硬件向操作系统发一个中断，其他时间操作系统可以专心做自己的事。例如：大公司的老板把首席执行官、首席财务官、首席信息官、首席技术官等负责人聘好之后，不需要老板总去过问各方面的事物，而是在某方面出现问题时各负责人向老板发中断，请求老板的帮助，这样，老板在日常生活中不需要事事过问。

(5) 存储保护机构。由于计算机系统中采用多道程序设计技术，有多道程序放在内存中，为了保证各道程序的信息安全，硬件需要提供存储保护机构。

2.3　操作系统与其他软件之间的关系

本节导读： 第 1 章说过，操作系统是一种系统软件，那他与其他软件之间有什么关系，操作系统对其他软件的作用是什么，其他软件与操作系统有什么关系。本节简要介绍二者之间的关系，以便于读者能进一步了解操作系统的概念。

1. OS 对软件

从操作系统的定义中已经可以看出，操作系统为其他软件的运行提供了环境。没有操作系统这个平台，其他软件无法运行，因此，操作系统是一种非常重要的软件。

2. 软件对 OS

✿ **小问题 2.1**：只安装操作系统，没安装其他任何软件的系统用起来感觉怎么样？

　　自己安装过系统的读者一定有切身感受，如果一台电脑只安装了操作系统，而没安装任何其他的软件，就会感觉这台机器"没有用"。想调试 C 语言程序，做不了！想编辑一篇论文，做不了！读一篇 pdf 格式的文件，读不了！想听一段音乐，听不了！想看一段视频，看不了。好像已经安装了操作系统的电脑什么都干不了。这是为什么呢？就是因为操作系统只是平台，是其他软件运行的基础，只有平台和基础的系统是枯燥的。要想让计算机系统发挥更大的作用，必须用其他软件扩充操作系统的功能。

2.4　操作系统的用户接口

　　本节导读：前面几节介绍了操作系统运行的硬件环境、硬件为操作系统提供的支持、操作系统与其他软件之间的关系等内容，到目前为止，计算机系统中的几个重要角色均已登场，但是大家不要忘了在整个计算机系统中非常重要的一个角色还没有登场，那就是用户，没有用户，其他角色均没有存在价值。那用户如何使用操作系统呢？操作系统给用户提供了怎样的接口呢？本节介绍操作系统的用户接口。

☺ **小故事　第二季**(2)：**小游的饭店开业了**

　　小游回家后，决定跟父亲谈一下创业，他跟父亲分析了小饭店的前景，父亲对他的决定表示支持，同意资助他一定的资金，算是投资，但是跟小游签订了饭店经营的一些约定。小游加班加点地准备饭店开业，终于小游的饭店开业了。饭店开业之后，一直顾客盈门，小游父亲为了投资安全，对小游的经营情况进行考察，在开业之初在饭店考察了一段时间，发现小游的饭店管理不太规范，就找小游谈，让小游分析一下每天进出饭店的人都有哪些类别，对不同类别的人区别管理。小游梳理了一下，对进出饭店的人进行分类，大概可以分三类：来饭店吃饭的客人、饭店的厨师、饭店的其他管理人员。确实应该按照人员的类别不同区别管理，小游按照父亲的建议制定了不同人员的管理规范。

2.4.1　用户接口简介

　　用户接口是计算机操作系统的一个重要组成部分，所谓的用户接口，就是用户与计算机交互的接口。用户通过用户接口向计算机系统提交服务请求，计算机通过用户接口向用户提供所需要的服务。没有用户接口，用户使用计算机将会变得异常艰难，计算机就不会普及。要想了解用户接口，首先需要了解计算机的用户。

1. 用户的分类

✿ **小问题 2.2**：你是否使用过计算机，你使用计算机都做什么？你的家人、朋友是否在
　　　　　　使用计算机？你了解的人使用计算机都做什么？

　　很多人都在使用计算机，我们把所有使用计算机的人称为用户。通过对所有用户进行

分析会发现，计算机用户可以分为两类。

(1) 被动用户：完全被动地接受计算机所提供的各种服务的用户，也就是使用计算机所提供的各种功能的用户。这类用户又可以进一步分为两类。

(a) 管理员用户：负责对计算机系统中的资源进行管理的用户，他们对计算机的资源进行管理和控制，直接使用操作系统、数据库系统等系统软件，他们熟悉系统软件的使用，为其他用户使用计算机提供良好的环境，使其他用户无需了解系统软件的使用即可方便地使用计算机。

(b) 普通用户：使用计算机上所安装的各类应用软件所提供的功能，他们无需了解系统软件的使用方法，只需要了解他所关注的应用软件的使用方法，如果系统软件出现问题，他们可以找管理员用户帮忙解决问题。

(2) 主动用户：使用计算机的目的是为了编写各种程序，他们会决定计算机能够提供什么样的服务。这类用户主要是程序开发人员。

2. 从用户的角度看用户接口的分类

从上面的分析可以看出，不同的用户以不同的方式使用计算机，相应地，操作系统为他们提供的用户接口也会有差异。根据用户类别，操作系统的用户接口分为两类。

(1) 命令接口：为被动用户使用计算机提供各种功能，这些功能是通过各种操作命令实现的。因此操作系统提供给被动用户的接口是命令接口，每个命令完成计算机为用户提供的一种功能，例如：拷贝文件、删除文件、查看文件、编辑文本、配置网络等。根据这些操作命令的呈现形式不同，命令接口又可以进一步分为两种类型。

(a) 字符命令接口：操作命令以字符的形式呈现给用户，用户需要用键盘输入命令完成各种功能。例如：Linux 操作系统字符命令接口的截图如图 2-5 所示。在 Linux 系统中，用 cp 命令完成文件拷贝功能，用 ping 命令测试网络连通性等。

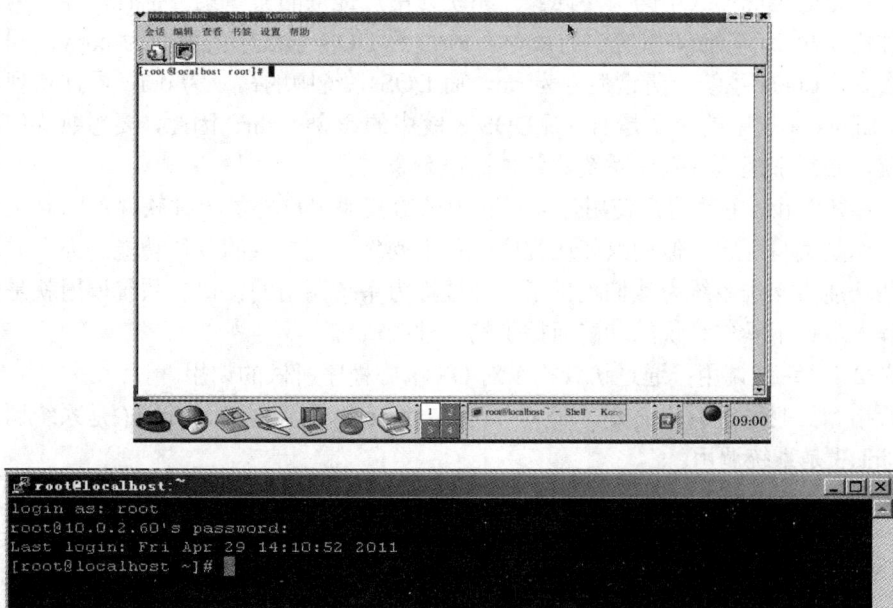

图 2-5　Linux 操作系统字符命令接口的实例

(b) 图形用户接口：操作命令以字符界面的形式呈现给用户，用户可以通过点击鼠标来完成操作系统提供的各项功能。例如：Windows 操作系统图形命令接口的截图如图 2-6 所示。Windows 系统的文件复制操作，可以在文件名上点击鼠标右键，然后在弹出菜单中选择复制选项即可完成文件复制操作。

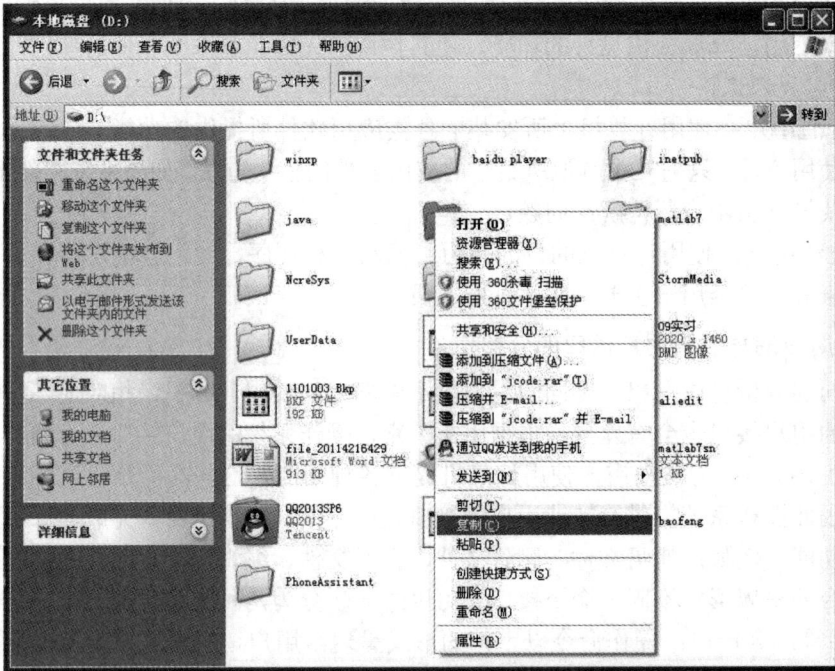

图 2-6　Windows 操作系统图形命令接口的实例

不仅命令的呈现形式不同，不同操作系统为用户提供的命令集合也有差异，例如：同样是文件拷贝命令，Linux 系统中的命令为 cp，而 DOS 系统中的命令为 copy；同样是文件删除命令，Linux 系统中所谓命令为 rm，而 DOS 系统中的命令为 del；同样是列文件目录命令，Linux 系统中的命令是 ls，而 DOS 系统中的命令为 dir。因此，要想熟练使用一个操作系统，必须掌握这种操作系统的各种操作命令。

(2) 系统调用。主动用户使用计算机时为了给其他用户提供各种软件，因此主动用户的主要工作是编写程序，他们只能在程序中使用操作系统提供的各种功能。为了方便他们使用这些功能，操作系统为他们提供了一种被称为系统调用的接口。系统调用就是操作系统为编程人员使用操作系统的功能而提供的一种接口。

定义 2.1　系统调用：通过访管指令对 OS 核心程序所做的调用。

访管指令又叫系统调用命令，如 C 语言中 fopen()是函数，而 open()是系统调用；在 DOS 中 int13 是系统调用。

定义 2.2　系统调用程序：被调用的核心程序。

思考题 2.1：结合 2.2 节的内容想一下，为什么系统调用命令叫做访管指令？

从系统调用的定义可以看出，其实系统调用就是操作系统内部编制的关于使用某种操作系统功能的程序。从 2.2 节我们已经知道，为了系统的安全考虑，普通用户不能直接使用操作系统的功能，要想使用操作系统的功能，必须按照操作系统提供的接口，以符合操作系统要求的方式调用完成相应功能的程序以达到使用相应功能的目的。

　　系统调用程序的执行过程如图 2-7(a)所示。处于目态的用户程序中的系统调用命令中断运行程序，进而转去执行相应的系统调用程序，由于系统调用程序是操作系统程序，因此执行系统调用程序过程由目态进入管态。相应的功能完成后，控制又返回到发出系统调用的命令之后的一条命令，被中断的程序将继续执行，如图 2-7(b)所示，系统调用程序是可以嵌套调用的。

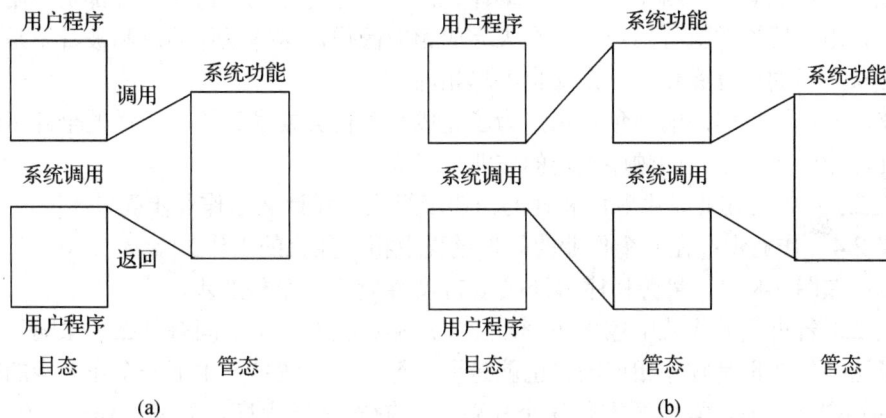

图 2-7　系统调用程序的执行过程示意图

　　不同的系统提供的系统调用集合不同，一般系统为用户提供几十个或上百个系统调用。要想了解每一个系统都提供了哪些系统调用，需要进一步查阅相应系统的系统调用手册。

2.4.2　作业的基本概念

　　在 2.4.1 小节中介绍了用户接口的分类，从中可以看出，操作系统的任何一种功能都是一段用户程序，而用户接口则是每一个程序的用户接口，那用户如何使用这些接口实现相应功能，主动用户如何将自己编写的应用程序提供给普通用户使用，也就是如何将程序员编写的程序变成普通用户可以使用的命令，这些问题的回答需要用到一个新的概念——作业。

1. 作业的定义

✿　**小问题 2.3**：到目前为止，每一位读者都应该独立编写过源程序，请回忆一下你编写源程序到运行源程序整个过程包括哪几个步骤？

　　众所周知，从编写程序到运行程序的整个流程如图 2-8 所示。首先编程人员需要用各种编辑软件进行源程序的编辑，然后用相应程序语言的编译器进行编译，在编译过程中主要进行语法检查，如果编译过程中发现有语法错误，则要重新进行编辑，这个过程要经过多次反复，直到编译之后没有错误为止，源程序经过编译之后生成了目标文件(.obj)。目标文件并不能执行，需要将目标文件与库目标文件进行链接操作生成可执行文件，如果链接过程没有问题，生成的可执行文件是普通用户可以运行的命令，用户可以运行该命令从而使用该程序所提供的功能。

图 2-8　编程程序流程示意图

从图 2-8 可以看出，编辑源程序、编译、链接、运行这几个操作步骤都是由用户发出操作命令，由机器通过执行用户的命令来完成相应操作，这些操作的总和被看做是一个作业。当然从不同的角度看作业的定义也不尽相同。

定义 2.3　作业(用户的视角)：用户为了完成某项任务要求计算机所做的全部工作称为一个作业，作业是由不同的顺序相连的作业步组成。

定义 2.3 中说明作业是由顺序相连的作业步组成，那什么是作业步呢？

定义 2.4　作业步：在一个作业的处理过程中相对独立的工作。

例如：在图 2-8 中，将源程序编译成 .obj 文件就是一个作业步。

定义 2.3 告诉我们作业中包含多个作业步，那这些作业步之间有什么关系呢？定义中也明确了这些作业步是顺序相连的，也就是说，每一个作业步产生下一个作业步的输入。

例如：图 2-8 中，编辑源文件这个作业步的输出是源程序，而编译作业步的输入是编辑作业步输出的源程序；编译作业步的输出结果是.obj 文件，这个输出结果是链接作业步的输入；链接作业步的输出结果是.exe 文件，而这个输出结果是运行作业步的输入。由此可见，作业步之间是顺序相连的，其中任何一个作业步出现问题，整个作业都不能顺利运行完成。

从定义 2.3 可以看出从用户的视角看到的作业是由一系列操作构成的，这些操作最终要放到计算机系统中去完成，系统看到的作业是什么样子呢？下面我们给出从系统的视角看到的作业的定义。

定义 2.5　作业(系统的视角)：系统看到的作业就是程序、数据、作业的操作说明书的总和。

从系统的角度看，用户要求计算机完成的任务需要以系统能执行的方式呈现，对系统而言，所做的各种操作通过运行程序来完成，因此程序是作业的重要组成部分。同一个程序不同用户作业处理的数据不同，一般作业中都要告诉系统本次任务要处理的数据有哪些，因此数据是作业的另一个重要组成部分。不同作业的操作步骤不同，作业要告诉系统按照什么样的步骤进行操作，这些操作步骤也不能用自然语言描述，需要用系统能理解的作业控制语言将操作步骤写成作业的操作说明书，因此作业的操作说明书也是作业的一个重要组成部分。有了程序、数据和作业的操作说明书，系统就可以按照操作说明书的要求，让指定程序运行给定数据，从而完成作业所要求的任务。

在批处理系统中，作业是抢占内存的基本单位。也就是说，批处理系统中以作业为单位进行内存分配。或者说，批处理系统以作业为单位把程序和数据调入内存并控制作业的执行。需要特别说明的是，作业是传统的大型机、巨型机系统中广泛使用的概念，在目前应用面较为广泛的微机中没有作业的概念。

2. 作业的分类

定义 2.3 告诉我们用户为了完成某项任务要求计算机所做的全部工作称为一个作业，而计算机系统采用不同的方式完成用户所提交的任务，根据计算机完成任务的方式可以把作业分成两种类型。

(1) 终端作业：用户通过终端向计算机提交作业，计算机根据用户在终端上输入的键盘命令控制作业的运行过程，操作系统直接通过终端向用户报告作业的运行情况和运行结果。由于用户可以在终端上采用交互的方式控制作业的运行，因此，这种作业又称为交互式作业。

(2) 批处理作业：用户将作业提交给系统管理员，由系统管理员将多道作业组织成一批提交给系统，系统按照成批的方式控制作业的运行。由于用户不能在终端上控制作业的运行，因此，这种作业又称为脱机作业。

批处理作业和终端作业采用不同的方式实现作业的控制，相应地，作业的控制方式和控制流程也不相同。

3. 作业的控制

不同系统对作业的控制方式不同，主要的作业控制方式有两种。

(1) 脱机作业控制：又称为作业的自动控制，用户把源程序+数据+控制意向提交给系统，由系统根据用户的控制意向自动控制作业的运行。由于用户不能直接控制作业的运行，采用的是人脱机的形式控制作业的运行，因此被称为脱机作业控制。

(2) 联机作业控制：又称为作业的直接控制，采用人—机会话的方式控制作业的运行。由用户通过键盘发送控制命令，通过终端查看作业的运行状况，并根据作业的运行状况确定下一步的操作，采用的是人联机的形式控制作业的运行，因此被称为联机作业控制。

根据作业的分类可以看出，终端作业采用联机作业控制方式进行作业控制，这种方式中操作系统提供了键盘命令，用户使用这些命令自行控制。批处理作业采用脱机作业控制方式进行作业控制。由于脱机作业控制方式中用户需要向系统提交控制意向，因此系统需要提供描述作业控制意向的语言——作业控制语言 (Job Control Language，JCL)，用户用 JCL 将作业控制说明书写出来，OS 根据用户的作业控制说明书，对作业进行控制。

操作系统在进行作业控制的时候，需要建立一个描述作业的数据结构——作业控制块 JCB(Job Control Block)，不同操作系统的 JCB 结构不同，JCB 主要包含以下信息：① 作业名；② 作业的估计执行时间；③ 作业的优先数；④ 作业建立时间；⑤ 作业对应的文件名；⑥ 作业使用的程序语言类型；⑦ 内存要求；⑧ 外设要求；⑨ 作业状态；⑩ 作业在外存中的存储地址。

思考题 2.2：回顾一下学过的 C 语言知识，想一下如何用 C 语言表示 JCB？请同学尝试用 C 语言定义一个 JCB。

JCB 的建立就是申请一个空白的 JCB 表，填入相应信息，如果没有空白的 JCB 表，则作业创建失败。

思考题 2.3：回顾一下学过的 C 语言知识，想一下如何用 C 语言创建 JCB？请同学尝试根据自己定义的 JCB 创建一个 JCB。

4. 作业的流程

既然作业有不同类型，不同类型的作业控制方式不同，相应地，不同类型的作业控制流程也有差别。

(1) 终端作业的控制流程。前面已经说过，终端作业由用户在终端上直接控制作业的运行，在用户使用计算机之前先由系统管理员建立用户说明文件 PROFILE，其中描述了用户的基本信息，并为用户使用计算机提供基本环境，以便于用户能够使用计算机。终端作业的控制流程如图 2-9 所示，用户先注册登录到计算机系统中，成为系统的合法用户，然后用户可以在终端上自主控制作业运行，具体的控制过程由用户决定，当作业完成时，用户通过注销命令退出计算机系统，将计算机的使用权归还给系统。

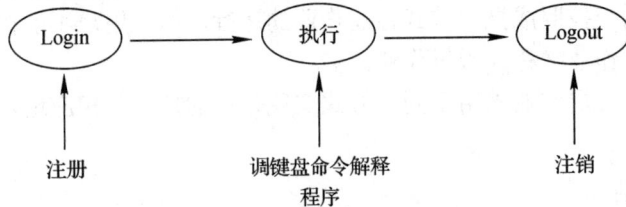

图 2-9　终端作业控制流程示意图

(2) 批处理作业的控制流程。由于批处理系统中需要同时提交一批作业，但是这一批作业不能同时处于运行状态，而且每个作业需要在系统的控制下规范、有序地使用计算机中的各种资源。因此，批处理作业的流程比较复杂，批处理作业的流程如图 2-10 所示。操作系统中的作业提交程序负责将输入设备上的作业提交到后备作业队列中，作业调度程序负责从后备作业队列中选择作业调入内存使他们处于运行状态，运行状态的作业运行完成之后由作业终止程序将其送入作业完成队列中，再由输出程序将作业完成队列中的作业送入输出设备进行输出。

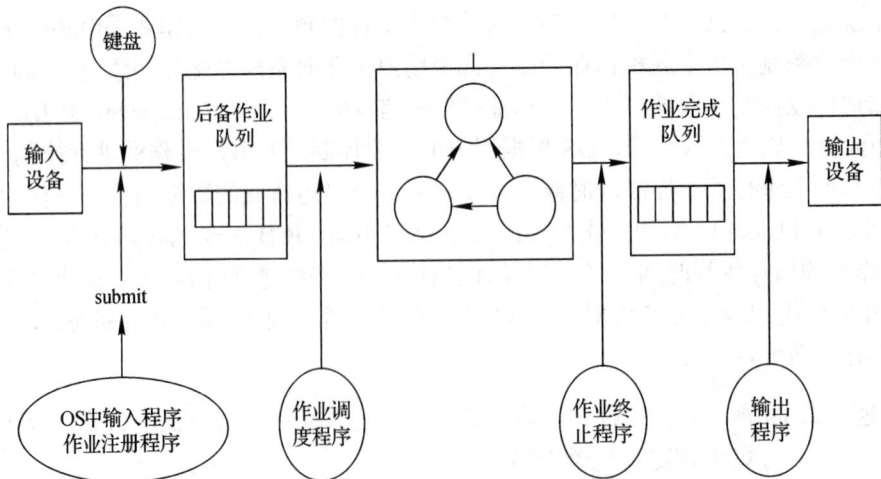

图 2-10　批处理作业控制流程示意图

从上面的流程可以看出，作业有三种基本状态：后备状态、运行状态和完成状态，后备状态的作业在外存上，等待作业调度程序的调度，当被作业调度程序选中以后，进入到运行状态。运行状态的作业在内存中，而且会在内存和 CPU 上切换，当运行完成时，会变成完成状态。完成状态的作业也在外存上，等待进行善后处理。

2.4.3　一般用户作业的输入/输出方式

从 2.4.2 小节的作业流程可以看出，作业需要通过输入设备送入计算机中，通过输出设备将运行结果反馈给用户，用户作业到底是通过什么方式输入/输出的呢？

到目前为止，用户作业的输入/输出方式主要用以下五种。

1. 联机输入/输出

在交互式系统中，I/O 设备与主机直接相连，作业运行前，用户通过与主机直接相连的输入设备将作业输入到计算机系统中。作业运行完成时，计算机系统将运行结果输出到与主机直接相连的输出设备中。各种 I/O 设备均可以与主机相连，这些设备主要包括：键盘、鼠标、显示器、打印机、数字化仪、扫描仪等，一台主机可以同时与多台 I/O 设备相连。

联机输入/输出方式具有以下特点：

(1) 方便。在作业运行的整个过程中，用户可以在终端上直观得看到数据的输入/输出，特别是在作业运行过程中出现异常时，能实时了解作业运行结果，并根据结果分析产生异常的原因。

(2) 低效。由于所有的输入/输出设备都与主机直接相连，输入/输出操作需要在主机的控制下进行，因此快速的主机与慢速的输入/输出设备之间会产生速度不匹配的问题，同时，主机经常需要等待输入设备提供数据，导致主机的效率严重低下。

思考题 2.4：联机输入方式的效率较低，结合第 1 章的内容以及生活中的实例想一想有什么方法可以提高输入/输出的效率？

2. 脱机输入/输出

联机输入方式下主机要控制慢速的输入/输出设备工作，而且主机要等待慢速的输入设备送来的数据才能进行计算，因此主机效率低下。为了解决输入/输出设备与主机直接相连造成 CPU 资源浪费的问题，人们想到如果不让昂贵的主机直接控制输入/输出操作，用一台不太昂贵的机器控制输入/输出可以将昂贵的主机从输入/输出工作中解放出来。就好像一个大企业中为了把 CEO 从各种繁琐的工作中解脱出来而聘用了部门经理。在计算机系统中，引入了脱机输入/输出，脱机输入/输出的原理如图 2-11 所示。主要是利用多个低档个人计算机作为外围设备进行输入处理，将输入设备与低档微机直接相连，在低档微机的控制下将作业输入到后援存储器上。当一批作业输入结束后，将装有输入作业的后援存储器连接到主机的高速外围设备上与主机相连。

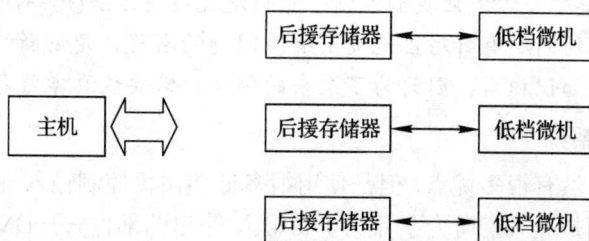

图 2-11　脱机输入/输出原理图

脱机输入/输出方式具有以下特点：

(1) 高效。由于与昂贵主机相连的高速外围设备速度较快，主机无需与慢速输入/输出设备打交道，因此提高了主机的效率。

(2) 灵活性差。由于存储数据的后援存储器在进行数据输入时与低档微机相连，需要用户手工干预才能将后援存储器连接到用于计算的主机上，遇到紧急任务时无法直接使用主机，可能会导致紧急任务无法处理。

思考题 2.5： 针对联机输入/输出和脱机输入/输出方式存在的不足，想一下，有没有更好的方法提高输入/输出效率？

3. 直接耦合方式

联机输入/输出效率较低，脱机输入/输出虽然提高了效率，但是以牺牲灵活性为代价，怎样才能让输入/输出操作既有较高的效率，又有较好的灵活性呢？人们想出了结合联机方式和脱机方式优点的方法引入了直接耦合方式。直接耦合方式的示意图如图 2-12 所示。把主机和多台外围低档微机通过公用的大容量外存直接耦合起来。从图中可以看出，大容量存储器由负责计算的主机和负责输入/输出的低档微机所共享，一方面避免了主机与输入/输出设备直接相连所导致的低效率，另一方面也可以避免大容量存储设备不与负责计算的主机直接相连所引起的不灵活。

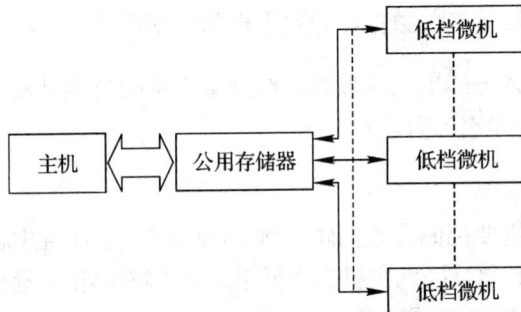

图 2-12　直接耦合方式输入/输出原理图

直接耦合方式具有以下特点：

(1) 效率高。由于主机只负责计算，不需要处理 I/O，因此主机的效率较高。

(2) 灵活性好。由于存储数据的后援存储器同时与高档主机及低档微机相连，遇到紧急任务时主机可以直接从大容量存储器上获取数据，灵活性大大提高。

(3) 成本高。因为需要大容量存储器和低档微机导致 I/O 操作成本较高。

◆ **小启示：** 直接耦合方式让我们看到，能够发现现有方法(产品)中存在的问题，是创新的前提；根据发现的问题有针对性地提出解决问题的思路，是创新的关键；当然能提出解决方案需要深厚的知识积累，因此为了未来的创新，需要认真学习各种知识。

4. SPOOLING 系统

直接耦合系统固然有很多优点，但是使用很多低档微机控制输入/输出会使计算机系统变得庞大、复杂，于是，人们研究了专门负责输入/输出的部件——DMA 或者通道。关于 DMA 和通道技术的技术细节，将在设备管理部分详细阐述，本章不做赘述。这些专门部件可以代替低档微机，因此引入了 SPOOLING(Simultaneous Peripheral Operation On-line) 系统。

SPOOLING 系统，又称为外部设备联机并行操作系统，是以联机的方式得到脱机的效果，其工作原理示意图如图 2-13 所示。低速设备经通道或 DMA 和高速存储设备(例如：磁盘)相连。为了存放从低速设备上输入的信息，在高速存储设备上开辟一个固定区域，叫"输入井"；为了存放将要输出到低速设备上的信息，在高速存储设备上开辟一个固定区域，叫"输出井"。"输入井"和"输出井"用于排队转储，以消除用户的联机等待时间。同时，在内存中开辟两个缓冲区，用于缓存输入设备输入的数据或者准备输出到输出设备的数据。关于 SPOOLING 系统的技术细节将在设备管理部分详细阐述，本章不做赘述。

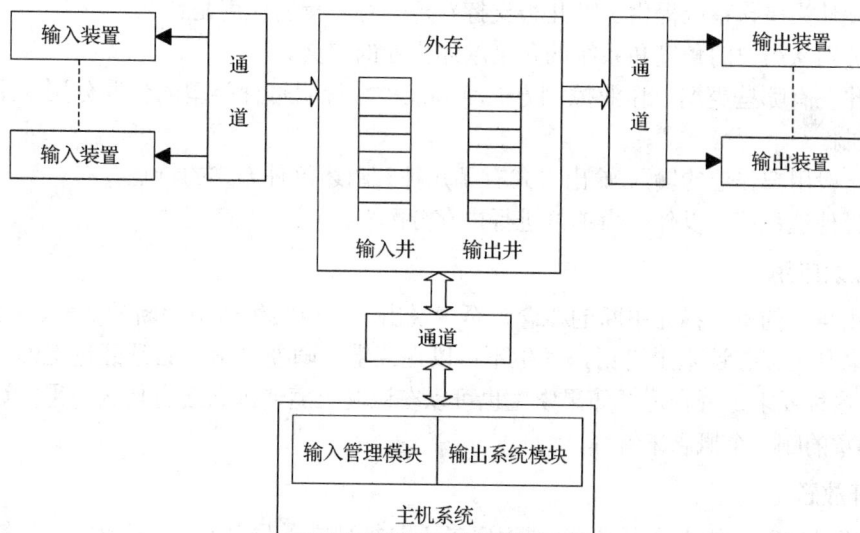

图 2-13 SPOOLING 系统原理示意图

5. 网络输入/输出

随着网络技术的发展，利用网络中的一台或几台设备进行输入/输出操作成为一种很方便的输入/输出方式，这可以大大提高输入/输出的效率，提高数据的共享性。以上述几种输入方式为基础，通过网络把一台或几台主机上的信息输入到另一台主机的方式，被称为网络输入/输出方式。

应该看到，网络输入/输出方式不是一种原始的输入/输出方式，它需要以其他输入/输出方式为基础，如果没有其他几种输入/输出方式，数据是不会进入到任何一台主机中，当然也就不会成为网络输入数据的来源。

? **思考题 2.6**：深入分析上述五种输入/输出方式的发展历程，谈谈你如何看待创新？

2.5 本章小结

为了让读者进一步了解操作系统的概念，本章介绍了操作系统的运行环境与用户接口。主要介绍了操作系统运行的硬件环境，计算机的存储介质以及指令的执行过程；为了使操作系统最大程度地发挥作用，硬件为操作系统提供的支持；其他软件与操作系统之间的关系；操作系统为用户提供的接口；作业的基本概念以及一般用户作业的输入/输出方式。通过本章内容的学习，读者可以了解操作系统与硬件、软件以及用户之间的关系。

2.6　习　　题

1. 基本知识

(1) 什么是系统调用？

(2) 硬件为操作系统提供了哪几种支持？每一种支持的作用是什么。

(3) 分别从用户的角度和系统的角度阐述作业的定义。

(4) 作业有哪些类型？作业控制方式有哪几种？说明每种类型的作业分别采用什么方式进行控制。

(5) 一般用户作业的输入/输出方式有哪几种？阐述每种方式的特点。

(6) 批处理系统中以什么为单位进行内存分配？

2. 知识应用

(1) 用自己的语言描述中断的概念，至少说出一个现实生活中中断的实例。

(2) 老师可以在课堂上讲话，学生不可以在课堂上随便讲话，必须经过老师授权才可以讲话，这种要求是否合理？如果学生也可以在课堂上随便讲话会有什么后果？这一现象可以用本章的哪一个概念来解释。

3. 开放题

(1) 请对你熟悉的人进行调研(被调研者不包括现在的同学)，了解他们用计算机做什么？根据他们对计算机的应用对他们进行归类，至少找出两类用户，了解他们使用的用户接口是什么样的。

(2) 你对本章所介绍的五种输入/输出方式是否满意？若不满意，尝试设计你所期望的输入/输出方式。

第 3 章　进 程 管 理

◇ **本章导读**

前两章的内容让读者了解了操作系统的基本概念、操作系统的运行环境以及操作系统的用户接口。从操作系统的定义可以知道，操作系统控制程序的运行，那么操作系统是如何控制程序的运行呢？本章将给出这个问题的答案，本章主要回答以下几个问题：

(1) 什么是进程？

(2) 进程如何描述程序的动态运行过程？进程有哪些基本状态？

(3) 操作系统如何控制进程？

(4) 如何实现进程的同步与互斥？

(5) 如何实现进程间的通信？

(6) 什么是线程？线程有哪些基本状态？

3.1　进程的概念

本节导读：在学习本课程之前，读者应该都听说过操作系统的概念。但是对于大多数读者而言，进程的概念比较陌生。为什么有了程序、作业等概念之后还需要引入进程的概念。事实上，程序、作业都是静态的概念，而操作系统要控制程序的运行，程序的运行是一个动态概念，为了有效地描述程序的运行过程，需要一个更贴切的概念——进程。

3.1.1　进程的引入

1. 预备知识

由于进程是用来描述程序的运行过程的，而程序的运行这一动态过程是有先后顺序的，为了能准确描述动作之间的先后顺序，需要一种特殊的数据结构——前趋图。

定义 3.1　前趋图：是一个有向非循环图，缩写为 DAG(Directed Acyclic Graph)，图中每个结点可以表示一条语句、一个程序或一个进程，结点之间的有向边表示结点之间的前趋关系(Precedence Relation)或半序关系(Partial Order) "→"。前趋关系 "→" 的集合定义为

$$\rightarrow = \{(S_i,\ S_j) \mid S_j \text{ 必须在 } S_i \text{ 完成之后开始执行}\}$$

前趋图定义的关键点有两个：

(1) 前趋图是有向图；

(2) 前趋图是非循环图；

思考题 3.1：结合前趋图的定义说明图 3-1 和图 3-2 是否为前趋图，为什么？

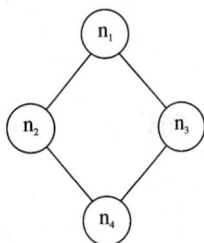

图 3-1　理解前趋图概念的图例 1

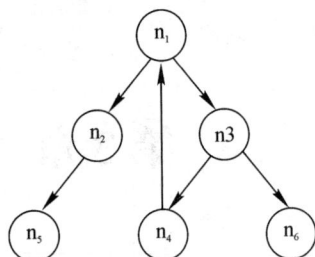

图 3-2　理解前趋图概念的图例 2

从前趋关系的定义可以看出，如果 $(S_i, S_j) \in \rightarrow$，则有 $S_i \rightarrow S_j$，S_i 被称为 S_j 的直接前趋，S_j 被称为 S_i 的直接后继。如果 S_i 和 S_j 表示语句，就表明语句 S_i 运行完成之后语句 S_j 才可以开始运行，如果语句 S_i 没运行完，S_j 必须等待。

如果语句 S_i、S_j、S_k 之间存在以下关系：$S_i \rightarrow \cdots \rightarrow S_j \rightarrow \cdots \rightarrow S_k$，则 S_i 被称为 S_k 的前趋，S_k 被称为 S_i 的后继。

在一个前趋图中可能会存在没有前趋的结点，也可能存在没有后继的结点。没有前趋的节点称为初始节点；没有后继的节点称为终止节点。

前趋图主要用于描述多个语句(程序、进程)之间的执行顺序，例如，有以下 4 组语句：

S_1：a = 51
S_2：b = a*5
S_3：c = a+6
S_4：d = b*b+c*2

则描述它们之间执行顺序的前趋图如图 3-3 所示。

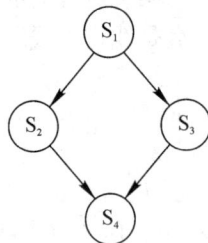

图 3-3　描述语句之间前趋关系的图例

2. 知识回顾

☺ 小故事　第三季(1)：OS 饭店的厨师培训(上)

随着 OS 饭店的店面扩大，招聘了一批新厨师，不过由于一般的厨师不会做 OS 饭店的特色菜——"精诚合作"，OS 饭店要对新聘厨师进行培训，为了让厨师们全面掌握"精诚合作"的做法，"精诚合作"的创始人写了一个菜谱分发给新聘厨师，规定了选材、配料及操作步骤等。有了这个菜谱，OS 饭店的新聘厨师都能做出美味的"精诚合作"。

菜谱用来描述做菜的步骤，歌谱用来描述唱歌的方法，钢琴谱用来记录钢琴的演奏方法，与菜谱、歌谱、钢琴谱类似，程序用来描述相应任务的执行步骤。

在计算机导论中就已经介绍过程序的概念了，程序是完成一定功能的、按前后顺序执行的指令集合，它可以分成若干指令串。程序是指令集合，它是一个静态的概念，描述的是完成一个任务的步骤。程序只会告诉读者完成这个任务的步骤，并不能描述程序的执行过程，因此程序的概念无法描述程序的执行过程。

另一个相关的概念是作业，在第 2 章已经给出了作业的定义，作业是用户要求计算机完成的任务的总和，它是不同于程序的另一个静态概念。如果说歌曲"团结就是力量"的歌谱是程序，则"2014 年 8 月 1 日晚上 8:00 去保利剧院唱团结就是力量"是作业；

如果钢琴曲"命运交响曲"是程序，则"2014 年 8 月 10 日上午 9:00 去人民文化俱乐部演奏命运交响曲"是作业；如果"精诚合作"的菜谱是程序，则"2014 年 8 月 17 日中午 12:00 去 OS 饭店的厨房做一份精诚合作"就是作业。因此作业的概念与程序的概念不同，它包含程序以及运行这个程序所需的辅助条件。但是作业的概念依然不能准确描述程序的执行过程。

思考题 3.2：2014 年 8 月 10 日上午 9:00 郎朗去人民文化俱乐部演奏命运交响曲和 2014 年 8 月 10 日上午 9:00 我去人民文化俱乐部演奏命运交响曲演奏效果会一样吗？

很显然，不同的人演奏同一支曲子，效果不同，为什么呢？因为演奏过程不一样，因此需要一个概念描述演奏过程。程序的执行也一样，不同的程序执行的是不同的过程，因此需要一个概念来描述程序的执行过程。

3. 单道程序顺序执行

在早期的单任务系统中，操作系统一次只能执行一道程序，只有当一道程序执行结束，另一道程序才能开始执行，例如：有三道程序 P_1、P_2、P_3，这三道程序顺序执行的前趋图如图 3-4 所示。在一道程序的不同指令之间也存在顺序，必须等一条指令执行结束，另一条指令才能开始执行，例如：有五条指令 I_1、I_2、I_3、I_4、I_5，这五条指令顺序执行的前趋图如图 3-5 所示。

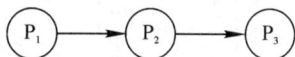

图 3-4　三道程序顺序执行的前趋图　　　　图 3-5　五条指令顺序执行的前趋图

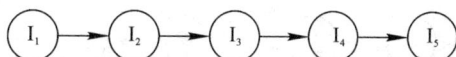

无论是哪种情况，任何一个时刻在内存中运行的程序只有一道，任何时刻在 CPU 上执行的指令只有一个。

由于单道程序顺序执行时程序的运行环境是封闭的，没有任何外界因素的干扰，因此单道程序顺序执行具有以下特征。

(1) 顺序性：程序的执行过程是按照处理机约定的顺序逐个执行，每一个操作都必须在上一个操作完成之后开始。

这种顺序性既体现在程序内部，也体现在程序之间。同一个程序内部的语句之间、指令之间是有顺序的，程序外部的程序之间也是有顺序的。

(2) 封闭性：由于程序运行在封闭的环境下，因此运行的程序独占资源，只有运行的程序能够改变资源状态，每个程序的执行不会受到外部因素的影响。

(3) 可再现性：程序的执行结果只与程序的运行环境及输入条件相关，与程序的执行速度无关。只要程序的运行环境及输入条件相同，输出结果肯定相同。

4. 多道程序并发执行

第 1 章已经讲过，如果在任何时刻计算机只能执行一道程序，也就意味着在任何时刻 CPU 工作时外设一定空闲，外设工作时 CPU 一定空闲，即系统资源的利用率会大大降低。为了提高系统资源的利用率，就需要将多道程序放入内存，让多道程序都处于已经开始运行的状态，这就是多道程序并发执行。

从逻辑上看，在一道程序内部，存在图 3-6(a)所示的前趋关系，也就是一道程序的计算指令要在输入指令执行结束后才能开始执行，而打印指令要在计算指令执行结束后才开始执行。但是两道程序之间不存在 3-6(b)所示的前趋关系，也就是说，第 i+1 道程序的输入指令不需要等待第 i 道程序的打印指令执行结束。因此可以在第一个程序的输入结束并开始计算时，第二个程序的输入工作开始进行，从而第一个计算和第二个输入可以并发进行。在多道程序并发执行的环境下，如果两道程序逻辑上没有执行的先后顺序，它们就可以并发执行，当然，它们的并发执行会受到外部条件的约束。多道程序并发执行的前趋图如图 3-7 所示。从图中可以看出，第一道程序的输入完成以后，输入设备处于空闲状态，就可以开始第二道程序的输入操作，第一道程序的输入完成以后，第一道程序的运算模块有了可以计算的数据，就可以开始进行计算；第一道程序的计算结束以后，处理机处于空闲状态，可以进行下一道程序的计算任务，但是第二道程序的计算任务同样需要有可以用于计算的数据，因此必须等第二道程序的输入和第一道程序的计算都完成后，第二道程序的计算才可以开始进行，以此类推。

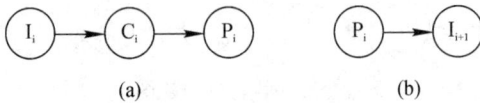

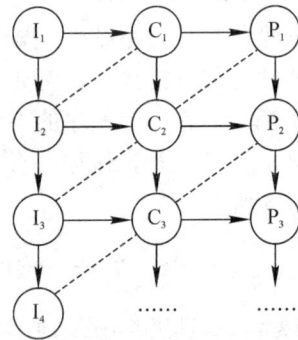

图 3-6　多道程序并发执行的前趋关系分析图　　　图 3-7　多道程序并发执行的前趋图

那处理机如何实现多道程序的并发执行呢？在第 2 章学习过操作系统运行的硬件环境，顺序的改变是通过改变程序计数器(PC)或指令指示器(IP)的值来完成的。下面用实例说明多道程序并发执行的过程。例如：有三道程序 P_1、P_2、P_3，三道程序以及分派程序均在内存，其中，程序 P_1 的内存起始地址为 17800，共 20 条指令；程序 P_2 的内存起始地址为 25800，共 8 条指令，其中第 8 条指令是一条 I/O 指令；程序 P_3 的内存起始地址为 36600，共 30 条指令；分派程序的起始地址为 6600，共 5 条指令；操作系统每次执行 10 条用户程序指令后就会自动终止当前用户程序，转去执行分派程序。每条指令占一个内存单元，需要一个指令周期，初始时程序计数器的值是 17800，则程序计数器的变化过程以及程序的切换过程示意图如图 3-8 所示。

从图 3-8 可以看出，初始时执行程序 P1 的 17800 单元指令，然后依次执行程序 P1 的 17801、17802、…、17809 单元指令，当执行完 17809 单元指令后，执行了 10 条用户程序指令，自动终止当前程序。转去执行分派程序，PC 计数器的内容自动切换到分派程序的内存单元 6600，然后依次执行分派程序的其他指令，当执行完 6604 单元的指令后，分派程序执行完成。按照循环轮转策略，PC 计数器的内容被指定为程序 P2 的起始指令地址 25800，然后依次执行 25801、25802、…、25807 单元指令，程序 P2 只有 8 条指令，第 8 条指令执行完之后，自动执行分派程序。PC 计数器的内容再次自动切换到分配程序的内存单元 6600，分派程序执行结束之后，PC 计数器的内容被指定为程序 P3 的起始内存地址 36600。

指令周期	PC内容	指令周期	PC内容	指令周期	PC内容	指令周期	PC内容	指令周期	PC内容	指令周期	PC内容
1	17800	11	6600	24	6600	39	6600	54	6600	69	6600
2	17801	12	6601	25	6601	40	6601	55	6601	70	6601
3	17802	13	6602	26	6602	41	6602	56	6602	71	6602
4	17803	14	6603	27	6603	42	6603	57	6603	72	6603
5	17804	15	6604	28	6604	43	6604	58	6604	73	6604
6	17805	16	25800	29	36600	44	17810	59	36610	74	36620
7	17806	17	25801	30	36601	45	17811	60	36611	75	36621
8	17807	18	25802	31	36602	46	17812	61	36612	76	36622
9	17808	19	25803	32	36603	47	17813	62	36613	77	36623
10	17809	20	25804	33	36604	48	17814	63	36614	78	36624
超时		21	25805	34	36605	49	17815	64	36615	79	36625
		22	25806	35	36606	50	17816	65	36616	80	36626
		23	25807	36	36607	51	17817	66	36617	81	36627
		I/O请求		37	36608	52	17818	67	36618	82	26628
				38	36609	53	17819	68	36619	83	26629
				超时		结束		超时		结束	

图 3-8　多道程序并发执行示意图

在执行了 10 条指令之后，自动终止当前程序，转去执行分派程序，PC 计数器的内容再次切换到分派程序的内存单元 6600，所有程序都运行一次后，重新调度程序 P1 执行，由于程序 P1 的上次调度执行了 17809 单元指令，本次调度从 17810 单元指令开始执行，执行到 17819 单元指令之后程序 P1 执行结束。再次转去执行分派程序，执行内存单元 6600 到 6604 单元指令，由于程序 P2 已经执行结束，因此调度程序 P3，在上次调度结束的位置继续执行，因此 PC 计数器的值被设置为 36610，执行了 10 条指令之后，自动终止当前程序，转去执行分派程序，执行内存单元 6600 到 6604 单元指令，由于程序 P1 也已经执行结束，因此，再次调度程序 P3，PC 计数器的值被设置为 36620，当执行完 36629 单元的指令后，程序 P3 执行结束。从以上执行过程可以看出，与单道程序顺序执行相比，多道程序并发执行的环境发生了很大的变化，并发执行的各道程序会彼此影响，但是又要保证多道程序有序并发，因此多道程序并发执行具有以下特点。

(1) 非封闭性：多道程序相互影响。

(2) 间断性：程序并发执行时，由于它们共享软、硬件资源或者程序之间相互合作完成一项共同任务，因而使程序之间相互制约。这种制约导致并发程序具有“执行-暂停-执行”这种间断活动的特点。

(3) 独立性：系统把每个程序作为一个独立单位来进行分配，并发程序在运行过程中，既然是作为一个独立的运行实体，它也必然具有作为一个单位去获得资源的独立性。

(4) 随机性：有可能失去可再现性，由于公用变量的存在，使程序由于微观上的执行顺序不同而产生不同的结果。

5. 程序和作业描述能力的局限性分析

由于多道程序并发执行的特殊性，因此，要想准确描述多道程序并发执行的程序执行过程，程序和作业这两个概念不能体现程序运行状态的变化，不能体现动态性，具有一定的局限性，需要引入一个新的概念来描述程序的执行过程，因此进程的概念被提出。

3.1.2 进程的定义

1. 进程定义

进程这一术语是美国麻省理工学院的 J.H. Saltzer 于 1966 年提出并首次在 MULTICS 系统上实现的，它的提出主要是为了准确描述进程的动态执行过程。需要说明的是，进程是在学术界广泛使用的概念，在工业界常用任务这一术语，这两个术语的内涵是相同的，本书中采用进程这一术语。有很多不同的进程定义，下面列举几个常见的进程定义。

(1) 进程是计算机中已运行程序的实体。

(2) 进程是程序的执行。

(3) 进程是一个可调度的实体。

(4) 进程是可以与其他进程并行执行的实体。

(5) 进程是一个程序及其数据在处理机上的顺序执行时所发生的活动。

上述定义从不同角度阐述了进程定义的本质，有些定义的表达方式不同，本质是相同的。在我国，被普遍接受的进程定义是 1978 年全国操作系统会议给出的"进程是一个具有独立功能的程序对某个数据集合的一次执行过程。"本书采用这个版本的进程定义。

从进程的定义可以看出，进程与程序是两个完全不同的概念，二者的关系如表 3-1 所示。从表中可以看出，进程是一个动态的概念，程序是一个静态的概念；进程的生存周期很短，进程随着所对应的程序的运行而存在，随着进程对应的程序的运行结束而消亡，而程序是可以永久存在的；进程需要内存、外设以及 CPU 等计算机资源才能存在，相比之下，程序要求的条件较低，只要有存储程序的介质即可存在，而程序一般是存储在外存上的；进程表示程序的运行过程，因此进程包含程序，但是程序不包含进程；多个进程可以并发执行，因此进程具有并发性，而程序只是一个静态概念，并不能描述程序的运行过程，因此不能并发。

表 3-1 进程与程序的比较

	进 程	程 序
存在状态	动态	静态
生存周期	短	长
所需资源	内存、外设、CPU	外存
包含关系	进程包含程序	程序不包含进程
并发性	有	无

2. 进程的特征

从进程的定义可以看出，进程是不同于程序和作业的概念，它主要具有以下特征。

(1) 动态性：进程概念的引入是为了描述程序的执行过程，而程序的执行是一个动态概念，进程是程序的一次执行过程，它是有生命周期的，在它的整个生命周期中状态不断发生变化，这种状态的变化是动态的，因此进程具有动态性，动态特征是进程的最重要特征。

(2) 并发性：程序不能并发执行，只有建立了进程的程序才能并发执行，引入进程的目的就是为了使它所对应的程序和其他进程并发执行，以提高系统资源的利用率，因此并发性是进程的又一个重要特征。

(3) 独立性：进程是一个能独立运行的单位，也就是竞争计算机资源和进行处理机调度的基本单位。每个进程都有各自独立的功能，因此独立性是进程的一个特征。

(4) 异步性(相互制约性)：由于内存中有多个进程并发执行，这些进程按各自独立的、不可预知的速度向前推进，进而可能会导致程序执行结果的不可再现性，为了保证程序执行结果的可再现性，进程需要具有异步性。

(5) 结构特征：进程是有结构的，每个进程都包括程序段、数据段和进程控制块 PCB(Process Control Block)三部分，因此进程具有结构特征。

3.2 进程的状态及转换

本节导读：进程是有生命周期的，在进程生命的各个阶段处于不同的状态，为了准确描述进程所处的生命阶段，引入了进程状态的概念。本节介绍进程的状态以及进程如何在不同的状态之间转换。

3.2.1 进程的基本状态

虽然进程是程序的执行过程，但是由于多个进程并发执行，系统中的各种资源由多个进程所共享，存在资源的竞争和进程的合作，由于受其他进程的制约，进程并不是一直占用处理机，为了对哪个进程何时使用哪种资源进行有效地调度，引入了进程的状态，一般地，进程有五种基本状态。

1. 初始状态(New)

3.1 节告诉我们，进程是有生命周期的，是随着进程的创建而产生，随着进程的撤销而消亡，创建进程需要做很多工作，相应地，需要经历一段时间。因此，有些系统中引入了初始状态，此时进程正在创建，还没有创建完成，因此不具备使用处理机的条件。初始状态的进程还没有被处理机提交到可运行进程队列中。

2. 就绪状态(Ready)

进程获得除处理机以外的所有资源，等待处理机，只要进程调度程序将处理机分配给该进程，它立即可以投入运行。在多道程序系统中，内存中有多个进程，因此可能有多个进程处于就绪状态，这些进程需要按照一定的策略排队等待进程调度程序的调度，所形成的队列就是就绪队列，具体的排队策略在第 4 章讲解。

3. 运行状态(Running)

该状态指进程被进程调度程序选中，正在占有处理机，其对应的程序正在处理机上运行。单处理机系统中，只能有一个进程处于运行状态，因此在单处理机系统中，运行状态的进程是没有队列的。

4. 阻塞状态(Blocked)

该状态也称为等待状态，是指进程正在等待某件事情的发生无法继续运行下去而放弃处理机。此时进程是因为所等待的事情没有发生而受阻，因此也称为阻塞状态。引起进程阻塞的事件包括 I/O 请求、数据请求、服务请求等。系统中可能有多个进程被阻塞，不同的进程可能因相同的原因被阻塞，此时需要按照一定的策略对被阻塞进程排队，因此阻塞进程也会形成队列。与就绪进程不同的是，导致进程阻塞的原因是多种多样的，因不同原因阻塞的进程不会放在同一个队列中，因此处于阻塞状态的进程会形成多个不同的队列。

5. 终止状态(Exit)

与进程的创建一样，进程的撤销也是一个复杂的过程，需要经过很多步操作，正在被撤销的进程既不能放在就绪队列中，也不能放在阻塞队列中，更不能让其占有处理机，但是在撤销操作未完成时，还需要保留进程记录，以便于进行资源的回收和善后处理，在某些操作系统中引入了终止状态来描述正在被撤销的进程。此时，进程已正常或异常结束，被 OS 从可运行进程队列中释放出来。

3.2.2　进程的状态转换

进程的概念主要描述进程的动态过程，能体现进程动态过程的最重要的属性就是进程的状态变化。3.2.1 小节介绍了进程的基本状态，那在进程的整个生命周期中，进程的状态如何变化，什么条件下从一个状态转变到另一个状态呢？进程的状态转换图如图 3-9 所示。

从图中可以看出进程开始创建之后处于初始状态，此时即使处理机空闲，把处理机分配给进程，进程也不具备运行条件，因此不能放入就绪队列。当进程创建过程完成后初始状态的进程进入就绪队列，就绪队列中的进程具备了除处理机以外的所有条件，只要将处理机分配给它，它就可以运行。处于就绪队列中的进程被进程调度程序选中以后进入运行状态，只有运行状态的进程才真正占用 CPU。在分时系统中，在给定的时间片内运行状态的进程没

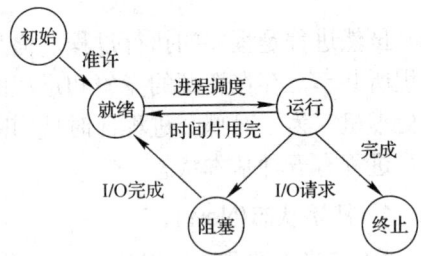

图 3-9　进程的状态转换图

有运行完成必须回到就绪队列中重新排队。运行状态的进程要等待某件事情的发生(例如：I/O 请求)则从运行状态转到阻塞状态。处于阻塞状态的进程其等待的事情发生了(例如：I/O 完成)则回到就绪状态。运行状态的进程完成了计算任务，结束运行则进入到终止状态。进程的整个生命周期中由初始状态开始(出生)，然后多次在就绪、运行、阻塞三个基本状态之间转换，最后进入终止状态(死亡)，从而结束一生。

3.3　进程的描述与组织

本节导读：前两节给出了进程的定义、进程的状态，直观上看，这些都比较抽象。读者可能对进程到底是什么这个问题还是没有一个直观的认识，由于进程是计算机操作系统中的一个概念，操作系统是一个软件，那么在计算机中怎么实现进程这一概念，又如何表示进程的状态呢？本节给出进程的描述与组织，可以使读者进一步理解进程的概念，从编程的角度对进程这一概念有一个直观的认识。

⊡ 实例 3.1

人是有生命周期的，人从出生到死亡的过程中会经历出生、幼儿园、小学、初中、高中、大学、工作、升职、工作调动、退休等各种不同的状态。在现实社会中为了唯一标识一个人，在每个人出生时就给他分配一个身份证号，并建立户口；当一个人死亡时，户口注销，表示这个人不存在了。户口是人存在的证明，身份证号是人的唯一标识，同时人的档案记载人在一生中的动态变化过程。

从实例 3.1 可以看出，人的一生会经历各种不同的状态，为了唯一标识每个人，给每个人分配一个身份证号；为了描述标识人的存在，为每个人建立了户口；为了记载人一生中的动态变化过程，为每个人建立档案，那同样有生命周期的进程如何描述？如何表示进程的状态变化？

3.3.1　进程的描述

3.1 节讲过进程具有结构特征，每个进程都包括程序段、数据段和 PCB。程序段指进程要运行的程序，数据段是指进程运行过程中要处理的数据，那 PCB 是什么呢？PCB 是进程控制块(Process Control Block)，是用来描述进程的数据结构。

1. PCB 的作用

PCB 作为描述进程的数据结构，能反映进程概念的本质和特点，系统为了有效管理进程需要对进程进行标识。进程是一个动态概念，其动态特性需要用合适的属性描述；进程执行过程中需要使用各种资源；进程与其他进程并发执行，进程在 CPU 上的切换需要保存 CPU 现场信息。因此 PCB 中包含了进程的标识信息、控制信息、资源信息和 CPU 现场信息，其中的控制信息和 CPU 现场信息是进程动态特征的集中体现。PCB 是系统感知进程存在的唯一标志。

2. PCB 的结构

不同操作系统 PCB 的结构是不同的，PCB 的基本结构如下。

(1) 标识信息：用于标识进程的身份，主要包括以下内容。

• 进程标识符(PID)：用来唯一标识进程，每个进程一个 PID，相当于进程的身份证号，是系统识别进程的依据。在进程创建的时候，系统会为进程分配一个唯一的 PID，当进程撤销时，系统收回该 PID。一般系统的进程 PID 都由数字构成，例如：进程 A 的进程 PID 为 88092，进程 B 的 PID 为 88093 等。

• 用户标识符(UID)：创建该进程的用户标识符，一般用 UID 表示，UID 是系统管理员在创建用户时给出的，UID 一般由字母和数字组成，例如：USER01、ZHANG 等。

• 进程家族树指针(PPID)：进程的父进程标识符、子进程标识符等进程家族成员信息。

(2) 控制信息：对进程进行控制所需要的信息，主要包括：

• 进程的状态(Status)：3.2 节介绍了进程的基本状态，进程在其生命周期中可能处于不同的状态，进程的状态描述进程当前所处的状态，其取值包括就绪、运行、阻塞、创建、终止等。在对进程进行控制时，需要根据进程的当前状态确定对进程的控制操作。

• 进程优先级(Priority)：进程调度程序从就绪队列中选择进程进行调度时，进程优先级是其调度的依据之一，进程优先级的取值取决于进程执行的紧迫程度以及进程占用 CPU 的时间、占用内存的大小以及占用其他资源等情况，不同操作系统进程优先级的计算方法不同，一般用数值来表示进程优先级。

- 程序的起始地址(Start)：进程所对应的程序在内存中的起始地址，用于在进行进程控制时，到指定地址运行程序。
- 占用 CPU 时间(CPUTIME)：进程已经占用 CPU 的时间。
- 占用内存时间(RAMTIME)：进程已经占用内存的时间。

(3) 资源信息。

- 内存(RAM)：进程占用内存大小、位置等信息。
- 外存交换区(SWAP)：进程的外存交换区大小、位置等信息。
- 共享区(SHARE)：进程共享区的大小、位置等信息。
- 外设(DEVICE)：设备号、要传送的数据长度、缓冲区地址等信息。
- 文件情况(FILE)：进程打开文件的标识符。
- 进程控制块 PCB 是系统感知进程存在的唯一标志。
- 系统对进程的各种操作通过对 PCB 的操作实现。

(4) CPU 现场信息。

- 处理机状态(CPU)：处理机的各种寄存器的内容，包括：通用寄存器(用户可视寄存器)、指令计数器、程序状态字、用户栈指针。

3.3.2　进程的组织

由于多道程序并发执行，因此系统中同时存在几十、上百个、上千个进程，每个进程有一个 PCB，所以系统中就会有几十、几百、几千个 PCB。如何有效地组织管理这些 PCB 是操作系统要考虑的问题。不同的操作系统采用不同的进程组织方式，常用的方式有三种：线性表、链表、索引表。

1. 线性表

线性表其实就是基本类型为 PCB 的数组，每个数组元素表示一个进程 PCB，如图 3-10 所示。采用线性表结构的优点是无需动态申请、释放 PCB，缺点是 PCB 线性表的大小需要事先确定，如果系统中实际存在的进程数少于线性表大小，则造成空间浪费，如果进程数多于线性表大小，则会出现进程无法创建的情况，因此这种方法不够灵活；另外，由于所有的进程都存放在一个线性表中，在对进程进行操作时，需要扫描整个线性表。

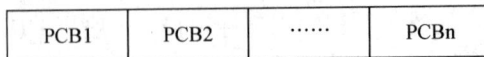

| PCB1 | PCB2 | …… | PCBn |

图 3-10　PCB 线性表

2. 链表

链表结构是根据进程的状态对进程分类，不同类别的进程组织成一个队列，如图 3-11 所示。每个 PCB 队列都有一定的排队策略，例如，就绪队列的排队策略就是进程调度策略。这种结构的优点是系统中 PCB 数量可以动态变化，每个队列中的 PCB 数量也可以动态变化。由于不同状态的 PCB 分类排队，因此通过链表可以方便地查找 PCB。例如：通过就绪链表的队首指针可以方便地找到就绪进程并使其投入运行。缺点是动态申请、释放 PCB 有一定的代价，而且建立链表需要指针，指针需要占一定的空间。

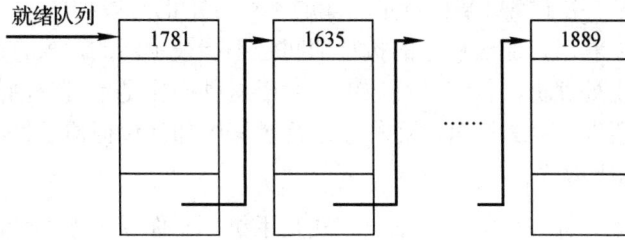

图 3-11 PCB 链表

3. 索引表

索引表结构是根据进程的状态不同，建立几张索引表，图 3-12 是就绪进程索引表的示意图。各索引表的首地址记录在特定的内存单元中。索引方式的优点是查找速度快，缺点是索引表需要占一定的空间。

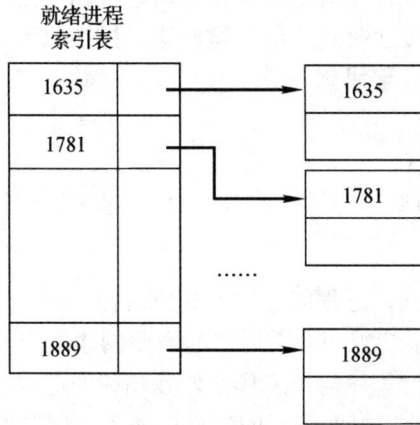

图 3-12 PCB 索引表

3.4 进 程 控 制

本节导读：进程管理的功能之一是控制进程的运行。进程控制的定义是什么，操作系统如何进行进程控制，进程控制包括哪些内容是读者关心的问题，本节将讨论上述问题。

3.4.1 进程控制的概念

定义 3.2 进程控制：系统使用一些具有特定功能的程序来创建、撤销进程以及完成进程各状态间的转换，从而达到多进程、高效率、并发执行，以及协调、实现资源共享的目的。

从定义 3.2 可以看出进程控制其实就是在进程的整个生命周期中控制进程的状态变化，进程控制实现了进程从无到有、从有到无的过程，并控制进程整个生命周期中的状态变化，进程控制是由程序实现的。但是并不是任何一类程序都可以用来控制进程，为了保证进程控制操作的有效性和完整性，进程控制是由一种被称为原语的程序实现的。

定义 3.3　原语：用于完成某种特定功能的不可分割的一段程序。

从定义 3.3 可以看出，原语程序的执行期间是不能被中断的，换言之，原语程序只要开始执行就不能让出处理机，直到运行结束。由于这种操作是不可分割的，因此这种特性又被称为原子性，所以被称为原语。在程序运行过程中如何保证原子性呢？也就是如何保证程序执行时不被中断呢？

? 思考题 3.3： 如果外界与你沟通的唯一方式是手机，而你今天下午想做一件非常重要的事儿，不希望被打扰，你会采取什么措施？

与思考题 3.3 的情况一样，原子操作就是在执行该操作的过程中不希望被打扰，显然系统不希望被打扰就可以选择把可能打扰你的通道切断，在计算机系统中，外界与 CPU 沟通的方式是中断，如果程序运行中不希望被打扰，就可以采用关中断的方式。因此我们说，原语是通过关中断来实现的。

定义 3.2 已经强调，进程控制就是创建、撤销进程以及完成进程各状态间的转换，因此与进程控制相关的原语主要包括进程的创建原语、撤销原语、阻塞原语、唤醒原语。下面分别详细介绍每个原语的实现思想。

3.4.2　创建原语

进程的创建原语可以实现进程从无到有，进程是通过进程创建原语创建的。

1. 进程的创建方式

根据创建进程的主体不同，进程创建的方式分两种：

(1) 系统程序创建：由系统程序根据用户的需要创建相应的进程以满足用户需求。例如：批处理系统中，作业调度程序为用户作业创建相应的进程。

(2) 父进程创建：由父进程根据需要创建自己的子进程以便与子进程并行工作，从而提高工作效率。

由于父进程可以创建子进程，而子进程的创建过程可以递归实现，因此系统中可以形成进程树，如图 3-13 所示。

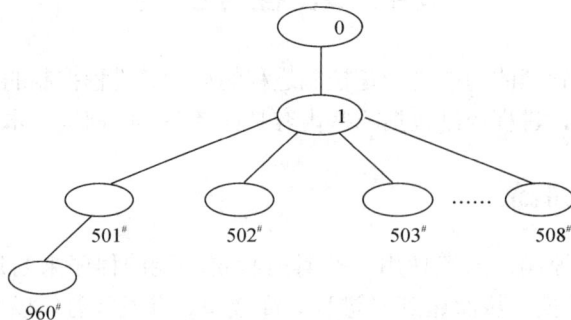

图 3-13　进程树示意图

需要说明的是，由父进程创建子进程时形成了进程的家族关系树，家族树中的后代进程可以继承其父进程有用的资源，例如：继承父进程打开的文件、继承分配给父进程的缓冲区等。

2. 进程的创建时机

以下情况会触发进程创建操作。

　　(1) 用户登录：在分时系统中，当一个用户成功登录到系统中时，系统就会调用进程创建原语为该用户创建一个进程，此时用户进程进入就绪状态，被插入就绪队列，并可以开始工作，直到用户进程执行注销命令退出系统。图 3-13 的 1 号进程如果是用户登录进程的话，$501^{\#}$、$502^{\#}$ 等进程就可以看成是不同用户登录之后建立的用户进程。

　　(2) 作业调度：作业调度程序选中某道作业并将其调入内存的同时，会调用进程创建原语创建相应的进程，进程创建成功后变成就绪状态，插入就绪队列。

　　(3) 提供服务：程序运行过程中需要系统提供某种服务时，会向系统发出服务请求，系统会建立一个进程提供进程请求的服务。例如：进程请求打印服务，操作系统将会建立一个打印进程为进程提供打印服务。

　　(4) 应用请求：用户进程根据自己的应用需求创建自己的子进程，子进程可以与父进程并发执行，例如：用户采用键盘输入的方式输入数据，经过一系列的处理之后，将结果输出到显示器上。由于用户进程的操作涉及计算机的不同硬件，需要几个不同的操作步骤，为了使相对独立的几个操作步骤彼此不互相影响，该进程可以建立输入进程、数据处理进程、输出进程分别完成不同的操作步骤，这几个进程可以并发执行，从而提高工作效率，这种情况是由用户程序自己建立子进程。

3. 创建原语的实现

　　创建原语的实现步骤如图 3-14 所示。首先从系统中申请一个 PCB 表，为进程分配除 CPU 以外的其他资源，根据资源分配结果填写 PCB 表，其中状态置为"就绪"，把 PCB 插入到就绪队列中。

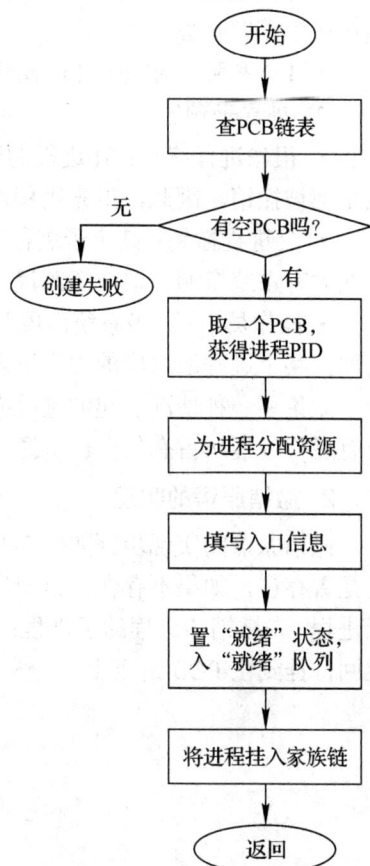

图 3-14　创建原语流程图

3.4.3　撤销进程

　　与创建原语相对应的是撤销进程，它实现进程的从有到无。

1. 进程撤销的时机

　　在以下情况下进程将被撤销。

　　(1) 进程正常结束：进程完成了所对应程序要求的任务而正常结束。

　　(2) 异常结束：进程运行过程中产生了某种错误，从而导致进程无法正常运行，必须结束进程的执行。常见的导致进程异常结束的情况包括：

　　• 地址越界：进程访问了其他进程的存储区。

　　• 保护错：进程试图访问不允许访问的资源或者进程执行的操作超出了进程的操作权限。

　　• 非法指令：进程所对应的程序试图执行一条不存在的指令。

- 特权指令错：用户进程试图执行 OS 指令。
- 运行超时：进程的执行时间超过了规定的最大值。
- 等待超时：进程等待某个事件的时间超过了规定的最大值。
- 算术运算错：在进行算术运算过程中，所执行的指令进行非法运算，例如：在运算表达式中零做除数。
- I/O 故障：在进行 I/O 操作过程中出现了故障，导致 I/O 操作不能完成。

(3) 外界干预。

- 祖先进程终止：在进程的家族树中，当某个祖先进程被撤销时，其所有后代进程必须全部被撤销，因此，祖先进程运行结束时，其所有的后代进程都将被撤销。
- 父进程撤销：某个子进程完成了父进程安排的任务后，如果父进程认为该子进程的存在占有系统资源，造成资源浪费，父进程就可以撤销子进程以释放系统资源。
- 操作员干预：当系统出现某些特殊情况时，操作员可以根据需要强行撤销某些进程，例如：某个进程所对应的程序进入死循环，操作员就可以强行撤销该进程。

无论哪一种情况引起的进程撤销，都将撤销该进程的所有后代进程并收回该进程及其所有后代进程所占有的全部资源。

2. 撤销原语的实现

撤销原语的实现步骤如图 3-15 所示。检查进程链表或进程家族信息，查看要撤销的进程是否存在，如果不存在，给出出错信息；如果存在，检查该进程是否有子进程，如果有子进程，先撤销该进程的子进程；如果没有子进程，将进程占有的所有资源收回后，把 PCB 收回，挂到空 PCB 链表上。

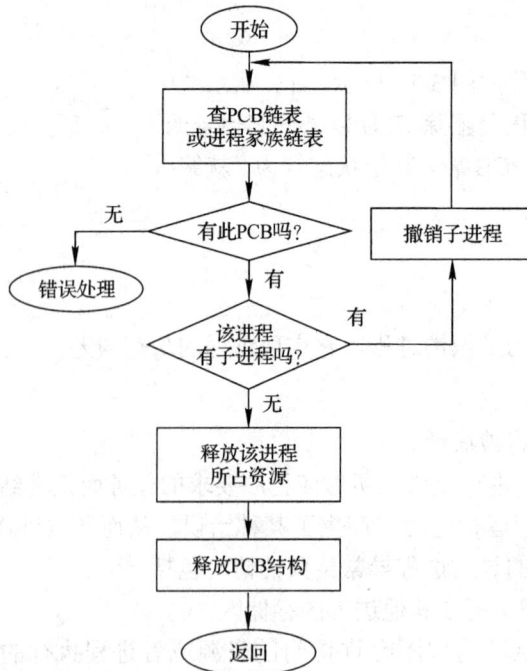

图 3-15　撤销原语流程图

3.4.4 阻塞原语

创建原语实现了进程从无到有的过程，撤销原语实现了进程从有到无的变化，图 3-9 的进程状态转换图可以看出，进程还可能从运行状态变成阻塞状态，从阻塞状态变成就绪状态，这些状态变化又是如何发生的呢？阻塞原语和唤醒原语可以实现这两种状态变化。

1. 进程阻塞的时机

进程的阻塞是由于正在运行的进程等待某件事情的发生，由于种种原因等待的事情不能发生导致正在运行的进程不能运行，因此进程自己调用阻塞原语将自己变成阻塞状态。以下事件发生时可能导致进程阻塞。

(1) 请求系统服务失败。正在执行的进程请求操作系统提供某种服务，操作系统不能立即满足进程要求，进程只好调用阻塞原语将自己阻塞起来。例如：进程请求磁带机，但是系统中的磁带机已经分配给其他进程，此时请求进程只能被阻塞在磁带机的阻塞队列中，只有其他进程释放了磁带机，该进程才有可能被唤醒。

(2) 等待操作完成。进程启动了某种操作，且必须等待该操作全部完成之后进程才可以继续运行，而此时，这种操作又不能马上全部完成，进程只能自己将自己阻塞起来。例如：进程启动 I/O 操作，必须等 I/O 操作完成之后才能继续运行，此时进程只能进入 I/O 操作的阻塞队列，等 I/O 操作完成后被唤醒。

(3) 等待新数据。进程的运行需要另一个进程发送来新数据，由于种种原因另一个进程没能及时将数据发送过来，请求数据的进程只能将自己阻塞起来。

2. 进程阻塞的实现

阻塞原语的实现流程如图 3-16 所示。因为阻塞原语一定是处于运行状态的进程调用的，所以阻塞原语需要先中断处理机；因为正在运行的进程要离开处理机，因此需要保护 CPU 现场；正在运行的进程已经不能继续运行了，因此其状态由"运行"改为"阻塞"；最后需要将 PCB 从运行状态转到阻塞队列中。

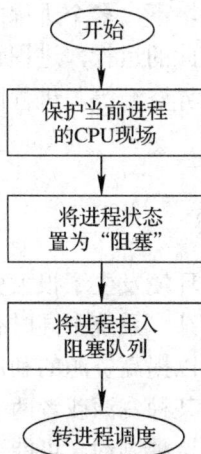

图 3-16 阻塞原语实现流程图

3.4.5　进程的唤醒

阻塞原语将进程由运行状态变为阻塞状态，唤醒原语是与阻塞原语相对应的进程控制原语，它负责将进程由阻塞状态变成就绪状态。在某件被等待的事情发生之后，等待该事情的进程将被唤醒，由系统进程或引起事情发生的进程唤醒阻塞进程。

唤醒原语的实现步骤如图 3-17 所示。进程状态由"阻塞"改为"就绪"，将 PCB 从阻塞队列中插入就绪队列中。

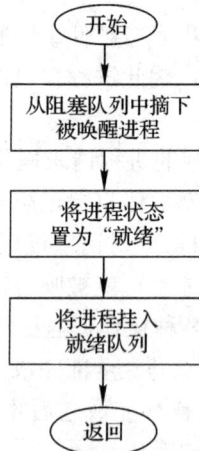

图 3-17　唤醒原语实现流程图

由于进程调度是 CPU 调度中的重要内容，将在第 4 章详细阐述，而正在运行的进程在给定的时间片内没能完成任务被转入就绪队列的实现比较简单，直接用时钟就可以控制，因此无需多讲。至此，读者应该清楚进程的状态转换图的实现方法。

3.5　进程的同步与互斥

本节导读：在多道程序并发的环境下，多个进程之间会由于共享资源或者彼此协作产生制约关系，这种制约关系会影响彼此的运行，进程管理模块需要有合适的机制解决进程的同步与互斥。本节介绍临界区、临界资源等与进程同步互斥相关的基本概念，给出几种进程同步与互斥问题的解决方案。

3.5.1　并发进程之间的基本关系

进程的并发执行使得进程的运行环境发生了很大变化，与单道程序的执行环境相比，多道程序并发执行的环境变得非常复杂，系统中同时有多个进程在运行，多个进程共享系统中的所有资源。资源的共享固然可以提高资源的利用率，进而提高整个系统的效率，但是由于可能存在多个进程同时想使用某种资源或者两个合作的进程之间推进速度不同而产生相互制约关系，如果不能有效解决这种制约，可能会引起混乱，甚至导致系统资源的利用率降低。要想有效解决这种制约，需要先分析并发进程之间存在哪些关系。仔细分析之后可以发现，其实并发执行的进程之间主要存在两种关系——同步和互斥。

1. 同步

同步是指多个相关进程在执行过程中有某种时序关系，也就是从逻辑上要求两个进程的执行有先后顺序，这种时序关系往往是由于进程之间的合作引起的。

☺ **小故事　第三季(2)：OS 饭店的员工培训(下)**

为了提高饭店的服务品质，OS 饭店要求所有的工作都严格按照规范执行，并以红烧茄子的加工过程为例说明菜品的加工流程，规定做一道红烧茄子需要买菜(茄子及配料)、洗菜(清洗茄子及葱花等调料)、切菜(将茄子切成小块，将葱、香菜等调料切成末)、炒菜、传菜等过程，这些过程彼此时间是有时序关系的，即有一定顺序，这里的顺序关系是买菜要在洗菜之前进行，不买菜就没菜可洗；切菜要在洗菜之后进行，不把菜洗干净，就不能切菜；炒菜要在切菜之后进行，不经过切菜过程，就没办法完成炒菜过程；炒菜完成之后才能开始传菜过程，将菜呈现给顾客。

这里的买菜、洗菜、切菜、炒菜进程之间的这种逻辑关系其实就是这些进程之间的同步关系。在计算机系统中也存在很多同步关系，例如：进程 A 是输入进程，负责输入数据(相当于买菜进程)；进程 B 是数据预处理进程，负责对数据进行预处理(相当于洗菜和切菜)；进程 C 是计算进程，负责对数据进行计算；进程 D 是输出进程，负责输出计算结果(相当于传菜过程)。在计算机系统中要想实现这些进程之间的同步，必须由系统对各个进程进行统一调度，同时对每个进程的执行过程加以限制，每个进程在开始之前先检查一下前序进程是否结束，如果没结束，该进程只好进入阻塞状态；进程结束之后要通知后序进程自己已经结束，如果发现后序进程已经处于阻塞状态还需要将后序进程唤醒。

同步的进程之间有逻辑关系，这种逻辑关系是源于进程自身的特点，这种逻辑关系是一种直接制约关系。

2. 互斥

互斥是指在多道程序并发执行的环境下，不允许两个以上的并发进程同时使用某种资源。

☺ **小故事　第三季(3)：OS 饭店的厨师冲突**

最近，OS 饭店生意特别火爆，老板小盖为了满足客户需求，又聘请了一个厨师，结果今天中午 OS 饭店厨房中发生了一点小冲突。由于时间紧，没来得及安装炒菜锅，只能两个厨师共用一口锅。厨师 A 准备做红烧茄子；厨师 B 准备做红烧鸡块，但是厨房里只有一口锅。从逻辑上看，先做红烧茄子还是先做红烧鸡块都没有关系，换句换说，先做红烧茄子，也不会影响红烧鸡块的味道，先做红烧鸡块也不会影响红烧茄子的味道。但是由于厨房里只有一口锅，而做红烧茄子和红烧鸡块都需要用锅，因此不能同时做红烧茄子和红烧鸡块，两个厨师都想先做，小盖只能想办法协调两个厨师。

红烧茄子和红烧鸡块的加工进程之间的关系是互斥关系。计算机系统中也存在这种关系，例如：进程 A 是计算进程，计算 100 个数求和；进程 B 是另一个计算进程，计算 10

个数的乘积,这两个进程都需要使用 I/O 设备将数据输入到内存中,而系统中只有一个 I/O 设备,进程 A 使用的时候,进程 B 必须等待。在这里,从逻辑上讲,先运行进程 A 还是先运行进程 B 都不会影响另一个进程的运行,但是,由于二者共享 I/O 设备,因此,任何时刻只能有一个进程在运行。同样地,为了多道进程能够有序运行,不会因共享资源导致运行结果的错误,系统需要采用某种机制控制进程的执行,也就是,进程 A 在运行之前需要先申请对 I/O 设备的使用权;进程 B 在运行之前也要先申请对 I/O 设备的使用权;如果 A 申请使用 I/O 设备时发现 I/O 设备被占用,进程 A 必须阻塞;当然,某个正在使用 I/O 设备的进程在释放 I/O 设备的时候发现有进程等待,也必须唤醒等待者。

3. 并发进程之间的制约关系

综合前面的内容可以发现,并发进程之间的关系可以分为同步关系和互斥关系;同步的进程之间有逻辑关系,互斥的进程之间没有逻辑关系。无论同步还是互斥,进程间都有一种制约关系,同步的进程之间存在着直接制约关系;而互斥的进程之间存在着间接制约关系,进程之间是通过共享的资源彼此制约,即"进程—资源—进程"。操作系统中用于保证这种关系的机制称为进程同步互斥机制。OS 的核心任务就是解决进程的同步与互斥。

3.5.2 临界区

从 3.5.1 节可以看出,操作系统中需要采用一定的机制保证进程的同步与互斥,但是是不是在进程的任何位置都需要采用这种机制呢?哪些区域需要加以限制,哪些区域无需进行限制?为了解决进程的同步与互斥问题,引入了临界区的概念,要想知道什么是临界区,要首先知道什么是临界资源。

1. 临界资源

定义 3.4 临界资源(Critical Resources,CR):一次只允许一个进程访问的资源,等一个进程完全用完后,另一个进程才能使用。

从定义 3.4 可以看出,临界资源就是不能被同时使用的资源。比较典型的临界资源是打印机,在一个进程使用打印机的时候另一个进程必须等待,否则,两个进程的内容交织在一起,无法区分哪部分内容属于哪一个进程的。另外,变量也是典型的临界资源。

例如:在现实生活中,假设我们的账户余额用变量 balance 表示,存钱进程和取钱进程共享该变量。假设初始时 balance 的值是 500,在某一时刻父亲要通过 balance = balance + 1000 完成存 1000 元钱的操作,同时儿子正通过 balance = balance – 100 进行取 100 块钱的操作。表面上看存钱和取钱都只需要一个语句就完成了,实际上,在计算机中它们都对应三条指令。

存 1000 元,用进程 Deposit 表示:

```
LOAD   A,balance
ADDI   A,1000
STORE  A,balance
```

取 100 元,用进程 Withdraw 表示:

```
LOAD   A,balance
MINUS  A,100
```

　　STORE　A，balance

　　这里的 A 代表累加器，在进程切换时，由于累加器的内容作为进程的 CPU 现场信息将会保存在进程的 PCB 中。

　　如果不加限制地执行这两段代码，则在任何一个位置都可能中断，我们看几种不同情况最后的执行结果。

　　情况 1，上述指令的执行顺序为：

　　① LOAD　A，balance

　　② ADDI　A，1000

　　③ STORE　A，balance

　　④ LOAD　A，balance

　　⑤ MINUS　A，100

　　⑥ STORE　A，balance

　　内存及寄存器变化如图 3-18 所示。初始时累加器为空，变量 balance 对应的内存单元的内容为 500，如图 3-18(a)所示。执行第一条指令 LOAD　A，balance 之后，将变量 balance 对应的内存单元内容装入累加器 A，累加器的内容为 500，如图 3-18(b)所示。执行第二条指令 ADDI　A，1000 之后，累加器 A 的内容加 1000，变为 1500，如图 3-18(c)所示。执行第三条指令 STORE　A，balance 之后，将累加器 A 的内容写入变量 balance 对应的内存单元，balance 对应的内存单元的内容变为 1500，如图 3-18(d)所示。此时进程 Deposit 执行完成，对于进程 Deposit 累加器 A 的内容没有意义，对于进程 Withdraw 来说，累加器 A 的内容为空。此时执行第四条指令 LOAD　A，balance，该指令属于进程 Withdraw 的第一条指令，执行之后，将变量 balance 对应的内存单元内容装入累加器 A，累加器的内容为 1500，如图 3-18(e)所示。执行第五条指令 MINUS　A，100 之后，累加器 A 的内容减 100，变为 1400，如图 3-18(f)所示。执行第六条指令 STORE　A，balance 之后，将累加器 A 的内容写入变量 balance 对应的内存单元，balance 对应的内存单元的内容变为 1400，如图 3-18(g)所示。所有指令执行结束之后，balance 的值为 1400。

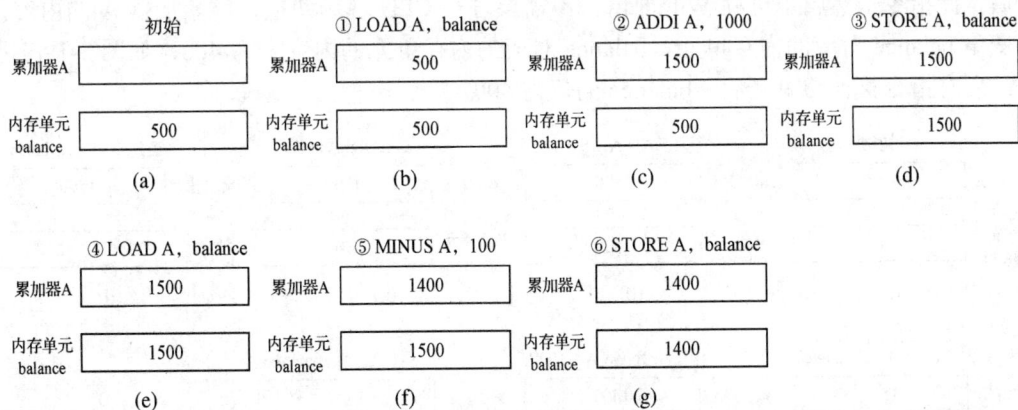

	初始		① LOAD A，balance		② ADDI A，1000		③ STORE A，balance
累加器A		累加器A	500	累加器A	1500	累加器A	1500
内存单元 balance	500	内存单元 balance	500	内存单元 balance	500	内存单元 balance	1500
	(a)		(b)		(c)		(d)

	④ LOAD A，balance		⑤ MINUS A，100		⑥ STORE A，balance
累加器A	1500	累加器A	1400	累加器A	1400
内存单元 balance	1500	内存单元 balance	1500	内存单元 balance	1400
	(e)		(f)		(g)

图 3-18　情况 1 内存及寄存器变化示意图

　　情况 2，上述指令的执行顺序为：

　　① LOAD　A，balance

② LOAD　A，balance

③ ADDI　A，1000

④ STORE　A，balance

⑤ MINUS　A，100

⑥ STORE　A，balance

内存及寄存器变化如图 3-19 所示。初始时累加器为空，变量 balance 对应的内存单元的内容为 500，如图 3-19(a)所示。执行第一条指令 LOAD　A，balance(该指令属于进程 Deposit)之后，将变量 balance 对应的内存单元内容装入累加器 A，累加器的内容为 500，如图 3-19(b)所示。执行第二条指令 LOAD　A，balance(该指令属于进程 Withdraw)之后，将变量 balance 对应的内存单元内容装入累加器 A，累加器的内容为 500，如图 3-19(c)所示。需要说明的是，图 3-19(b)中累加器 A 是进程 Deposit 的 CPU 现场信息，在执行进程 Withdraw 的 LOAD　A，balance 指令之前，进程 Deposit 的累加器 A 的值通过保护现场操作记录在进程 Deposit 的 PCB 中。执行进程 Withdraw 的 LOAD　A，balance 指令之前，累加器 A 已经被清空，执行进程 Withdraw 的 LOAD　A，balance 指令时，修改的是进程 Withdraw 的累加器 A 的值。执行第三条指令 ADDI　A，1000 时，又切换到进程 Deposit，因此，在执行该指令之前，需要先保护进程 Withdraw 的 CPU 现场信息，也就是将累加器 A 的值 500 写入进程 Withdraw 的 PCB 中，然后恢复进程 Deposit 的 CPU 现场信息，也就是进程 Deposit 的累加器 A 的值复位，因此在执行该指令之前，累加器 A 的值恢复为 500，然后执行累加器 A 加 1000 的操作，结果累加器的值变为 1500，如图 3-19(d)所示。执行第四条指令 STORE　A，balance，该指令依然属于进程 Deposit，因此不需要进行 CPU 现场切换，将累加器 A 的内容写入变量 balance 对应的内存单元，balance 对应的内存单元的内容变为 1500，如图 3-19(e)所示，此时进程 Deposit 执行结束。执行第五条指令 MINUS　A，100，再次切换到进程 Withdraw，因此需要先恢复进程 Withdraw 的 CPU 现场信息，也就是将进程 Withdraw 的累加器 A 的值复位(PCB 中的累加器 A 的值为 500)，在此基础上，执行 MINUS　A，100。累加器 A 的内容减 100，变为 400，如图 3-19(f)所示。执行第六条指令 STORE　A，balance 之后，此指令依然属于进程 Withdraw，不需要进行 CPU 现场切换，将累加器 A 的内容写入变量 balance 对应的内存单元，balance 对应的内存单元的内容变为 400，如图 3-19(g)所示。所有指令执行结束之后，balance 的值为 400。

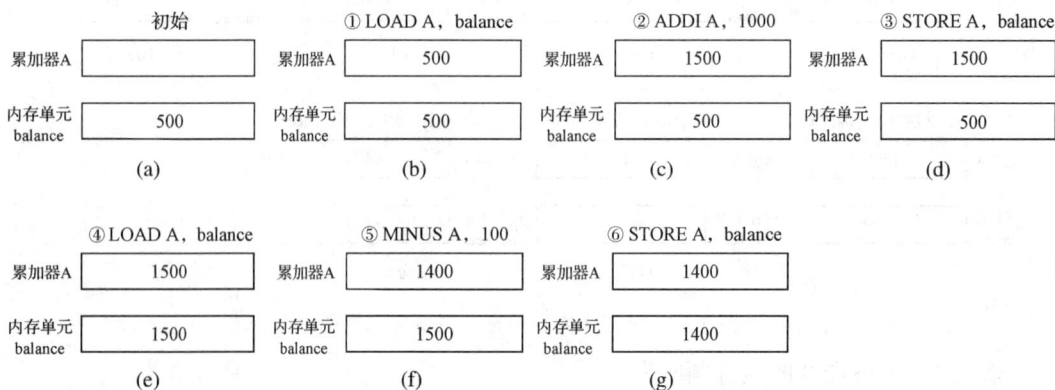

图 3-19　情况 2 内存及寄存器变化示意图

情况 3，上述指令的执行顺序为：

① LOAD　A，balance

② LOAD　A，balance

③ MINUS　A，100

④ STORE　A，balance

⑤ ADDI　A，1000

⑥ STORE　A，balance

内存及寄存器变化如图 3-20 所示。初始时累加器为空，变量 balance 对应的内存单元的内容为 500，如图 3-20(a)所示。执行第一条指令 LOAD　A，balance(该指令属于进程 Deposit)之后，将变量 balance 对应的内存单元内容装入累加器 A，累加器的内容为 500，如图 3-20(b)所示。第二条指令 LOAD　A，balance 属于进程 Withdraw，因此，执行该指令之前需要先保护进程 Deposit 的现场，将累加器 A 的值 500 写入进程 Deposit 的 PCB 中，然后将累加器清空，执行进程 Withdraw 的 LOAD　A，balance 指令，将变量 balance 对应的内存单元内容装入累加器 A，累加器的内容为 500，如图 3-20(c)所示。执行第三条指令 MINUS　A，100，该指令属于进程 Withdraw，因此不需要进行 CPU 现场切换，直接将累加器 A 的内容减 100，变为 400，如图 3-20(d)所示。执行第四条 STORE　A，balance，同样不需要进行 CPU 现场切换，将累加器 A 的内容写入变量 balance 对应的内存单元，balance 对应的内存单元的内容变为 400，如图 3-20(e)所示，此时进程 Withdraw 执行完毕。执行第五条指令 ADDI　A，1000 时，又切换到进程 Deposit，需要进行 CPU 现场切换，即：将累加器 A 的值恢复为进程 Deposit 的 CPU 现场信息中记录的值 500，在此基础上执行加 1000 操作，结果累加器的值变为 1500，如图 3-20(f)所示。执行第六条指令 STORE A，balance 之后，此指令依然属于进程 Deposit，不需要进行 CPU 现场切换，将累加器 A 的内容写入变量 balance 对应的内存单元，balance 对应的内存单元的内容变为 1500，如图 3-20(g)所示。所有指令执行结束之后，balance 的值为 1500。

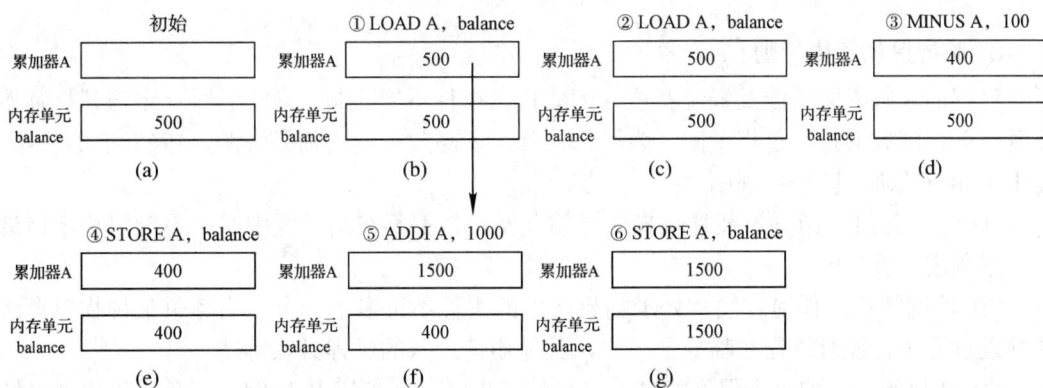

图 3-20　情况 3 内存及寄存器变化示意图

从上述分析过程可以看出，如果不加限制，进程可能以任意的顺序执行，不同的执行顺序，执行结果不同，其中显然有的执行顺序会导致不符合逻辑的执行结果，让用户难以接受。由此可以看出，共享变量是临界资源，不能由两个进程同时使用，必须等一个进程完全使用完之后另一个进程才能使用。

与变量类似地，队列和堆栈的指针实质上也是由多个进程共享的变量，因此也是临界资源。

2. 临界区

由临界资源的定义可以看出，多个进程必须互斥地使用临界资源，也就是说，一个进程使用该资源时，其他想使用该进程的资源必须等待，也就是不能执行与该临界资源相关的代码，但是与该临界资源不相关的代码可以执行，为了对代码进行区分，引入了临界区的概念。

定义 3.5　临界区(Critical Section，CS)：进程中访问临界资源的代码段。

从定义 3.5 可以看出，临界区其实是一段特殊的代码，这段代码需要访问临界资源，因此这段代码不能与其他访问该临界资源的进程同时执行。要想保证涉及同一个临界资源的代码不同时执行，进程需要在执行临界区代码之前检查是否有其他进程正在访问该临界资源，如果没有其他进程访问该临界资源，进程可以访问该临界资源，并设置访问标识，以便于其他想申请访问该资源的进程能够了该临界资源的使用情况；如果有其他进程正在访问该临界资源(根据访问标识判断)，进程只能阻塞。检查临界资源是否被访问的代码被称为申请区。进程正在访问的临界资源有可能是另一个进程正在等待的资源，因此进程在离开临界区的时候需要释放所使用的临界资源，如果发现有进程等待该临界资源，需要唤醒等待进程，释放临界资源的代码被称为释放区。其他与临界资源不相关的代码被称为非临界区。

由此可将进程描述为以下结构：

非临界区
申请区
临界区
释放区
非临界区

3. 临界区的使用规则

进程的非临界区不涉及资源竞争，因此代码执行不受限制，而临界区一定与某种临界资源有关，因此其执行过程受限。为了保证互斥、高效地使用临界资源，1965 年 Dijkstra 提出了如下的临界区使用规则：

(1) 空闲让进：当竞争某种临界资源的并发进程都不在临界区中时，不能阻止申请进入的进程进入临界区。

(2) 忙则等待：任何时候，处于临界区内的进程不可多于一个。当竞争某种临界资源的并发进程中已经有进程在临界区中时，其他申请进入的进程必须等待。

(3) 让权等待：如果进程不能进入自己的临界区，则应让出 CPU，避免进程出现"忙等"现象。

(4) 有限等待：竞争某种临界资源的并发进程申请进入临界区，应在有限时间内使之进入；而进入临界区的进程，应该在尽可能短的时间内离开临界区。

由临界区的使用规则可以看出，任何时刻最多只允许一个进程处于临界区之中。这个规则看起来是合理的，同时也是抽象的。那么在计算机系统中如何保证临界区的使用规则呢？这就是进程的同步与互斥需要解决的问题。

3.5.3　两个进程互斥的解决方案

问题描述：两个人都要打高尔夫球，每个人带来了自己的球杆，但是球只有一个，因此球是两个打球进程的临界资源，打球就是临界区。如果这两个人在整个打球过程中无交流，则如何保证二者之间不冲突呢？

1. 方案 1

方案 1 基本思想：分别用 0 和 1 表示两个进程，系统中设置一个公共变量 turn，用来标识打球进程，如果轮到 0 号进程打球，则将 turn 设置为 0，如果轮到 1 号进程打球，则将 turn 设置为 1，初始时系统默认 turn 为 0。每个人打完球离开时自觉地将打球机会让给对方。每个进程在开始打球前的申请区中判断是否轮到自己打球，如果是，则进入打球状态，如果不是，则等待；每个进程打球后的释放区通过将 turn 设置成对方的编号把打球权让给对方。方案 1 的示意图如图 3-21 所示。

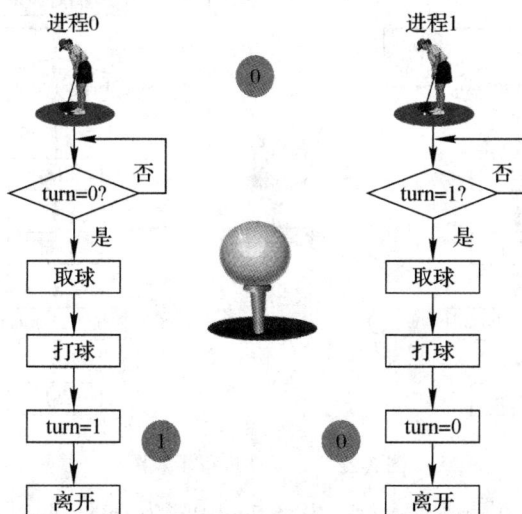

图 3-21　方案 1 进程示意图

在图 3-21 中，turn 的初始值是 0，此时，临界区为空，如果 0 号进程运行，判断 turn 是否为 0，结果为 true，0 号进程进入临界区，开始打球，满足第一条规则；当 0 号进程处于打球状态时，1 号进程运行，判断 turn 是否为 1，结果为 false，1 号进程等待，满足第二条规则；0 号进程在临界区，1 号进程就不能进入临界区，保证多个进程申请进入临界区时，只有一个进程能够进入临界区，满足第三条规则；当 0 号进程打完球之后将 turn 置为 1，并离开临界区，此时 1 号进程再次判断 turn 是否为 1，结果为 true，1 号进程进入临界区，开始打球，1 号进程在有限的时间内进入临界区，满足第四条规则。因此方案 1 是一个可行的方案。

思考题 3.4：方案 1 在任何情况下都满足临界区的使用规则吗？尝试给出一种情况，采用方案 1 不满足临界区的使用规则。

2. 方案 2

通过对方案 1 进行深入分析可以发现，如果进程 1 先运行，判断 turn 是否为 1，结果为 false，进程 1 等待，此时临界区为空，就会出现临界区为空，却不允许申请者进入的情况，违背了第一条规则。出现这种情况的原因是方案 1 只考虑允许哪个进程进入，没考虑进程自身是否有进入临界区的意愿，基于这种情况给出了方案 2。

方案 2 基本思想：设置两个布尔变量 flag[0]和 flag[1]分别用来表示 0 号进程和 1 号进程是否想进入临界区，两个变量的初值均为 false，表示二者都不想进入临界区，在每个进程的申请区，都将自己的进入临界区标识置为 true，然后再看对方是否想进入临界区，如果对方不想进入，则自己进入临界区，如果对方想进入，则自己等待。方案 2 的示意图如图 3-22 所示。

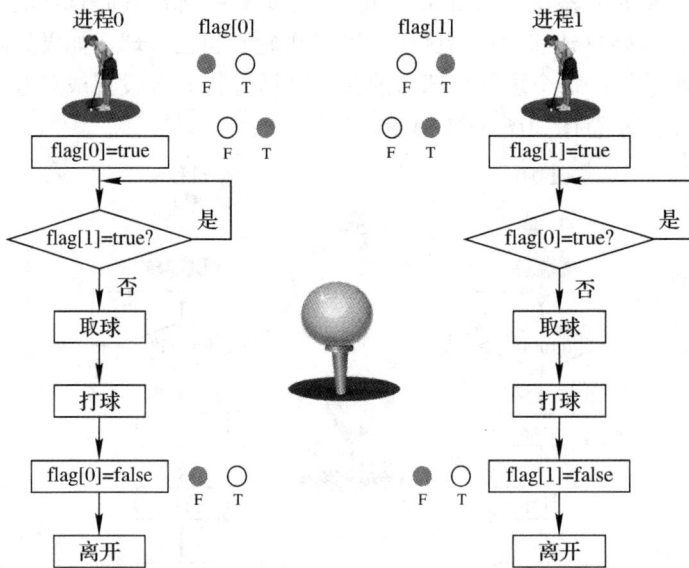

图 3-22   方案 2 进程示意图

在图 3-22 中，如果 0 号进程运行，先将 flag[0]置为 true，此时 0 号进程判断 flag[1]是否为 true，结果为 false，0 号进程进入临界区，符合第一条规则；这时 1 号进程申请进入临界区，将 flag[1]置为 true，判断 flag[0]是否为 true，结果为 true，1 号进程等待，符合第二条规则，同时临界区中只有一个进程，因此符合第三条规则，当 0 号进程打完球之后将 flag[0]置为 false，并离开临界区，此时 1 号进程再次判断 flag[0]是否为 true，结果为 false，1 号进程进入临界区，开始打球，1 号进程在有限的时间内进入临界区，满足第四条规则。因此方案 2 是一个可行的方案。

思考题 3.5： 方案 2 在任何情况下都满足临界区的使用规则吗？尝试给出一种情况，采用方案 2 不满足临界区的使用规则。

3. 方案 3

通过对方案 2 进行深入分析可以发现，如果进程 1 先运行，将 flag[0]置为 true，此时，进程 1 被中断，进程 2 被调度执行，将 flag[1]置为 true，然后判断 flag[0]是否为 true，结果为 true，进程 2 就进入循环判断状态，如果此时进程 2 被中断，进程 1 被调度执行，进程 1 判断 flag[1]是否为 true，结果为 true，进程 1 就进入循环判断状态，如此，出现临界区为空，却不允许任何申请者进入的情况，违背了第一条规则。出现这种情况的原因是方案 2 只考虑哪个进程想进入临界区，而两个进程在进入临界区之前都要看对方是否想进入临界区，出现了一种彼此谦让的情况，如果二者都想进入临界区的时候用一个变量指定一个进程进入临界区，就可以解决二者谦让导致的空闲不让进，基于这种情况给出了方案 3。

方案 3 基本思想：系统中设置一个公共变量 turn，用来标识进入临界区打球的机会属于哪个进程，如果机会属于 0 号进程，则将 turn 设置为 0，如果机会属于 1 号进程，则 turn 置为 1；再设置两个布尔变量 flag[0]和 flag[1]分别用来表示 0 号进程和 1 号进程是否想进入临界区，两个变量的初值均为 false，表示二者都不想进入临界区，在每个进程的申请区，都将自己的进入临界区标识置为 true，同时将进入临界区的机会给对方，即：将 turn 置为另一个进程的 pid，然后再看是否对方想进入临界区且进入临界区的机会属于对方，如果对方想进入临界区且进入临界区的机会属于对方，则自己等待，否则自己进入临界区。方案 3 的示意图如图 3-23 所示。

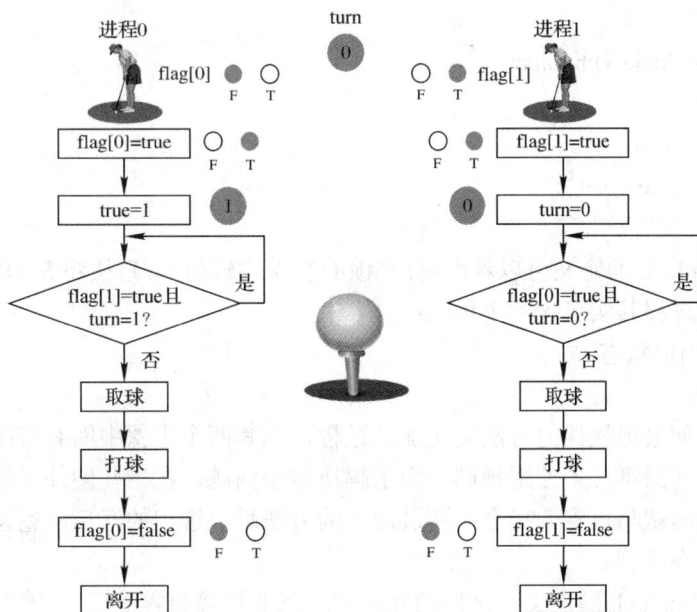

图 3-23　方案 3 进程示意图

3.5.4　锁机制

上节给出了两个进程互斥的解决方案，在实际的系统中，不可能只有两个进程，系统中可能存在多个并发进程，此时，需要给出能解决多个进程互斥的解决方案。

▫ **实例 3.2**

单人使用的公用电话亭中只能容纳一个人，为了保证任何时刻最多只有一个人使用，采取的措施是给电话亭加锁，即：每个想使用电话亭的人在进入电话亭之前先检查电话亭是否上锁，如果没锁，进入电话亭并将门锁上，开始打电话，打完电话后，打开门，走出电话亭。

实例 3.2 中的锁机制，在现实生活中非常常见，这种机制也可以应用于操作系统中。

锁机制的实现思想：当并发进程申请进入临界区时首先测试临界区是否是上锁的，如果临界区已经被锁上了，则申请进程等待临界区解锁；否则，将临界区锁上，进入临界区，直到该进程退出临界区时才将锁打开。

具体实现方法如下：

设控制临界区的锁变量为 S，S 是布尔型变量，S = false 表示临界区未上锁，此时可以使用临界区，S = true 表示临界区已上锁，此时有进程使用临界区，申请者必须等待。S 的初始值设为 false。

对锁变量 S 的操作有两个：锁和开锁，前者用 lock 表示，后者用 unlock 表示，分别定义如下：

```
Function unlock(S): boolean
{
    S = false
}
Function lock(S):boolean
{
    lock = S
    S = true
}
```

从 lock 和 unlock 的定义可以看出，打开锁的步骤比较简单，直接将 S 的值置为 false 即可，但是加锁的过程其实包含两个步骤：

(1) 检查锁当前状态。

(2) 上锁。

这就意味着如果用软件的方法实现加锁过程，则其两个步骤中间有可能产生中断，进而不能保证临界区的第一条使用规则，为了解决这个问题，在一些硬件系统中，将加锁操作设置成一条"测试与设置"指令，通过硬件的方法解决进程的互斥问题，因此加锁机制又被称为硬件指令机制。

有了 lock 和 unlock 的定义，进程的互斥实现就变得较为容易了。

问题描述：系统中有一台打印机，三个进程 P_a、P_b、P_c 共享该打印机，如何保证三个进程互斥地使用打印机。

进程 P_a：
```
A: while lock(S)do skip;
    使用打印机；
unlock(S);
goto A;
```
进程 P_b：
```
B: while lock(S)do skip;
    使用打印机；
```

```
        unlock(S);
        goto B;
进程 Pc:
    C: while lock(S)do skip;
        使用打印机;
    unlock(S);
    goto C;
```

加锁机制可以实现多个进程互斥使用临界资源,但是存在以下问题:

(1) 当某个进程在临界区中运行时,其他申请进入临界区的进程需要不断测试锁的状态,此时的测试是无意义的浪费 CPU 资源,造成资源浪费。

(2) 加锁机制解决同步问题灵活性不够。

3.5.5 信号量机制

▣ 实例 3.3

交通道路的十字路口是水平方向和垂直方向的车辆均要使用的临界资源,为了让车辆有序地通过十字路口而不引起拥堵,最常采用的方法就是在交通路口设置信号灯,并约定红灯停,绿灯行。

交通信号灯是在现实生活中解决资源互斥使用的一个有效的方法,这一方法同样可以应用于计算机操作系统中。

荷兰的计算机科学家 Dijkstra 于 1965 年提出了信号量机制解决进程的同步与互斥,其基本思想是定义一个与资源有关的特殊变量——信号量,再定义两个与信号量相关的原语操作——P 操作和 V 操作,对信号量只能进行 P 操作和 V 操作,并发执行的进程只需要根据信号量的值判断是否可以继续运行,同时在信号量机制中引入了进程阻塞,因此避免了锁机制中的循环测试问题。

1. 信号量

(1) 信号量是一个整型变量,当变量大于零时,其值表示系统中可以使用该资源的进程数;变量小于零时,其绝对值表示系统中等待该资源的进程数。

(2) 在互斥问题中,信号量与一个临界资源有关,其初始值一定大于零;在同步问题中,信号量与一个同步关系有关,其初始值有可能大于零,也有可能等于零。但是无论是同步关系还是互斥关系,信号量都有实际意义,因此在解决实际问题时,定义信号量都需要解释其实际意义。

(3) 除了对信号量进行初始化之外,只能对信号量只能进行 P 操作和 V 操作。

2. P、V 操作原语

P、V 操作是对信号量进行操作的原语,对信号量值进行的所有修改都必须通过 P 操作原语和 V 操作原语实现。

1) P 操作

在进程互斥问题中,P 操作相当于申请资源;在进程同步问题中,P 操作相当于检查

前序进程是否完成。因此，无论是同步问题还是互斥问题，P 操作是对信号量的值进行减
1 操作。那为什么不直接用减 1 操作，而是定义一个 P 操作呢？一方面，因为 P 操作不单
单是减 1，还需要判断信号量的值，并根据信号量的值决定进程是继续运行还是阻塞。另
一方面，前面已经讲过，单纯的减 1 操作对应多条指令，而这些指令中间是可能被中断的，
因此不能保证减 1 操作的原子性，而 P 操作是原语，具有原子性，不能被中断。P 操作原
语定义如下：

```
P(s: Semaphore)
{
        s = s-1 ;
        if (s<0) {
                blocked;        /*用阻塞原语将调用者阻塞*/
schedule；/*转进程调度*/
}
        else{
                return;
        }
}
```

由 P 操作的定义可以看出，P 操作有可能改变进程的运行状态，将进程由运行状态变
成阻塞状态。

2) V 操作

在进程互斥问题中，V 操作相当于释放资源；在进程同步问题中，V 操作相当于给后
续进程发信号，告诉后续进程自己的工作已经结束，后续进程可以开始工作。无论是同步
还是互斥，V 操作实质都是执行加 1 操作，同样，这里的加 1 并不是单纯的加 1，而需要
在加 1 之后判断系统中是否有等待进程，而且这里的 V 操作是具有原子性的操作。V 操作
原语定义如下：

```
V(s: Semaphore)
{
        s = s+1 ;
        if (s<=0) {
                wakeup(s);        /*唤醒原语唤醒等待与 s 相关资源的进程*/
        }
        return;
}
```

由 V 操作的定义可以看出，V 操作不会改变正在运行进程的状态，但是可能改变某个
处于阻塞状态的进程状态。

3.5.6　用信号量实现进程互斥

问题描述：系统中有三个进程 P1、P2、P3 共享 1 台打印机，请用信号量机制解决这
三个进程的互斥问题。

这个问题中只有一个临界资源——打印机，因此只需要设置一个互斥信号量 SP，互斥信号量的初值设置为系统中的可用资源数，系统中初始时有 1 台打印机，因此 SP 初始值设置为 1。因为是互斥使用临界资源，在使用资源之前需要申请资源，使用之后要释放资源，用信号量机制解决互斥问题，申请资源用 P 操作，释放资源用 V 操作，因此该问题的实现过程如下：

SP=1

P1	P2	P3
P(SP);	P(SP);	P(SP);
使用打印机;	使用打印机;	使用打印机;
V(SP);	V(SP);	V(SP);

需要说明的是，临界区不是原语，因此可以被中断。

这里，每一个进程使用打印机的临界区前面有一个打印机的申请区(P 操作)，临界区之后有一个打印机的释放区(V 操作)，这就可以保证如果有进程在使用打印机，其他想使用打印机的进程无法进入临界区，从而保证多个进程互斥使用临界区。

思考题 3.6：如果系统中有 2 台打印机，上述问题的解决方案应如何修改？为什么？

3.5.7　用信号量实现进程同步

1. 公共汽车售票——开车问题

问题描述：传统的公共汽车设置两个角色，司机和售票员，司机负责开车，主要完成启动、停车两个操作，售票员负责售票、开门及关门三个操作。初始时车停在车场，车门处于打开状态。司机必须在售票员将车门关闭并给司机发送信号之后才能启动车子，售票员必须等司机将车停稳并示意售票员之后才可以打开车门。司机和售票员彼此看不见对方，也无法直接用语言沟通，司机和售票员之间如何实现同步？

这里有两个进程：司机进程和售票员进程，这两个进程之间是同步关系。司机的启动车子动作受售票员的约束，必须在售票员关门并发送信号之后司机才能启动；售票员的开门动作受司机的约束，必须在司机停车并给售票员发信息之后售票员才能开门；因此这两个进程之间有两个同步关系。两个同步关系需要设置两个同步信号量 S1 和 S2 分别用来控制司机启动车子的动作和售票员关门的动作。由于初始时，司机不能启动车子，S1 = 0，门处于打开状态，售票员不能关门，S2 = 0，图 3-24 给出了司机进程和售票员进程的同步。

S1=S2=0

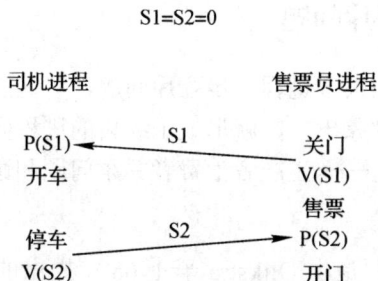

图 3-24　司机进程和售票员进程的同步

◆ 小启示：操作系统的很多思想和方法在现实生活中总能找到对应的问题和解决方案，可以看出操作系统中充满了生活的智慧，进一步思考我们会发现其实知识是相通的，只要我们善于观察、善于思考，很多问题的解决方案是可以从生活中借鉴的。

2. 前趋图问题

3.1 节给出了前趋图的概念，进程之间经常会产生前趋关系，公共汽车售票——开车问题可以转换成一个前趋图，通过分析公共汽车售票——开车问题可以将前趋图问题的同步解决方案总结如下：

(1) 前趋图中的每一个结点对应一个进程；

(2) 前趋图中的每一条边对应一个信号量；

(3) 每一个有向边的起始结点处有一个对与该边相关信号量的 V 操作；

(4) 每一个有向边的终止结点处有一个对与该边相关信号量的 P 操作；

(5) 所有同步信号量的初值均为 0。

例：给出图 3-25 所示的前趋图所对应的进程同步解决方案，其中每个结点表示一个语句，每个边表示语句之间的同步关系。

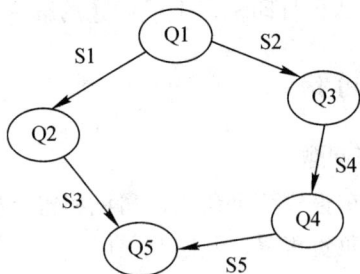

图 3-25　描述同步关系的前趋图

根据前面的总结可以知道，在图 3-25 所示的前趋图中有 5 个结点，因此对应 5 个进程 P1、P2、P3、P4、P5；5 条有向边，对应 5 个同步信号量 S1、S2、S3、S4、S5，信号量的初值均设置为 0，S1 = S2 = S3 = S4 = S5 = 0，进程 P1、P2、P3、P4、P5 描述如下：

P1	P2	P3	P4	P5
Q1;	P(S1);	P(S2);	P(S4);	P(S3);
V(S1);	Q2;	Q3;	Q4;	P(S5);
V(S2);	V(S3);	V(S4);	V(S5);	Q5;

3.5.8　经典的进程同步互斥问题

在多道程序环境下，存在很多进程同步互斥问题，对这些问题进行总结会发现，这些问题有一些共性，这些共性抽象出来，就形成了经典的进程同步互斥问题，这里我们介绍两个经典的进程同步互斥问题——生产者消费者关系问题和读者写者问题。

1. 生产者消费者关系问题

生产者与消费者关系问题是由 Dijkstra 于 1968 年提出的，是将计算机系统中的一类问题抽象为一个生活中的实际问题，问题描述为：有一群生产者负责生产某种产品，有一群消费者负责消费该产品，生产者生产一个产品之后不能直接将其送到消费者手中，而是放入一个仓库中，消费者需要消费该产品时从仓库中取出产品进行消费。如果生产的产品很受欢迎，消费者消费速度快，生产的产品供不应求，则消费者需要等待。例如：某个包子铺的包子很畅销，经常出现顾客排队买包子的现象，这里，顾客是消费者，包子铺做包子的工作人员是包子生产者。如果生产的产品不受欢迎，消费者消费速度慢，生产的产品滞销，仓库可能堆满，进而存在生产者需要停止生产等待消费者消费的情况。例如：某工厂生产的鞋子不受欢迎，鞋子堆满了仓库，消费者不购买，工厂只好停产，等产品销售之后再继续生产。

从上面的分析可以看出，生产者和消费者之间存在着同步关系，生产者生产速度过快，导致仓库满了的时候，生产者需要停止生产；消费者消费过快，导致产品供不应求时，消费者无产品可消费，消费者需要等待。

那么，如何用信号量机制解决进程的同步与互斥问题呢？根据仓库(在计算机中往往是指缓冲区)的结构不同分别讨论。

1) 缓冲区为有界队列，大小为 n

有界缓冲区队列的示意图如图 3-26 所示。这里有两类进程，生产者进程和消费者进程。因为缓冲区为队列，而队列有两个指针：in 和 out，in 被所有的生产者使用，out 被所有的消费者使用。生产者们需要互斥地使用 in 指针，消费者们需要互斥地使用 out 指针；因此这里存在两个互斥问题，需要设置两个互斥信号量：$mutex_{in}$ 和 $mutex_{out}$，因为缓冲区中只有一个 in 指针，一个 out 指针，信号量的初值是系统中可用资源数，因此：$mutex_{in} = mutex_{out} = 1$。根据问题的描述生产者与消费者之间存在同步关系：消费者需要等待生产者生产产品，生产者需要等待消费者取走产品腾出空间，因此这里存在两个同步关系，因此设置两个同步信号量 empty 和 full 分别用来表示空缓冲区的数量和产品数量，队列大小为 n，因此系统中初始时有 n 个空缓冲区，有 0 个产品，因此初始时：empty = n，full = 0。

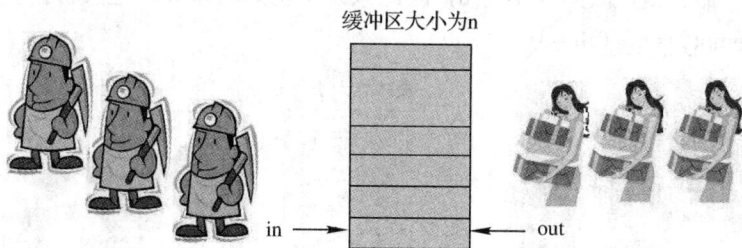

图 3-26 有界缓冲区队列生产者消费者关系问题示意图

生产者生产产品的过程不应受到限制,每个生产者的生产过程是独立的、彼此不受制约的；消费者的消费过程也是不受限制的,每个消费者都是独立的,彼此不受制约。只有涉及同步互斥问题的操作才受制约。因此生产者(Producer)进程和消费者(Consumer)进程描述如下：

```
    Producer
LP: produce a product;
    P(empty);
```

```
        P(mutex_in);
        Buffer[in] = item;
        in = (in+1)mod n;
        V(mutex_in);
        V(full);
        Goto LP;

        Consumer
LC:     P(full);
        P(mutex_out);
        item = Buffer[out];
        out = (out+1) mod n;
        V(mutex_out);
        V(empty);
        Consume a product;
        Goto LC;
```

思考题 3.7：为什么 in = (in+1)mod n、out = (out+1) mod n？如果 in = in+1、out = out+1 会有什么问题？

2) 缓冲区为有界堆栈，大小为 n

有界缓冲区堆栈的示意图如图 3-27 所示。堆栈有一个指针：top，top 被所有的生产者和所有的消费者使用。生产者们和消费者们需要互斥使用 top 指针；因此这里存在一个互斥问题，需要设置一个互斥信号量：mutex，信号量的初值是系统中可用资源数，因为堆栈缓冲区中只有一个 top 指针，因此：mutex = 1。缓冲区为有大小为 n 的有界堆栈时生产者与消费者之间的同步关系没变。因此设置两个同步信号量 empty 和 full 分别用来表示空缓冲区的数量和产品数量，队列大小为 n，因此系统中初始时有 n 个空缓冲区，有 0 个产品，因此初始时：empty = n，full = 0。

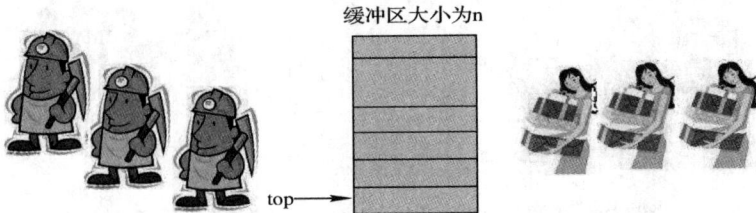

图 3-27　有界缓冲区堆栈生产者消费者关系问题示意图

此时生产者(Producer)进程和消费者(Consumer)进程描述如下：

```
        Producer
LP:     produce a product;
        P(empty);
        P(mutex);
```

```
            Buffer[top] = item;
            top = top+1;
            V(mutex);
            V(full);
            Goto LP;
            Consumer
    LC: P(full);
            P(mutex);
            item = Buffer[top];
            top = top-1;
            V(mutex);
            V(empty);
            Consume a product;
            Goto LC;
```

思考题 3.8：在缓冲区为堆栈的情况下将生产者进程的两个 P 操作的顺序颠倒，再将消费者进程的两个 P 操作的顺序颠倒，可能发生什么情况？

3）缓冲区为无界队列

无界缓冲区队列示意图如图 3-28 所示。队列有两个指针：in 和 out，in 被所有的生产者使用，out 被所有的消费者使用。生产者们需要互斥地使用 in 指针，消费者们需要互斥地使用 out 指针；因此这里存在两个互斥问题，需要设置两个互斥信号量：$mutex_{in}$ 和 $mutext_{out}$，因为缓冲区中只有一个 in 指针，一个 out 指针，信号量的初值是系统中可用资源数，因此：$mutex_{in} = mutex_{out} = 1$。根据问题的描述生产者与消费者之间存在同步关系：消费者需要等待生产者生产产品，但是由于缓冲区无界，意味着生产者只要生产产品，就一定有空间存放，生产者不需要消费者取走产品，自然就不存在消费者对生产者的直接制约，因此这里只有一个同步关系，设置一个同步信号量 full 用来表示产品数量，系统中初始时有 0 个产品，因此初始时：full = 0。

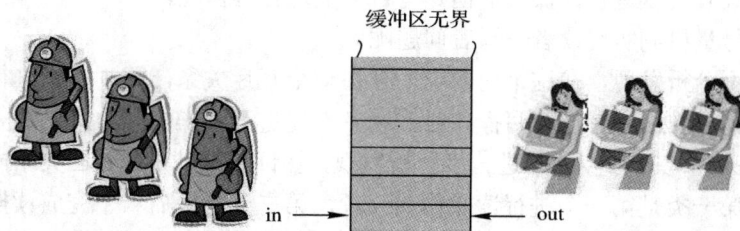

图 3-28　无界缓冲区队列生产者消费者关系问题示意图

生产者生产产品的过程不应受到限制，每个生产者的生产过程是独立的、彼此不受制约；消费者的消费过程也是不受限制的，每个消费者都是独立的，彼此不受制约。只有涉及同步互斥问题的操作才受制约。因此生产者(Producer)进程和消费者(Consumer)进程描述如下：

```
        Producer
LP:  produce a product;
     P(mutex_in);
     Buffer[in] = item;
     in = in+1;
     V(mutex_in);
     V(full);
     Goto LP;
        Consumer
LC:  P(full);
     P(mutex_out);
     item    = Buffer[out];
     out = out+1;
     V(mutex_out);
     Consume a product;
     Goto LC;
```

思考题 3.9： 缓冲区为无界堆栈的情况如何解决？

2. 读者—写者问题

如果一组数据或一个文件被多个进程共享，其中有些进程对文件或数据进行读操作，有些进程进行写操作(修改数据或文件)。我们把进行读操作的进程称为读者(Reader)，进行写操作的进程称为写者(Writer)。显然，多个 Reader 进程同时读一个文件是没有问题的，因为读操作不会使文件或数据的内容发生变化。但是如果有一个 Writer 进程在进行写操作，则其他进程就不能进行任何操作。如果读写操作同时进行，读者可能会读到错误信息；如果写写同时进行，则可能产生信息丢失问题。这类问题被抽象为"读者—写者"问题，是指保证一个写者在进行写操作的时候，其他进程不可以进行任何操作，而有读者进行读操作的时候其他读者可以进行读操作，但是写者不能进行写操作。

如何用信号量机制实现读者—写者问题呢？

对问题进行分析发现，在这个问题中，存在一个互斥关系，即读者在进行读操作时，写者不能进行写操作；写者进行写操作时，读者不能进行读操作，为此，需要设置一个互斥信号量 mutexW，其初值为 1。进一步分析发现，在读者群体中，分三类不同的读者要分别进行处理，第一类是第一个进行读操作的读者，第二类是最后一个完成读操作的读者，第三类是其他读者。第一类读者需要判断是否有写者在进行写操作，第二类读者需要通知其他进程，现在已经没有读者在读了，其他进程可以对文件或数据进行任何操作。第三类读者只需要判断有没有读者在读，只要有读者在读，就可以进行读操作，读操作结束之后判断自己是否是最后一个离开的，如果不是，则可以直接离开。那么，读者如何判断自己到底属于哪一个类别呢？为了解决这个问题，需要设置一个用于记录正在进行读操作的进程数的变量 RCount，其初值为 0，由于每一个进行读操作的进程都需要对该变量进行读操

作和写操作，因此该变量是被所有读者所共享的临界资源，需要设置一个信号量 mutexR
控制对 RCount 的互斥使用，其初值为 1，保证每次只有一个进程使用该变量。

读者—写者问题描述如下：

RCount = 0; mutexTR = 1; MutexW = 1;

Readers：

LR: P(mutexR);

if(RCount == 0)　P(MutexW);

RCount = RCount+1;

V(mutexR);

reading；

P(mutexR);

RCount = RCount-1;

if(RCount == 0)　V(MutexW);

V(mutexR);

leave；

goto LR；

Writers：

LW: P(MutexW);

writing；

V(MutexW);

leave；

goto LW；

其中，读者在进行读操作之前需要通过判断 RCount 是否为 0，确定自己是否是第
一个进行读操作的进程，如果是，则需要对 mutexW 进行 P 操作，以申请读操作的资格。
读者在准备离开之前要通过判断 RCount 是否为 0，确定自己是否为最后一个结束读操
作的进程，如果是，则继续对 mutexW 进行 V 操作，以释放该信号量。每个进行读操
作的进程在进行读操作之前都需要对 RCount 进行加 1 操作，在结束读操作之后都要对
RCount 进行减 1 操作。

3.5.9　进程同步互斥问题实例

1. 数据处理(输入—计算—输出)

问题描述：有输入、计算、输出三类进程，输入进程负责从输入设备获取数据，并把
数据送入输入缓冲区中，计算进程负责从输入缓冲区中获取数据，对数据进行计算，然后
将计算结果送入输出缓冲区中，打印进程负责从输出缓冲区中获取数据打印输出。已知：
输入缓冲区是大小为 m 的有界队列，输出缓冲区是大小为 n 的有界堆栈，请用信号量机制
实现"输入—计算—输出"三类进程的同步与互斥。

问题分析：从问题描述中可以看出，这里的输入进程其实是生产输入数据的生产者。

打印进程是负责输出数据的消费者。相对于输入进程，计算进程是输入数据的消费者，在完成了计算任务之后，计算进程是相对于打印进程的输出数据生产者。因此这个问题可以看成是两个生产者消费者关系问题。对于输入—计算这一生产者与消费者关系而言，输入缓冲区是大小为 m 的有界队列，因此存在两个同步关系、两个互斥关系，同步关系存在于输入进程与计算进程之间，输入进程需要存放数据的缓冲区，用信号量 $empty_1$ 表示，初值为 m；计算进程需要用于计算的数，用信号量 $full_1$ 表示，初值为 0；互斥关系存在于输入进程之间以及计算进程之间，输入进程互斥地使用输入缓冲区的 in 指针，计算进程互斥地使用输入缓冲区的 out 指针，相应的信号量分别是 $mutex_{in} = 1$，$mutex_{out} = 1$。对于计算—输出这一生产者与消费者关系而言，输入缓冲区是大小为 n 的有界堆栈，因此存在两个同步关系、一个互斥关系，同步关系存在于计算进程与输出进程之间，计算进程需要存放数据的缓冲区，用信号量 $empty_2$ 表示，初值为 n；输出进程需要用于输出的数，用信号量 $full_2$ 表示，初值为 0；互斥关系存在于计算进程及输出进程之间，计算进程和输出进程互斥地使用输出缓冲区的 top 指针，相应的信号量是 $mutex_{top} = 1$。虽然这里有两个生产者消费者关系问题，但是因为计算进程既是生产者，又是消费者，因此只有三个进程。

输入—计算—输出问题描述如下：

输入进程：

LI: 从输入设备获取一个数据；
    $P(empty_1)$;
    $P(mutex_{in})$;
    Buffer[in] = item;
    in = (in+1) mod m;
    $V(mutex_{in})$;
    $V(full_1)$;
    Goto LI;

计算进程：

LC: $P(full_1)$;
    $P(mutex_{out})$;
    item = Buffer[out];
    out = (out+1) m;
    $V(mutex_{out})$;
    $V(empty_1)$;
    进行计算；
    $P(empty_2)$;
    $P(mutex_{top})$;
    Buffer[top] = item;
    top = top+1;
    $V(mutex_{top})$;

　　　　V(full₂);

　　　　Goto LC;

输出进程：

LO: P(full₂);

　　　　P(mutex_top);

　　　　item = Buffer[top];

　　　　top = top−1;

　　　　V(mutex_top);

　　　　输出数据；

　　　　Goto LO;

2. 矿泉水瓶生产问题

　　问题描述：某企业是生产矿泉水瓶的企业，其中有三个部门分别生产矿泉水瓶的瓶体、瓶盖和组装矿泉水瓶，我们暂且称之为瓶体生产、瓶盖生产、瓶子组装。由于一个矿泉水瓶的瓶体需要配一个瓶盖，因此瓶体的生产速度与瓶盖的生产速度要相当，假设给瓶体生产者预留的存放瓶体的空间(简称 A 区)能容纳 a 个瓶体，给瓶盖生产者预留的存放瓶盖的空间(简称 B 区)能容纳 b 个瓶盖，A 区只有一个口用于存取瓶体，B 区也只有一个口用于存取瓶盖，初始时，A 区和 B 区均为空，用信号量机制实现瓶体生产、瓶盖生产和瓶子组装三道工序工人之间的同步与互斥。

　　问题分析：瓶体生产和瓶盖生产都是生产者，瓶子组装是消费者，A 区可以认为是瓶体生产者与瓶子组装者共享的缓冲区，B 区可以认为是瓶盖生产者与瓶子组装者共享的缓冲区。同样这里存在两个生产者与消费者关系，瓶体生产者要在 A 区有空的时候才能向 A 区放瓶体，瓶盖生产者在 B 区有空的时候才能向 B 区放瓶盖。组装者要在 A 区有瓶体且 B 区有瓶盖的时候才能进行组装。因此需要设置 4 个同步信号量 empty_A = a，empty_B = b，full_A = 0，full_B = 0，因为 A 区和 B 区均只有一个存取口，因此需要设置两个互斥信号量 mutex_A = 1，mutex_B = 1。

　　矿泉水瓶生产进程描述如下：

瓶身生产：

LB：生产一个瓶身；

　　　　P(empty_A);

　　　　P(mutex_A);

　　　　放入 A 区；

　　　　V(mutex_A);

　　　　V(full_A);

　　　　Goto LB;

瓶盖生产：

LC：生产一个瓶盖；

　　　　P(empty_B);

```
        P(mutexB);
        放入 B 区;
        V(mutexB);
        V(fullB);
        Goto LC;
瓶子组装:
LA: P(fullA)
        P(mutexA);
        取一个瓶身;
        V(mutexA);
        V(emptyA);
        P(fullB)
        P(mutexB);
        取一个瓶盖;
        V(mutexB);
        V(emptyB);
        组装一个瓶子;
        Goto LA;
```

3. 吃水果

问题描述:有一个盛放水果的空盘子可以放芒果也可以放火龙果,无论是芒果还是火龙果,盘子里每次只能放一个水果,父亲专门负责往盘子里放水果,女儿专门吃盘子里的芒果,儿子专门吃盘子里的火龙果,初始时盘子中没有任何水果。请用信号量机制实现父亲、女儿、儿子三个进程的同步与互斥。

问题分析:在这个问题中父亲可以看成水果生产者,女儿和儿子是水果消费者,由于只有一个父亲、一个女儿和一个儿子,因此同类进程之间不存在互斥关系,盘子是父亲与子女之间共享的缓冲区,父亲要等盘子空的时候才能向盘子中放水果,女儿要等盘子中有芒果的时候才能取芒果,儿子要等盘子中有火龙果的时候才能取火龙果,因此需要设置三个同步信号量。Empty = 1(初始时盘子为空), mango = 0, dragonFruit = 0。

吃水果问题描述如下:

父亲进程

```
LF:  P(empty)
        取一个水果放入盘子中;
        If(水果是芒果)
          V(mango);
        else
          V(dragonFruit);
        Endif
        goto LF;
```

女儿进程

LD：P(mango)

取芒果；

V(empty);

吃芒果；

Goto LD;

儿子进程

LS：P(dragonFruit)

取火龙果；

V(empty);

吃火龙果；

Goto LS;

思考题 3.10： 儿子进程和女儿进程的吃水果动作放在 V(empty)前面是否可以？为什么？

3.6 线 程

本节导读： 前几节介绍了进程的基本概念，多个进程的并发执行，可以提高系统资源的利用率。在现代操作系统中，系统资源的利用率还可以进一步提高，为了进一步提高程序的并发执行程度和执行效率，减少程序并发执行时的时空开销，现代操作系统引入了线程的概念，本节介绍线程的概念、分类、实现，线程与进程的比较等内容。

3.6.1 线程概述

1. 线程的引入

进程提供了并发执行能力，使得每个程序看上去都拥有自己的 CPU 和资源，程序的并发执行可以提高资源的利用率和系统的吞吐量。但深入分析发现，进程的并发执行存在两个问题。

(1) 对于一个进程来说，在同一时刻，并发执行只能处理一个任务。

例如：一个进程有输入任务、计算任务和输出任务，在进程执行过程中如果输入阻塞，进程将挂起，即使该进程中的计算任务和输出任务与输入任务无关，该进程也无法继续进行下去。

(2) 进程在并发执行时需要较大的时空开销。

3.1 节介绍了进程的定义，从进程的定义可以看出进程的两个作用：第一，进程是一个可拥有资源的独立单位；第二，进程是一个可独立调度和分派的基本单位。由此可见，为使程序并发执行，系统需要进行进程切换，由于进程切换要保留当前进程的 CPU 环境和设置新选中进程的 CPU 环境，因而需要花费一定的处理机时间。而进程是拥有资源的独立单位，所以在系统中不能设置过多的并发进程、多个进程也不宜频繁切换，这限制了并发的程度，进而限制了资源的利用率和系统吞吐量。

线程的引入可以解决这个问题。将进程的两个作用分开，进程依然是资源分配的独立单位，但不是 CPU 调度和分派的基本单位，将线程作为调度和分派的基本单位。也就是说，不对拥有独立资源的进程进行频繁的切换，一个进程中设置多个线程，多个线程共享进程的资源，线程则可以"轻装上阵"。因此，引入了线程的概念。

2. 线程的定义

定义 3.6 线程(Thread)：线程是进程内一个相对独立的、可独立调度和分派的执行单元。

线程具有以下性质。

(1) 线程是进程内的一个相对独立的可执行单元。

(2) 线程是处理机调度的基本单位，一个标准的线程由线程 ID、当前指令指针(PC)、寄存器集合和堆栈组成，包含了调度所需要的信息。

(3) 一个进程中至少有一个线程，可以有多个线程。

(4) 线程并不拥有资源，只拥有在运行中必不可少的少量资源，因此又被称为轻量级进程(Light Weight Process，LWP)，线程可与同属一个进程的其他线程共享进程所拥有的全部资源，因此需要多线程之间的通信机制。

(5) 线程在必要时可以创建自己的线程，有自己的生命期和状态变化。

(6) 同一进程内的多个线程之间也可以并发执行。

(7) 进程切换需要保留大量的现场信息，系统开销大；线程切换只需要保存和设置少量的寄存器内容，因此开销小。

(8) 同一进程的线程共享进程的地址空间，因此多线程之间的同步与通信比较容易实现，甚至无需操作系统内核干预。

3. 多线程机制的优点

随着超大规模集成电路技术和计算机体系结构的发展，出现了对称多处理机(SMP)计算机系统。一个计算机上有多个处理器，各处理器 CPU 之间共享内存子系统以及总线结构，为提高计算机运行效率和系统吞吐量提供了硬件基础。除了硬件保障外，还需要性能好的多处理器操作系统，才能充分发挥多个处理器的并行处理能力，进而提高系统性能。但利用传统的进程概念和设计方法很难设计出适合于 SMP 结构的多处理器操作系统，因为进程"太重"，使得多处理器环境下的进程调度、分派和切换都需要付出较大的时空开销。在操作系统中引入线程概念后，以线程作为"轻"的调度和分派的基本单位，可以有效地改善多处理器系统的性能。目前，主要的操作系统生产厂商都对线程技术做了开发，使之适合于 SMP 计算机系统。

引入线程后实现多线程编程的优点主要有：

1) 响应度高

在本节开头的例子中，如果利用三个线程完成该进程，一个线程负责输入任务，一个线程负责计算任务，一个线程负责输出任务，当输入任务阻塞时，即使需要阻塞很长时间，但与其无关的计算和输出任务仍然可以进行，给出计算结果并输出，从而提高了对用户的响应程度。更典型的例子是多线程 WEB 浏览器，假设某页面用于登录，那么即使页面的图片没有下载完毕也可以输入用户名和密码，也就是下载图片是一个线程，与用户交互的输入用户名和密码的文本框由另外一个线程维护，提高了对用户的响应度。

2) 资源共享

进程是资源分配的基本单位，一个进程可创建多个线程，线程为调度和分派的基本单位，所以线程自然会共享其所属进程的内存和资源，也就是在同一个内存地址空间中有多个不同的活动线程。

3) 经济

创建进程需要昂贵的内存和资源，切换也需要付出昂贵的时间，但线程共享这些内存和资源，所以创建线程和切换线程都比较廉价。例如 Solaris 操作系统，创建进程要比创建线程慢 30 倍，切换要慢 5 倍。

4) 多处理器体系结构的利用

充分利用 SMP 计算机系统的多处理器结构的硬件优势，在软件上为多处理器操作系统提供支持。

4. 线程的状态

多个进程之间可并发执行，存在相互合作和资源共享问题，同样，在多个线程之间也可并发执行，也存在着共享资源和相互合作的制约关系，所以，多个线程在运行时也会走走停停，也会出现执行、就绪、阻塞、创建、终止五种不同的状态。

① 执行状态：线程正获得处理机而运行。

② 就绪状态：线程已具备了各种执行条件，一旦获得 CPU 便进入执行状态。

③ 阻塞状态：线程在执行中因某事件而受阻，处于暂停执行时的状态。

④ 创建状态：线程从不存在到存在的过程所处的状态。

在多线程 OS 环境下，应用程序在启动时，通常仅有一个线程在执行，该线程被称为"初始化线程"。它可根据需要再去创建若干个线程。在创建新线程时，需要利用一个线程创建函数(或系统调用)，并提供相应的参数，如指向线程主程序的入口指针、堆栈的大小以及用于调度的优先级等。在线程创建函数执行完后，将返回一个线程标识符供以后使用。

⑤ 终止状态：表示线程从存在到不存在的过程所处的状态。

终止线程的方式有两种：一种是在线程完成了自己的工作后自动退出；另一种是线程在运行中出现错误或由于某种原因而被其他线程强行终止。有的多线程操作系统在线程终止后就释放其拥有的资源，但大多数多线程操作系统在线程终止后都不立即释放资源，而是当其所属的进程的其他线程执行了分离函数后，被终止的线程才与资源分离，此时释放资源，释放的资源才能被其他线程使用。

需要说明的是，线程中不具有挂起状态。挂起是将资源调入外存，因为线程不管理资源，因此不具有挂起状态。

多线程的进程的状态，若一个线程阻塞时并不阻塞整个进程，该进程中的其他线程依然可以参与调度。

线程从创建到终止整个生命周期内的不同时刻会处于不同的状态，不同的原因会引起状态的改变，线程的状态及转换如图 3-29 所示。

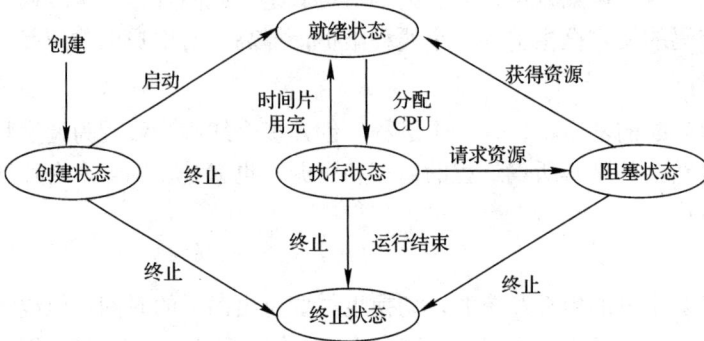

图 3-29　线程的状态及转换图

3.6.2　多线程的实现

　　了解线程的基本概念后，我们看一下如何实现多线程。线程的实现主要是如何管理线程，那么线程的管理由谁来负责呢？是由进程管理还是由操作系统管理呢？这就引出了两种实现方式：用户级线程和内核支持线程。很多系统中都实现了多线程，例如数据库管理系统中实现了用户级线程，一些操作系统中实现了内核支持线程，还有的系统中同时实现了这两种线程。

　　前面没有提及进程的实现，因为进程是多道编程，也就是在 CPU 上实现并发，而 CPU 是由系统管理的，所以进程的管理只能由操作系统来完成，而不存在用户级进程的问题。但线程不同，它是属于进程内的事物，所以可以由进程管理，也可以由系统管理。

　　线程的实现方式有用户级线程、内核支持线程和二者组合三种方式。

1. 内核支持线程

　　由于线程是调度和分派的基本单位，与管理进程类似，操作系统来维护线程的各种信息，这些信息保存在操作系统内核空间中。操作系统对线程的管理包括：线程的创建、撤销、调度、资源分配以及保证线程同步等。操作系统要维护进程表和线程表。内核支持线程的实现方式如图 3-30 所示。

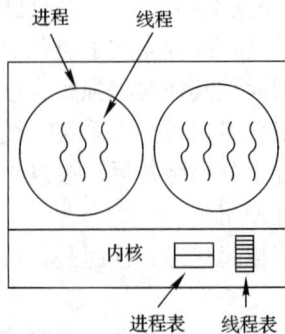

图 3-30　内核支持线程实现方式示意图

这种方式的实现相对简单，与对进程的管理类似。一种可能的实现方式是：在创建进程时分配一个任务数据区，其中包括若干线程控制块(TCB)空间，每个 TCB 中可保存线程标识符、优先级、运行时的 CPU 状态等信息，这些信息是存储在内核空间的。当进程创建一个线程时，便为新线程分配一个 TCB，并填写相关信息，分配资源，创建结束后进入就绪状态，如果获得 CPU 就进入执行状态。如果任务数据区的 TCB 用完，且所创建的线程数目没有超过系统的允许值，系统可以再分配新的空间给新建的线程。当线程进入终止状态时，为了减少创建和撤销进程的开销，并不释放线程的资源，而是在需要创建新线程时直接利用这些线程的资源和 TCB，填写新的信息即可。关于线程的调度方式和算法，与进程的调度算法几乎一致，也分为抢占式和非抢占式，调度算法也可以采用时间片轮转法、优先数算法等。

内核支持线程的优点如下：

(1) 用户编程简单，由系统完成复杂的线程管理，编程人员无需考虑线程管理等复杂的操作。

(2) 由于操作系统监控所有的线程，所以如果一个线程阻塞，操作系统可以调用另外的线程执行。

(3) 在多处理器系统中，操作系统能够同时调度一个进程中的多个线程同时运行，实现真正的并发。

(4) 内核支持线程具有很小的数据结构和堆栈，线程的切换快、开销小。

内核支持线程的缺点如下：

(1) 效率低。对于用户级线程而言，从用户线程切换到内核线程需要一定的时间开销。

(2) 占用系统内存。由于内核支持线程需要维护线程表等资源，需要占用一定的系统空间，而系统空间资源比用户空间资源昂贵，因此，随着线程的增加内核支持线程会消耗大量的系统空间。

苹果公司的 Macintosh 操作系统和 IBM 公司的 OS/2 操作系统实现的是内核支持线程。

2. 用户级线程

用户级线程仅存在于用户空间中。这种线程的创建、撤销、同步与通信等功能都无需用系统调用来实现，而是由用户自己完成，操作系统不知道这些线程的存在。用户线程的实现方式如图 3-31 所示。

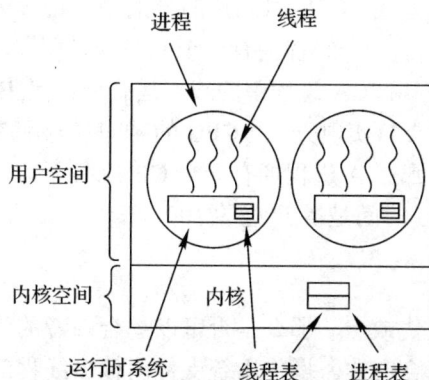

图 3-31　用户线程实现方式示意图

这种实现方式需要用户自己管理线程的创建、撤销、切换、调度以及资源等，主要在于调度的管理。不依靠操作系统，用户如何调度线程呢？这就需要用户自己编写一个调度器，一般称为运行时系统(Runtime System)，也就是说，在这种管理方式下，除了正常执行任务的线程外还需要一个专门负责线程调度的线程。由于操作系统不参与分配给进程的多个线程的 CPU 的管理了，那么 CPU 的控制权就不会被抢占，多个线程间必须合作，一个线程执行一段时间后必须把控制权让出来交给其他线程。

用户级线程的线程切换也是由运行时系统来管理的。当需要切换时，运行时系统将 CPU 的状态保存在该线程的堆栈中，然后按照一定的算法选择一个处于就绪状态的线程，将该线程的 CPU 状态装载到 CPU 的寄存器中，切换栈指针和程序计数器，运行该线程。这些操作无需经过操作系统，所以切换速度快。

通过前文的介绍我们知道线程不独立管理资源，也就是说资源还是由内核管理的，当用户级线程请求资源时，将请求传达给运行时系统，运行时系统通过相应的系统调用来完成对资源的请求。所以说，用户级线程由用户管理，但也需要系统的支持。

用户级线程的优点如下：

(1) 灵活。由于线程的管理对操作系统透明，所以在任何操作系统上都能实现这种用户级线程，无需内核支持线程的操作系统。

(2) 线程切换的开销小。由于线程的切换是在用户级完成的，无需切换到内核，而且由用户管理线程，线程表占用用户空间，节省了宝贵的内核资源。

(3) 调度算法的实现更加自由。可以单独为某一个进程根据特殊的需求编写特定的调度算法，而与操作系统的调度算法无关。

用户级线程的缺点如下：

(1) 如果一个线程被阻塞，那么该线程所属进程的其他所有的线程也被阻塞。

(2) 无法实现真正的并发处理。由于只分配给进程一个 CPU，同一个时刻只有一个线程在执行，其他的线程只能等待一个线程运行结束才有机会获得 CPU。

IBM 公司的数据库管理系统 Informix 实现的是用户级线程。

为了直观地说明这两种实现方式的区别，我们举例如下。假设系统中存在 A 和 B 两个进程，A 中包含一个线程，B 中包含 100 个线程，如果采用两种不同的实现方式，这两个进程分配 CPU 时间片相同吗？

如果是用户级线程实现方式，CPU 时间片的分配是以进程为单位进行的，假设以一个时间片为例，那么 A 进程中的一个线程拥有一个 CPU 时间片，而 B 进程中的 100 个线程也只拥有一个 CPU 时间片，所以 A 进程中的线程运行时间是 B 进程中的每个线程的运行时间的 100 倍；如果是内核支持实现方式，CPU 的时间片分配是以线程为单位进行的，假设还是以一个时间片为例，那么 A 进程拥有一个 CPU 时间片，而 B 进程拥有 100 个 CPU 时间片，所以 B 进程的 CPU 时间是 A 进程的 100 倍。

3. 组合方式

既然上述两种方式各有优缺点，那么是否可以综合二者的优点呢？有的系统就将上述两种方式组合起来，形成组合方式。操作系统支持内核多线程的建立、调度和管理，用户程序可以自己建立、调度和管理多线程。为克服缺点，将用户线程映射到内核线程上，并提供不同的映射模型；用户也可以根据应用需要和机器配置对内核支持线程数目进行调整。

这样，即使是用户级线程，同一个进程内的多个线程也可以同时在多个处理器上运行，达到真正的并发；一个线程阻塞时也不需要阻塞该进程中所有的其他线程。

　　将用户级线程和内核支持线程两种方式结合起来，也就是将用户线程映射到内核线程中，所以这种方式也称为内核控制线程。用户级线程如果不阻塞，则在用户级切换；用户级线程阻塞时，由操作系统负责阻塞线程的切换。操作系统提供一种称为轻量级进程(Light Weight Process，LWP)的线程来保证这种方式的实现。每个进程都可以拥有多个 LWP，同用户级线程一样，每个 LWP 都有自己的数据结构(如 TCB)，其中包括线程标识符、优先级、状态、栈和局部存储区等。它们也可以共享进程所拥有的资源。LWP 可通过系统调用来获得内核提供的服务，这样，当一个用户级线程运行时，只要将它连接到一个 LWP 上，它便具有了内核支持线程的所有属性。

　　由于用户级线程多，而内核线程少，为了节省系统开销，不可能为每个用户线程分配一个 LWP，而是建立 LWP 线程池，多个用户线程多路复用一个 LWP，这样每个用户线程就都可以通过 LWP 与内核通信，只有当前连接到 LWP 上的用户线程才能与内核通信，其他进程或者阻塞或者等待 LWP。每个 LWP 都要连接到一个内核线程上，这样，把用户线程和内核线程通过 LWP 联系起来，用户线程可以访问内核线程，但内核线程只知道 LWP 的存在而不知道用户线程的存在，将二者隔离起来，实现用户线程与内核无关。如 3-32 给出了轻量级进程作为用户级线程调用内核线程的中间层示例图。

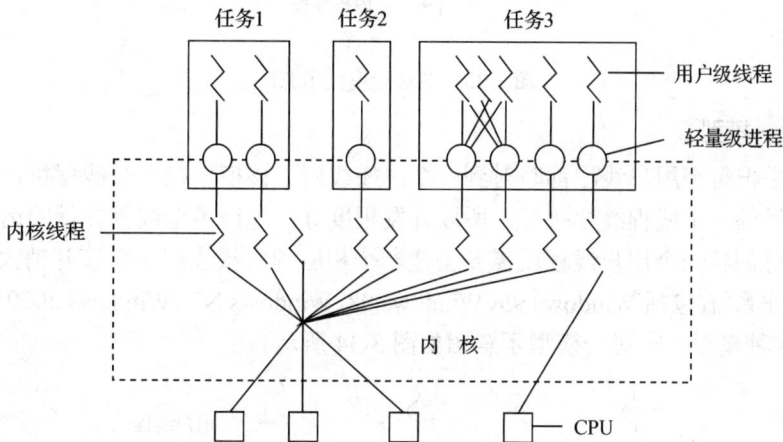

图 3-32　轻量级进程作为用户级线程调用内核线程的中间层示例图

　　需要说明的是，当内核线程阻塞时，与之相连的 LWP 也会阻塞，进而相应的用户线程也阻塞，如果进程中只有一个 LWP，则该进程也阻塞，但如果进程中包含多个 LWP，一个 LWP 阻塞，其他的还可以运行，也就是进程中的其他线程还可以运行，而且，即使进程中的全部 LWP 都阻塞，进程中不涉及阻塞的线程仍然可以运行，不访问内核，由用户来管理线程的切换。

　　原 Sun 公司现在 Oracle 公司的 Solaris 操作系统同时实现了两种方式。

3.6.3　多线程模型

　　组合方式的多线程实现方式需要把用户线程和内核线程关联起来，有三种关联模型：

多对一模型、一对一模型和多对多模型。

1. 多对一模型

该模型是将多个用户线程映射到一个内核线程。这种模型的线程管理在用户空间上进行，所以效率较高，但如果一个线程执行了阻塞系统调用，整个进程会阻塞。而且多个线程在同一个时刻只能有一个线程访问内核，多个线程无法实现真正的并发在多个处理器上。多对一模型示意图如图 3-33 所示。

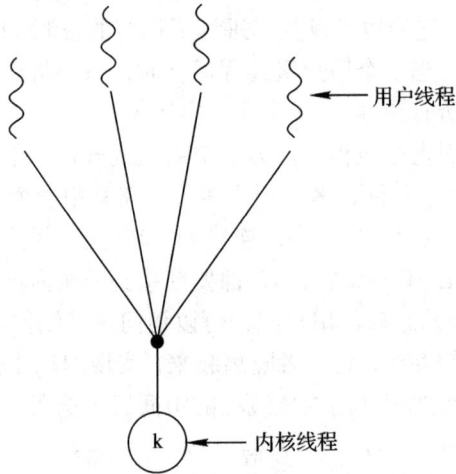

图 3-33   多对一模型示意图

2. 一对一模型

该模型是把每个用户线程都映射到一个内核线程。该模型在一个线程执行阻塞系统调用时，运行另外一个线程继续执行，所以并发程度好：允许多个线程并行的运行在多个处理器上。但每创建一个用户线程就需要创建一个相应的内核线程，系统开销大。Linux 和 Windows 操作系统(包括 Windows 95、Windows 98、Windows NT、Windows 2000 和 Windows XP)实现了这种模型。一对一模型示意图如图 3-34 所示。

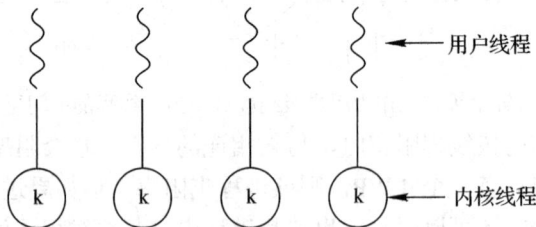

图 3-34   一对一模型示意图

3. 多对多模型

该模型是将多个用户线程映射到同样或更少个数的内核线程。这种模型克服了以上两种模型的缺点：开发人员可以创建任意多的用户线程，并且相应内核线程能在多处理器上并发执行，而且一个线程执行阻塞系统调用时，内核能调度另一个线程来执行。多对多模型示意图如图 3-35 所示。

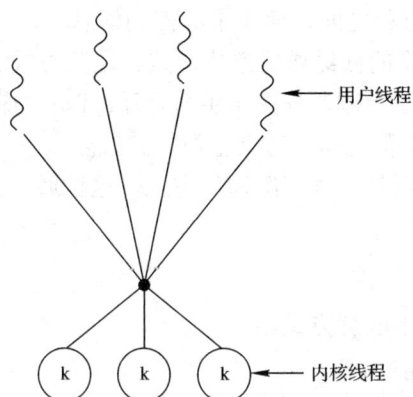

图 3-35　多对多模型示意图

3.7　进 程 通 信

本节导读：进程之间需要相互传递信息，进程之间有哪些传递信息的方式，每一种信息传递方式是如何实现的，本节将回答上述问题。

3.7.1　进程通信的基本概念

在人类社会中，每个人都是一个独立的个体在社会上生存，承担一份社会责任，为社会作出自己的贡献。在计算机世界中，每个进程承担着各自的任务，体现着自身的价值。正如社会上的每个人都不是孤立的，需要彼此合作、彼此沟通和交流一样，系统中的进程也不是孤立的，需要彼此沟通和交流，进程间的沟通和交流就是进程通信。

1. 进程通信的引入

进程之间为什么需要通信呢？首先需要想一下人为什么要通信，因为计算机的发明是为了帮助人类解决问题，进程可以看做是在计算机中代替人完成任务的角色，所以人解决问题时的需求在进程身上也会充分体现出来。两个人如果各自独立地做着自己的事情，既没有竞争，也没有合作，这两个人之间是可以不用交流的。但是，事实上，社会资源有限，人与人之间对资源的共享必然引起竞争，要使社会和谐，就必须提供一种有效的手段保证对竞争资源的有序使用，这种手段需要人与人之间的沟通交流达成共识。同时，有一些任务是复杂而又繁重的，一个人的力量无法完成，这时候，需要大家合作完成，合作的时候，合作者之间需要彼此传递大量信息，就更加需要人与人之间的沟通和交流才能使得合作顺利。在进程的世界中，同样存在进程的竞争和合作，因此，需要科学的进程通信手段使得进程之间的沟通更加顺畅，从而使系统顺畅地运行。如果没有有效的通信手段，进程所能完成的任务就会大打折扣。

2. 分类

进程之间通信就是在进程之间传送数据，根据进程之间传送数据的类型和数量可以将进程通信分为两种类型。

(1) 低级通信方式：在进程之间传递少量的控制信息。

P、V 操作就是一种典型的低级通信方式，这种通信方式通过修改信号量的值在进程之间传递控制信息，主要用于控制进程的同步与互斥。P、V 操作又被称为低级通信原语。

(2) 高级通信方式：在进程之间传送大量数据。

主从服务器之间传输数据是一种高级通信方式，这种通信方式需要在进程之间传送大量数据。

3. 方式

进程间通信主要采用以下四种方式。

1) 主从式(Master-Servant)通信

主进程和从进程之间的通信方式，该方式具有以下特点：

① 主进程可自由使用从进程的资源和数据；

② 从进程的动作受主进程的控制；

③ 主进程和从进程的关系是固定的。

主从式通信的典型实例是终端控制进程和终端进程。终端控制进程是主进程，终端进程是从进程，终端控制进程可以使用终端进程的资源和数据，终端进程的动作受终端控制进程的控制，终端控制进程和终端进程的关系是固定的。

2) 会话式(Dialogue)通信

进程之间以会话的方式通信，参与通信进程双方分别称为使用进程和服务进程，使用进程调用服务进程提供的服务。该方式具有以下特点：

① 使用进程在使用服务进程所提供的服务之前必须得到服务进程的许可；

② 服务进程根据使用进程的要求提供服务，但对所提供服务的控制由服务进程自身完成；

③ 使用进程和服务进程在进行通信时有固定连接关系。

会话式通信的典型实例是用户进程与磁盘管理进程之间的通信。用户进程是使用进程，磁盘管理进程是服务进程，用户进程使用磁盘管理进程所提供的管理磁盘的服务。用户进程使用磁盘管理功能之前必须得到磁盘管理进程的许可，磁盘管理进程根据用户的要求为用户管理磁盘，但是具体的管理操作由磁盘管理进程完成，用户进程和磁盘管理进程之间的服务与使用关系是固定的。

3) 消息队列或邮箱(Message Queue or Mailbox)通信

进程之间通过以消息队列或者邮箱作为通信载体。无论接收进程是否已准备好接收消息，发送进程都将把所要发送的消息送入缓冲区或邮箱。消息的结构示意图如图 3-36 所示。

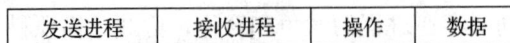

发送进程	接收进程	操作	数据

图 3-36　消息结构示意图

消息队列或邮箱通信具有以下特点：

① 只要存在空缓冲区或邮箱，发送进程就可以发送消息。

② 发送进程和接收进程之间无直接连接关系，接收进程可能在收到某个发送进程发来的消息之后，又转去接收另一个发送进程发来的消息。

③ 发送进程和接收进程之间存在缓冲区或邮箱，缓冲区或邮箱的示意图如图 3-37 所示。

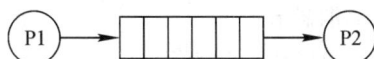

图 3-37　消息缓冲区或邮箱示意图

4) 共享存储区(Shared Memory)通信

共享存储区通信不要求数据移动。相互通信的进程共享某些数据结构或共享存储区，进程之间通过这些空间进行通信，包括以下两种类型。

① 基于共享数据结构的通信方式。要求进行通信的各个进程共用某些数据结构以实现进程间的数据交换，例如：生产者—消费者问题的缓冲区。

② 基于共享存储区的通信方式。在存储器中划出一块共享存储区，进程可通过对共享存储区中数据的读或写来实现通信。

3.7.2　消息传递通信方式

消息缓冲通信机制是 Hansen 在 1973 年首次提出的通信方式。该方式的核心思想是发送进程和接收进程通过消息缓冲机制进行数据传送。发送进程在自己的内存空间设置发送区，把消息填入其中，然后用发送过程发送消息。接收进程在接收消息之前先在自己的内存空间中设置接收区，然后接收消息。

消息缓冲区为公用缓冲区，因此发送者和接收者之间需要实现对消息缓冲区的互斥使用。发送进程把消息写入缓冲区和把消息挂入消息队列时，应禁止其他进程对该缓冲区消息队列的访问；接收进程正从消息队列接收消息时，应禁止其他进程对该队列的访问。当缓冲区中没有消息时，接收进程不能接收任何消息。

为了实现消息传递通信机制，设置公用信号量 mutex 控制对缓冲区的互斥访问，因为初始时至少允许一个进程使用缓冲区，因此 mutex 的初始值设置为 1。设置私用信号量 S 保证缓冲区队列中有消息时接收进程才可以接收消息，S 的初值表示初始时可以接受的消息数，初始时，没有可以接受的消息，因此 S 的初始值设置为 0。

用 send 和 receive 两个原语实现进程通信，send 原语用于发送消息，receive 原语用于接收消息。send 的格式为 send(Message m)，表示将消息 m 发送到消息缓冲区中；receive 的格式为 receive(Message n)，表示从消息缓冲区中接收消息，并把接收的消息 n 读入接收进程的数据区。send 和 receive 原语描述如下：

send (m)
向系统申请一个消息缓冲区
P(mutex)
将发送区消息 m 送入新申请的消息缓冲区
把消息缓冲区插入到接收进程的消息队列中
V(mutex)
V(S)
receive(n)

　　　　P(S)

　　　　P(mutex)

　　　　从消息队列中取出一个消息 n

　　　　把消息拷贝到指定的接收区中

　　　　归还消息缓冲区给系统

　　　　V(mutex)

3.7.3　无名管道通信方式

　　管道通信是 UNIX 操作系统采用的通信方式。管道就是为读进程和写进程提供的一个可以用于通信的共享文件。管道有两种类型：无名管道和有名管道。有名管道是一个在文件系统中长期存在的、具有文件名的文件，在 UNIX 系统中，该文件由系统调用 mknod 创建。无名管道为建立管道的进程及其子孙提供一条比特流方式传送消息的通信管道，逻辑上是管道文件，物理上由高速缓存构成，很少启动外设。在 UNIX 系统中，一般用系统调用 pipe()创建无名管道，用该系统调用返回的文件描述符标识该无名管道，因此只有调用 pipe()的进程及其后代进程才能识别该文件描述符，进而利用该管道进行通信。下面详细介绍无名管道相关的系统调用及用无名管道通信的实例。

　　接收进程利用系统调用 read(fd[0], buf, size)从管道出口 fd[0]读出 size 字符的消息送入 buf 中，UNIX 用系统调用 pipe 建立管道。

　　(1) pipe：用于建立管道的系统调用，以描述管道写入端和读出端的数组为参数，该数组是一个大小为 2 的整型数组。

　　管道的定义格式如下：

　　　　int　wr[2];

　　　　pipe(wr)

　　其中 int　wr[2]用于定义管道的写入端和读出端，wr[0]是管道读出端，wr[1]是管道写入端。

　　pipe(wr)用于建立以 wr[0]为管道读出端，wr[1]为管道写入端的管道 wr。

　　(2) write：用于向管道写入消息的系统调用。格式如下：

　　　　write(wr[1], b, s)

　　发送进程利用系统调用 write(wr[1], b, s)把 b 中长度为 s 个字符的消息送入管道入口 wr[1]。

　　(3) read：用于从管道读出消息的系统调用。格式如下：

　　　　read(wr[0], b, s)

　　接收进程利用系统调用 read(wr[0],b,s)从管道出口 wr[0]读出长度为 s 个字符的消息，并将消息送入字符串 b 中。如果读取失败，则返回-1。

　　(4) lockf：对写入端进行加锁。在多个进程同时写入管道时，为了避免写入冲突，需要对写入端进行加锁处理。格式如下：

　　lockf(wr[0], 1, 0)，表示对管道的写入端进行加锁处理。

　　lockf(wr[0], 0, 0)，表示对管道的写入端进行解锁处理。

例：用 C 语言写一个程序，建立一个无名管道 wr，父进程创建一个子进程，子进程向管道写入一个字符串，父进程读出该字符串，并输出。

```c
#include<stdio.h>
main(){
        int wr[2];
        char b[50], s[50];
        pipe(wr);
        if(fork() == 0) {
                printf(b , "Hello, world!\n");
                write(wr[1], b, 50);
                exit(0);
        }
        else{
                wait(0);
                read(wr[0], s, 50);
                printf("%s", s);
        }
}
```

3.8 本 章 小 结

本章介绍了进程的基本概念和进程管理的基本方法。主要介绍了进程的定义，进程的状态及转换，进程的描述与组织，进程控制的概念以及进程的创建、撤销、阻塞、唤醒四种进程控制原语的实现思想，详细介绍了并发进程之间的基本关系，锁机制和信号量机制两种控制进程同步与互斥的基本方法，阐述了线程的基本概念、进程通信的基本概念和常用通信方式。通过本章的学习，读者对操作系统的进程管理思想和方法有一个全面、系统的了解。

3.9 习 题

1. 基本知识

(1) 什么是进程？举一个生活中的实例说明什么是进程？再用一个计算机中的例子说明什么是进程？

(2) 进程有哪些特征？

(3) 阐述作业和进程的区别？

(4) 进程有哪些基本状态？用矩阵给出进程的状态转换关系。

(5) 处于阻塞状态的进程被唤醒之后能不能进入就绪队列？为什么？

(6) 分析两个进程互斥解决方案哪部分是申请区、哪部分是临界区、哪部分是释放区。

(7) 叙述进程通信有哪几种类型？

(8) 叙述进程通信的基本方式有哪些，每种方式都有什么特点？

(9) 叙述多线程有哪几种模型？

2. 知识应用

(1) 给出两个进程互斥问题解决方案的 Java 程序。

(2) 3.5.7 节的前趋图问题是否有别的解决方案？请给出其他解决方案。

(3) 在 3.5.8 节的生产者与消费者关系问题中如果缓冲区为无界堆栈，那如何实现生产者与消费者的同步与互斥？请给出方案并阐述理由。

(4) 在一个停车场中有 100 个停车位，进入停车场需要登记，离开停车场需要注销，有若干车辆希望到该停车场停车，请用信号量机制实现车辆的停车进程。

(5) 用 C 语言写一个程序，建立一个无名管道，父进程创建两个子进程，两个子进程分别向管道写入字符串，父进程读出子进程写入的字符串，并输出。

3. 开放题

(1) 对图 3-9 进程的状态转换图进行分析，总结哪些进程状态转换是不可能发生的？在每个人进行总结之后，同学两人一组给对方出三道关于进程状态转换的判断题。

(2) 用 C 语言定义一个表示进程 PCB 的数据结构，要求能够存放 100 个进程。PCB 的内容可以在本书所讲的进程 PCB 结构的基础上进行设计，并阐述设计理由。

(3) 列举两个以上你所知道的临界资源。

第 4 章　处理机调度与死锁

◇ **本章导读**

CPU 是计算机系统中最重要的资源,在多道程序环境下,操作系统需要考虑采取有效的 CPU 调度方法,以提高 CPU 的利用率和作业的吞吐量,在调度的过程中,可能会发生死锁,操作系统需要对死锁进行有效的处理,本章讨论操作系统的处理机调度与死锁,主要回答以下问题:

(1) 处理机调度的层次结构是什么样的?作业是如何调度的?进程是如何调度的?它们之间有什么区别和联系?

(2) 除了作业调度和进程调度之外,处理机调度还包括哪些内容?

(3) 作业调度有哪些算法?进程调度有哪些算法?

(4) 如果处理机调度不当是否会出现死锁?

(5) 死锁产生的原因是什么?死锁产生的必要条件是什么?

(6) 死锁如何预防?如何避免?如何检测?如何恢复?

4.1　处理机调度的层次

本节导读:本节介绍处理机调度的内容和层次、处理机调度中各个调度之间的关系以及进程调度与作业调度之间的联系和区别。

▢ **实例 4.1**

每位学生都是经历了千辛万苦才成为一名大学生,而要成为一名合格的大学毕业生,需要完成学校规定的大学学习过程。在这个过程中,需要经过各个环节。首先,省招生办公室根据学生的学校志愿将学生的档案分配到合适的学校,然后学校招生办公室根据学生的专业志愿将学生分配到合适的专业,学院将学生分配到合适的班级和宿舍,至此,你由一名高中生成为一名大学生,开始了大学的求学生涯。在大学学习过程中,根据各个专业及教务部门的安排,多次经历上课、考试、放假等任务,学习过程中,可能需要根据教师、学生和教室的动态变换情况进行调课。圆满完成学习任务之后,学生毕业,成为一名合格的大学毕业生。在这个过程中,存在着各种调度,投档、录取等工作是一次性调度,比较宏观;排课是多次反复出现的调度,比较微观。在计算机系统中也存在类似的调度。

第 2 章介绍了作业的状态,图 2-10 给出了批处理作业的控制流程图,从图 2-10 中可以看出,作业包括后备、运行、完成三个基本状态,作业由后备到运行、由运行到完成是需要按照一定的原则和方法进行调度的。其中作业的运行状态对应的是进程,进程又有就绪、运行和阻塞三种不同的状态,进程在整个生命周期中不断地在这三种状态之间切换,这种切换也是需要按照一定的原则和方法进行调度的。如何有效地进行作业以及进程的调度以提高 CPU 的利用率以及作业的吞吐量属于处理机调度要解决的问题。

1. 处理机调度的层次

现代操作系统中，处理机调度主要有四个层次，如图 4-1 所示。

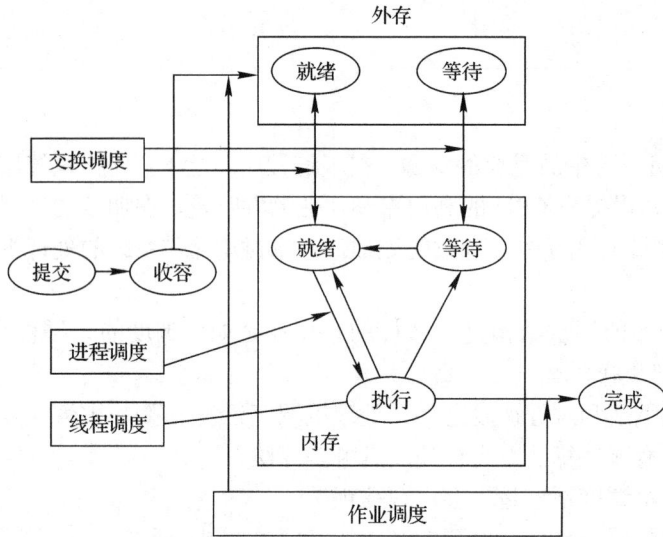

图 4-1　处理机调度的层次结构示意图

1) 作业调度

作业调度是最低层次、最高级别的处理机调度，整个处理机调度是以作业调度为基础的，没有作业调度，就没有其他调度。作业调度的主要任务是对大量的后备作业以一定的原则进行挑选，给选中的作业分配内存、I/O 设备等必要的资源，为他们建立相应的进程，这时该作业所对应的进程具有使用 CPU 的权力，但是不能使用 CPU。作业完成时负责收回作业所占用的资源。由于作业调度的级别较高，处理的问题较宏观，因此作业调度又称高级调度或宏观调度。

2) 进程调度

作业调度只负责将作业调入内存，并创建作业所对应的进程，从图 3-9 的进程状态转换图可以看出，进程创建之后进入了进程的初始状态，初始状态的进程准许之后进入就绪状态。也就是说，经过作业调度之后只能让作业进入内存，并不能让作业对应的进程使用 CPU，如果想让进程使用 CPU 需要由进程调度来完成。进程调度的任务是按照某种原则将 CPU 分配给某一就绪进程，即确定哪个进程在什么时候获得处理机，使用多长时间。由于进程调度级别较低，处理的问题较微观，因此又称低级调度或微观调度。

3) 交换调度

作业调入内存之后，就建立了对应的进程，进程需要在内存中运行。然而，内存空间有限，为了提高内存空间的利用率，有时需要将内存中处于就绪或等待状态的进程暂时交换到外存中，在合适的时间将这些交换出去的进程交换回内存，这就是交换调度。交换调度的主要任务是按照给定的原则和策略，把内存中的就绪进程或等待进程交换到外存中，或者将处于外存交换区中的就绪进程或等待进程调入内存，因为交换调度是在高级的作业和低级的进程之间进行切换，所以又称为中级调度。第 5 章的内存扩充技术会介绍交换技术，就是通过交换调度实现的。

4) 线程调度

现代操作系统中，在进程的概念之上引入了线程的概念，线程是轻量级进程。线程是进程内的一个概念，一个运行中的进程有时包含多个线程，在这种情况下，需要进行线程调度，线程调度是针对处于运行状态的进程进行的。

从图 4-1 以及上面的阐述可以看出，由作业调度完成作业的后备到作业的运行状态，这个状态变化是单向的、一次性的；作业运行完成后，由运行状态到完成状态也是单向的、一次性的。因此作业调度使用的频率较低，每个作业在整个生命周期中只做两次作业调度。进程在整个生命周期中，会多次在就绪、运行、阻塞三种状态之间切换，每次由就绪状态进入运行状态，都需要进行一次进程调度，因此进程调度的使用频率比作业调度高。交换调度的目的是进行内存扩充，进程在整个生命周期中，有可能从来没有被换出内存，也可能多次被换出内存，一般来说，其被换出内存的次数会少于进程调度的次数，因此使用频率大于作业调度，小于进程调度。如果一个进程对应多个线程，那么每个进程调度就对应多次线程调度，因此线程调度的使用频率大于进程调度。由此可以看出，处理机调度的层次级别越高、越宏观，调度程序的使用频率越低；调度的层次级别越低、越微观，调度程序的使用频率越高。

❓ **思考题 4.1**：处理机调度算法的设计目标与调度程序的使用频率之间有什么关系？为什么？

2. 作业调度和进程调度的关系

从前面的阐述可以看出，作业调度和进程调度是处理机调度中两个非常重要的层次，二者之间既有区别，又有密切的联系。

(1) 二者联系。从图 4-1 中可以看出，作业调度创建进程调度所需要的进程。没有作业调度，就没有进程，自然就不会有进程调度，因此作业调度是进程调度的基础。进程调度是作业调度的延续，没有进程调度，作业所对应的程序不能使用处理机，也就没办法完成相应的处理任务。二者的有机结合才可以保证作业所对应的任务能够顺利完成。

(2) 二者区别。作业调度和进程调度之间又存在很大的区别，主要区别有两点。

① 调度对象不同。作业调度的调度对象是作业。作业调度负责将后备作业变成运行状态，因此其调度的对象是后备作业。

② 完成任务不同。进程调度的调度对象是进程。进程调度负责将就绪进程变成运行状态的进程，因此其调度的对象是就绪进程。

4.2　作业调度

本节导读：本节介绍作业调度的任务和功能，分析作业调度的目标，阐述作业调度算法性能衡量标准，分析常见的作业调度算法。

4.2.1　作业调度的任务和功能

在多道程序系统环境下，有效的作业调度对提高操作系统的效率、为用户提供良好的用户体验至关重要，作业调度主要有以下任务和功能。

1. 作业选择

□ 实例 4.2

每年高考录取时，在几十万考生中，到底让哪个考生去哪个学校不是随便决策的，需要有一定的录取原则，有的是按照分数优先原则，有的是志愿优先原则。不管是哪个原则，要能够真正按照某个原则完成高考录取工作，首先需要学生填一张关于个人信息的表(高考志愿)，除此之外，还需要有高考成绩，在此基础上才能按照约定的原则进行录取。

作业调度也一样，在多道程序系统中，同时有多道作业处于后备状态，如何对众多作业进行选择，是作业调度首先要完成的任务。如果想按照一定的原则进行作业选择，首先作业调度系统需要记录作业的基本信息、确定作业的选择原则、从后备作业队列中进行作业选择。关于作业的选择原则在作业调度算法部分会详细介绍，这里介绍作业信息的记录。要想记录作业的基本信息，需要有一个数据结构，在作业调度中，用 2.4.2 节介绍过的 JCB 记录作业的基本信息，其中包含了作业的标识、状态、资源需求、申请时间、到达时间等基本信息，这些信息作为作业选择的依据。

2. 运行准备

完成了作业选择之后，作业调度程序就开始做作业运行前的准备工作，主要是建立作业所对应的进程，并为所建立的进程分配内存、外存、外设等必要的资源。需要说明的是，这些资源中不包括 CPU。

3. 善后处理

当作业运行结束后，作业所占用的内存、外存、外设、JCB 等资源将归还给系统，同时需要输出作业的运行结果。

4.2.2　作业调度的目标和性能衡量标准

4.2.1 小节中说明了作业选择时需要确定选择原则，所谓的选择原则就是作业调度算法。高考录取时分数优先原则和志愿优先原则有明显的差别，不同的原则目标和性能不同，要想评价各个原则的优劣，首先需要确定评价目标和衡量标准，本节介绍作业调度的目标和作业调度算法的性能衡量标准。

□ 实例 4.3

每天中午宿舍的开水房开放，为学生们提供打开水服务，同学们都想能够打开水，但是水龙头数量有限、水房容量有限、开水量有限，因此开水房管理人员的管理目标就是建立一种机制有效地为同学们服务，要让同学们都满意，同时还要提高水房、水龙头、开水等资源的利用率。要想让同学们满意，就要使同学们在尽可能短的时间内打到足够的水，要想提高资源的利用率，就要在尽可能短的时间内让尽可能多的同学打到足够的水，同时还要安装尽可能少的水龙头。显然这几个目标之间是冲突的，如何平衡这些目标则是管理员需要科学规划的问题，这就是打水调度的目标。

1. 作业调度的目标

作业调度的任务是根据计算机系统中资源情况以及用户作业的请求情况进行除 CPU 以外的资源分配，将众多想使用计算机系统资源的作业调入内存使其具备运行条件。一方面，作业调度受有限的系统资源限制；另一方面，作业调度又需要让用户满意，因此作业调度既要考虑资源，又要考虑用户。总的来说，作业调度有以下目标。

(1) 尽可能提高系统资源的利用率。也就是说，应该尽可能提高 CPU、外设等资源的有效工作时间，减少空闲时间；尽可能提高内存的利用率，降低内存的空置率。

(2) 尽可能提高系统的公平性。也就是说，应该提供一种有效的机制让所有请求的作业都觉得合理地使用各种资源的时间。

(3) 尽可能提高系统的响应率。也就是说，单位时间内执行尽可能多的作业，提高系统的吞吐量。

(4) 尽可能提高系统的响应速度。也就是说，让作业在有限的等待时间内得到响应。

上面的目标是理想情况下的期望，然而，有些目标之间是彼此矛盾的，不可能每一个目标都满足。例如：要想提高系统资源的利用率，就需要均衡地在系统中装入几道大作业，使得各种资源都在使用中；要想提高系统的响应率，就需要在系统中装入很多小作业；要想提高响应速度，就需要在系统中装入少量小作业。因此，需要在进行作业调度的时候根据实际系统的需要，综合考虑各个目标进行作业调度算法的设计。

2. 作业调度算法的性能衡量标准

为了能够科学、客观地评价作业调度算法的性能，在综合分析作业调度目标之后，学者们给出了作业调度的衡量标准。常用的作业调度算法性能衡量标准有两个：作业的周转时间和作业的带权周转时间。

1) 作业的周转时间

作业的周转时间是作业提交给系统到作业运行完成所需要的时间，这个时间由两部分构成，即作业的实际运行时间和作业的等待时间。作业的周转时间定义如式(4-1)和式(4-2)所示：

$$T_i = T_{fi} - T_{ai} \tag{4-1}$$
$$T_i = T_{wi} + T_{ri} \tag{4-2}$$

其中，T_i 表示作业 i 的周转时间，T_{fi} 和 T_{ai} 分别表示作业 i 的完成时间和作业的到达时间，T_{wi} 和 T_{ri} 分别表示作业 i 的等待时间和作业的运行时间。

系统中有很多道作业，只看一道作业的周转时间不能客观评价作业调度算法的性能，因此，一般用多道作业的平均周转时间进行作业调度算法的性能评价，作业的平均周转时间就是多道作业周转时间的算术平均值，其定义如式(4-3)所示：

$$T = \frac{1}{n} \sum_{i=1}^{n} T_i \tag{4-3}$$

2) 作业的带权周转时间

作业的周转时间包括运行时间和等待时间，其中任何一个时间的增加都会导致周转时间的增加，要想客观判断周转时间到底是由哪一部分时间贡献的，需要综合考虑周转时间和运行时间，因此学者们给出了如式(4-4)所示的作业带权周转时间的定义。

$$W_i = \frac{T_i}{T_{ri}} = \frac{T_{wi} + T_{ri}}{T_{ri}} = 1 + \frac{T_{wi}}{T_{ri}} \tag{4-4}$$

其中，W_i 是作业 i 的带权周转时间，T_i、T_{wi} 和 T_{ri} 分别表示作业 i 的周转时间、等待时间和作业的运行时间。

同样，只看一道作业的带权周转时间不能客观评价作业调度算法的性能，一般用系统的带权平均作业周转时间评价作业调度算法的性能，作业的带权平均周转时间定义如式(4-5)所示：

$$W = \frac{1}{n} \sum_{i=1}^{n} W_i \tag{4-5}$$

思考题 4.2：周转时间短的作业，其带权周转时间一定短，这句话对不对？为什么？以此为例分析周转时间和带权周转时间分别侧重考虑哪些因素。

4.2.3　作业调度算法

4.2.1 节已经说明作业调度程序需要按照一定的原则选择后备作业，都有哪些原则呢？所谓的作业选择原则就是作业调度算法。常见的作业调度算法有三种：先到先服务、短作业优先和高响应比优先。

思考题 4.3：食堂吃饭或者去银行办理业务一般采用什么方法排队？

1. 先到先服务(First Come，First Serve，FCFS)

先到先服务是一种最常见的作业调度算法，这种算法的基本思想来源于日常生活，是在日常生活中最常见的调度算法。通过思考题 4.3 大家应该已经注意到，在日常生活中，买饭、打水、买票、去银行办理业务，大多数排队原则都是按照到达的先后顺序，先到的先接受服务，后到的后接受服务。

先到先服务作业调度算法就是按照作业到达后备作业队列中时间的先后顺序进行调度，优先调度最先到达后备作业队列中的作业。按照 4.2.2 节中的定义可以知道，这种调度算法是根据作业等待时间由长到短对后备作业进行排队的。

例 4-1　一组作业按照表 4-1 的顺序提交的系统中，其要求运行时间如表 4-1 所示，如果内存中同时只能运行一道作业，按照一次一道作业的方式进行作业调度，上一道作业运行完毕才能调度下一道作业，采用先到先服务算法进行作业调度，计算调度顺序、作业的平均周转时间和带权平均周转时间。

表 4-1　作业调度顺序及要求运行时间表

作业序号	到达时间	要求运行时间/min
1	8:00	25
2	8:20	10
3	8:20	20
4	8:30	20
5	8:35	15

对题目进行分析发现，作业的到达顺序为作业 1、作业 2、作业 3、作业 4、作业 5，其中作业 2 和作业 3 的到达时间相同，调度哪一道作业都合理，但是从系统性能总体上看，如果两道作业的到达时间相同，先调度要求运行时间长的作业，则另一道同时到达的作业的等待时间会比较长，系统总体的平均周转时间会比较长。所以，从降低系统平均周转时间的角度考虑，应该优先调度要求运行时间短的作业。在此题中，作业的调度顺序就是 1、2、3、4、5。按照这个顺序进行调度，各道作业的开始时间、结束时间、周转时间、带权周转时间如表 4-2 所示。

表 4-2　先到先服务算法作业调度过程实例表

作业序号	到达时间	要求运行时间 /min	开始运行时间	结束时间	周转时间 /min	带权周转时间
1	8:00	25	8:00	8:25	25	1
2	8:20	10	8:25	8:35	15	1.5
3	8:20	20	8:35	8:55	35	1.75
4	8:30	20	8:55	9:15	45	2.25
5	8:35	15	9:15	9:30	55	11/3

从表 4-2 中可以看出，两道作业之间的延迟时间忽略，因此上一道作业的结束时间和下一道作业的开始时间是相同的。表 4-2 中的周转时间是用式(4-1)计算的，是表中的结束时间与到达时间的差，带权周转时间是用式(4-4)计算的，是表中周转时间与要求运行时间的比值。表中只列出了每道作业的周转时间和带权周转时间，评价算法性能需要计算平均周转时间和带权平均周转时间，分别用式(4-3)和式(4-5)计算，结果分别如下：

$$T_{FCFS} = \frac{25 + 15 + 35 + 45 + 55}{5} = 35$$

$$W_{FCFS} = \frac{1 + 1.5 + 1.75 + 2.25 + 11/3}{5} = 2.04$$

由于按照作业到达的先后顺序组织作业，因此先到先服务算法非常容易实现，只要用队列组织后备作业即可实现先到先服务。表面上看，先到先服务算法是最公平的算法，如果想先运行，就早提交作业。

2. 短作业优先(Shortest Job First，SJF)

事实上，从系统效率的角度看，先到先服务是否是一个公平的算法呢？我们设想一个情况，在只有一个水龙头的热水房，按照先到先服务的算法排队打水，有一位学生因为要用热水洗衣服，他拿了一个大水桶(接满水大约需要 30 分钟)早早来到热水房打水，他排在了前面，后来的同学(比他晚到的时间从 1 分钟到 5 分钟不等)都拿一个水杯(接满水大约需要 1 分钟)，如果按照先到先服务算法，这位同学接水时间(30 分钟)是后来的每位同学的等待时间，大大增加了整个系统的等待时间。因此，在有些情况下，先到先服务的这种公平性会降低系统的响应率和大多数用户的响应时间。为了提高系统的响应率、降低响应时间，学者们提出了短作业优先调度算法。

研究人员在对大量的作业进行综合分析后发现，系统中大多数作业是短作业，如果让少数先到达的长作业优先运行，就会降低系统的性能，为了提高系统的性能，可以优先调度已经到达后备作业队列中的、要求运行时间较短的作业。先到先服务是以作业的等待时间为调度依据，而短作业优先调度算法则是以作业的要求运行时间为调度依据。后备作业按照要求运行时间由短到长排队，如果两道作业的要求运行时间相同，则先到达的作业排在前面。

例 4-2　表 4-1 所示的作业请求序列，如果内存中同时只能运行一道作业，按照一次一道作业的方式进行作业调度，上一道作业运行完毕才能调度下一道作业，采用短作业优先算法进行作业调度，计算调度顺序、作业的平均周转时间和带权平均周转时间。

对题目进行分析可知，8:00 只有作业 1 到达，因此只能调度作业 1，作业 1 运行 25 分钟，8:25 结束；此时作业 2 和作业 3 均到达，按照短作业优先原则，优先调度作业 2，作业 2 运行 10 分钟，8:35 结束，此时作业 4 和作业 5 均已到达，其中要求运行时间最短的作业是作业 5，因此调度作业 5，作业 5 要求运行 15 分钟，8:50 结束，此时只剩作业 3 和作业 4 了，二者要求运行时间相同，先调度作业 3，再调度作业 4，作业的调度顺序就是 1、2、5、3、4。按照这个顺序进行调度，各道作业的开始时间、结束时间、周转时间、带权周转时间如表 4-3 所示。

表 4-3　短作业优先调度算法作业调度过程实例表

作业序号	到达时间	要求运行时间/min	开始运行时间	结束时间	周转时间/min	带权周转时间
1	8:00	25	8:00	8:25	25	1
2	8:20	10	8:25	8:35	15	1.5
3	8:20	20	8:50	9:10	50	2.5
4	8:30	20	9:10	9:30	60	3
5	8:35	15	8:35	8:50	15	1

短作业优先调度算法的平均周转时间和带权平均周转时间，分别用式(4-3)和式(4-5)计算，结果分别如下：

$$T_{SJF} = \frac{25+15+50+60+15}{5} = 33$$

$$W_{SJF} = \frac{1+1.5+2.5+3+1}{5} = 1.8$$

从计算结果可以看出，短作业优先调度算法的平均周转时间和带权平均周转时间均远远小于先到先服务算法。由此可见，采用短作业优先调度算法会大大提高系统的性能。

3. 高响应比优先(Highest Response ratio Next，HRN)

先到先服务算法只考虑等待时间，短作业优先调度算法只考虑要求运行时间。与先到先服务算法相比，短作业优先调度算法大大提高了系统性能。然而，试想一下，如果你是拿着水桶打水的人，虽然你是先来的，但后来的人都在你之前打完了水，而且还有源源不断地拿着较小容器的后来者，照此下去，可能永远都轮不到你打水，你觉得短作业优先调度算法如何呢？

很显然，短作业优先调度算法对长作业不公平。如果按照先到先服务方法则对拿着小容器的后来者不公平。如何平衡这二者之间的关系呢？研究人员提出了综合考虑等待时间和要求运行时间的算法，如何实现这种算法呢？

首先给出响应比的定义，响应比就是作业的等待时间与要求运行时间的比值，定义如式(4-6)所示：

$$R_i = \frac{T_{wi}}{T_{ri}} \tag{4-6}$$

每次进行作业调度时，计算已经到达作业的响应比，优先调度响应比高的作业。

例 4-3 表 4-1 所示的作业请求序列，如果内存中同时只能运行一道作业，按照一次一道作业的方式进行作业调度，上一道作业运行完毕才能调度下一道作业，采用高响应比优先算法进行作业调度,计算调度顺序、作业的平均周转时间和带权平均周转时间。

对题目进行分析可知，8:00 只有作业 1 到达，因此只能调度作业 1，作业 1 运行 25 分钟，8:25 结束；此时作业 2 和作业 3 均到达，按照响应比高的原则，计算作业 2 和作业 3 的响应比，作业 2 和作业 3 的等待时间都是 5 分钟，作业 2 的响应比是 0.5，作业 3 的响应比是 0.25，优先调度作业 2，作业 2 运行 10 分钟，8:35 结束，此时作业 4 和作业 5 均已到达，计算作业 3、作业 4 和作业 5 的响应比，作业 3 的等待时间是 15 分钟，作业 4 的等待时间是 5 分钟，作业 5 的等待时间是 0 分钟，响应比分别为 0.75、0.25、0，其中响应比最高的是作业 3，因此调度作业 3，作业 3 要求运行 20 分钟，8:55 结束，此时只剩作业 4 和作业 5 了，等待时间分别是 25 分钟和 20 分钟，响应比分别是 1.25 和 1.33，作业 5 的响应比高先调度作业 5，再调度作业 4，作业的调度顺序就是 1、2、3、5、4。按照这个顺序进行调度，各道作业的开始时间、结束时间、周转时间、带权周转时间如表 4-4 所示。

表 4-4 高响应比优先调度算法作业调度过程实例表

作业序号	到达时间	要求运行时间/min	开始运行时间	结束时间	周转时间/min	带权周转时间
1	8:00	25	8:00	8:25	25	1
2	8:20	10	8:25	8:35	15	1.5
3	8:20	20	8:35	8:55	35	1.75
4	8:30	20	9:10	9:30	60	3
5	8:35	15	8:55	9:10	35	7/3

高响应比优先调度算法的平均周转时间和带权平均周转时间，分别用式(4-3)和式(4-5)计算，结果分别如下：

$$T_{HRN} = \frac{25+15+35+60+35}{5} = 34$$

$$W_{HRN} = \frac{1+1.5+1.75+3+7/3}{5} = 1.91$$

从计算结果可以看出，高响应比优先调度算法的平均周转时间和带权平均周转时间均小于先到先服务算法，但是大于短作业优先调度算法，不过，这种算法既考虑了等待时间，又考虑了估计运行时间，因此对两类用户均比较公平。但是，从算法的运行过程也可以看出，该算法较为复杂，每次进行作业调度都需要重新计算各道作业的响应比，其时间代价较大，会大大增加系统开销。

4.3　进 程 调 度

本节导读：本节介绍进程调度的任务和功能及进程调度的时机，阐述进程调度算法性能衡量标准，分析进程调度方式以及常见的进程调度算法。

4.3.1　进程调度的任务和功能

进程调度的任务是在处理机空闲时，从就绪队列中选择一个进程，将处理机分配给它，使其占用处理机。

1. 进程选择

与作业调度一样，多道程序系统中，同时有多个进程处于就绪状态。在多个就绪进程中选择一个进程，是进程调度的首要任务。如果按照一定的原则对进程选择，需要有相应的数据结构记录进程的状态，进程调度使用的数据结构是第 3 章介绍的 PCB。关于进程选择原则在进程调度算法部分会详细介绍。除此之外，系统中还需要有一个数据结构记录系统中所有进程的状态，特别是哪些进程处于就绪状态，处于就绪状态的进程优先级、资源使用情况等基本情况，以作为进程调度的依据。

2. 进程上下文切换

当选择确定的就绪进程之后，选定的进程使用 CPU，由分派程序将处理机分配给该进程，进行进程的上下文切换，也就是将正在运行进程的 CPU 现场信息写入进程 PCB，同时将被调度进程的 CPU 现场信息恢复到 CPU 中，并将 CPU 的控制权交给该进程。

4.3.2　进程调度方式

进程调度有以下两种不同的调度方式。

1. 可剥夺方式

系统运行中会有多个进程处于图 3-9 中的就绪状态，多个进程形成了就绪队列，无论按照什么原则从就绪进程队列中选择进程，都需要按照所确定的原则对进程进行排序。所有的进程都有一个调度优先级，在可剥夺调度方式中，当有新的进程进入就绪队列中时，系统检查新到进程的优先级，并根据优先级将就绪进程插入就绪队列中的合适位置，如果该进程在就绪队列中优先级最高，则要判断该进程的优先级是否高于正在运行的进程，如果高于正在运行的进程，则正在运行的进程进入就绪队列，新到的进程转入运行状态。也就是说，新到达的优先级高的进程剥夺了优先级较低的、正在运行的进程的处理机使用权。

2. 不可剥夺方式

在不可剥夺方式中，当有新的进程进入就绪队列中时，系统检查新到进程的优先级，并根据优先级将就绪进程插入就绪队列中的合适位置。即使该进程的优先级高于正在运行的进程，也不能剥夺正在运行的进程对处理机的使用权。也就是说，新到达的优先级高的进程无权剥夺优先级较低的、正在运行的进程的处理机使用权。

4.3.3　进程调度的时机

思考题 4.4：在第 3 章中介绍了进程的状态转换，那么从进程的状态转换图中可以看出进程调度会在什么情况下进行呢？

通过分析图 3-9 可以知道，以下情况会引起进程调度。

1. 正在执行的进程正常运行完毕

正在执行的进程正常运行完毕之后，处理机空闲，此时进程调度程序将从就绪队列中选择合适的进程使其占用处理机，以提高处理机的利用率。

2. 执行中的进程变成阻塞状态

无论什么原因，只要正在处理机上运行的程序由运行状态变为阻塞状态，处理机一定会处于空闲状态，同样，此时需要从就绪队列中选择一个进程使其处于运行状态，这样才能提高处理机的利用率。

3. 分时系统中时间片用完

在分时系统中，每个进程获得固定的时间片，当分配给进程的时间片用完之后，进程会由运行状态进入就绪队列中，同样，此时处理机会处于空闲状态，需要进程调度程序选择一个就绪进程投入运行。

4. 可剥夺调度方式中有优先级高的进程进入就绪队列

4.3.3 节已经说明，在可剥夺调度方式中，如果优先级高的进程进入就绪队列，该进程将剥夺优先级较低的、正在运行进程的处理机使用权。由于正在运行进程的处理机使用权被剥夺，处理机处于空闲状态，因此需要进程调度程序进行调度。

4.3.4　进程调度算法

4.3.1 节已经说明进程调度程序需要按照一定的原则选择就绪进程，都有哪些原则呢？所谓的进程选择原则就是进程调度算法。常见的进程调度算法有先到先服务、轮转法、多级反馈队列法和优先数法。

1. 先到先服务

与作业调度一样，先到先服务是一种最常见的进程调度算法。先到先服务进程调度算法就是按照进程到达就绪进程队列中时间的先后顺序进行调度，优先调度最先到达就绪进程队列中的进程。

2. 轮转法(Round Robin)

在讲述分时系统时，已经说明分时系统中采用时间片轮转法进行任务分配。轮转法就是将 CPU 的处理时间分成固定大小的时间片，一个进程在被调度程序选中后用完了系统规定的时间片但未完成要求的任务，自动到就绪队列队尾重新排队，等待下一轮进程调度。此时，处理机空闲，进程调度程序又去就绪队列中选择下一个进程，使其投入运行状态。图 4-2 是轮转法进程调度的示意图。

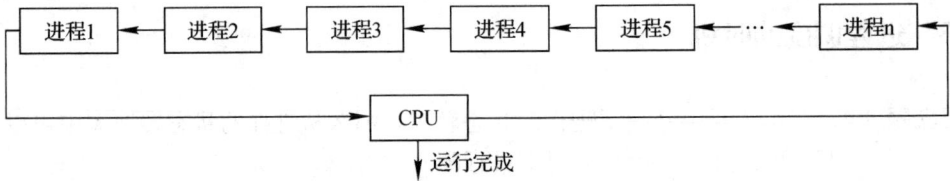

图 4-2　轮转法进程调度示意图

3. 多级反馈队列法(Round Robin with Multiple Feedback)

采用轮转法进行进程调度，采用的是固定时间片，一个进程在指定的时间片内不能完成规定的任务，自动到就绪队列队尾排队，等待下一轮进程调度。时间片轮转法的进程调度需要进行进程上下文切换，因此有一定的代价，如果进程的运行时间较短，则在一两个时间片之内完成，上下文切换的代价对系统性能的影响较小，如果进程的运行时间较长，完成进程所需要的时间片较多，每次切换代价固定，因此时间片越多，代价越大。学者提出了多级反馈队列法。该方法的实现思想是建立多个进程就绪队列，将这些队列按照优先级由高到低的顺序排列，给每个就绪进程队列分配一个固定的时间片，但是随着优先级的递减，就绪队列的时间片将逐渐增大。新创建的进程进入优先级最高的队列，在给定的时间片内如果不能完成规定的任务，就进入下一个优先级的就绪队列，以此类推。在进行进程调度时，优先调度高优先级的就绪队列中的进程，只要高优先级队列中有就绪进程，就调度其中的进程。如果高优先级队列中没有进程，就调度下一个优先级的就绪队列，以此类推。多级反馈队列进程调度算法的示意图如图 4-3 所示。

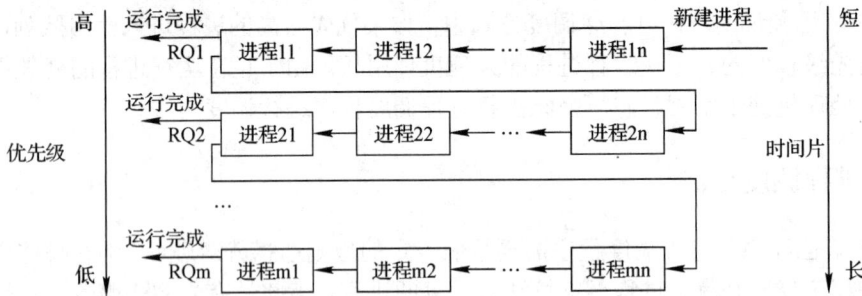

图 4-3　多级反馈队列进程调度算法进程调度示意图

4. 优先数法(Priority)

优先数法是一种常用的进程调度算法，这种算法的基本思想是为每个进程设置一个优先数，在进行进程调度时，按照优先数进行进程调度，优先调度优先级高的进程。优先数法有两种类型。

1) 静态优先数

静态优先数在进程创建之初就确定，在进程运行期间不变。优先数的设置方法有以下几种：

(1) 用户自己指定：用户根据作业的紧急程度为作业所对应的进程设置一个优先数，在进程创建时作为进程创建的入口信息提供给进程的创建原语。

(2) 根据进程使用系统资源情况确定：在进程创建时根据进程需要的处理机时间、内存空间大小、设备类型及数量等指标确定一个优先数。

(3) 根据进程类型确定：在进程创建时，根据进程的类型(I/O 型、CPU 型、均衡型)确定优先数。

无论采用哪种方法，静态优先数已经确定，在进程运行期间不会变化。

2) 动态优先数

静态优先数实现简单，但是不够灵活。在实际的系统中，大多采用动态优先数。进程的动态优先数随着进程的执行而发生变化。例如，随着进程的不断运行，进程需要 CPU 的时间、内存量、设备的种类和数量不断发生变化，优先数随着这种变化而变化。

4.4　死　　锁

本节导读： 在进行处理机调度时如果只涉及一种资源，则调度任务只需要根据一种资源的状态进行。事实上，在进行处理机调度时，涉及 CPU、内存、外设等不同的资源，需要综合考虑多种资源，如果调度不当可能发生死锁。本节介绍死锁的定义，死锁产生的原因及必要条件，死锁的预防、避免、检测和恢复技术。

在多道程序系统中，一个系统里存在多个进程或线程，而这些进程和线程共享计算机系统的资源。这就会出现资源竞争的问题从而导致死锁。

□ **实例 4.4**

班级里有一个网球和一副网球拍(可以看成一种资源)，供想打网球的同学使用，球和球拍放在不同的地方。有两组同学想打网球，一组同学拿到了网球拍，一组同学拿到了网球，拿到球拍的同学不知道谁拿走了网球，拿到网球的同学不知道谁拿走了网球拍，他们都在彼此等待对方归还所拿到的资源。如果没有其他人从中协调，这两组同学都永远不会完成打网球任务，也就永远不会归还拿到的资源。这种情况就是死锁。

4.4.1　问题的提出

例 4-4　哲学家就餐问题。如图 4-4 所示，假设有 5 位哲学家围坐在一张圆形餐桌旁，哲学家只做以下两件事情之一：吃饭或者思考。吃饭的时候，就停止思考，思考的时候也停止吃饭。餐桌中间有一大碗白菜炖粉条，每两个哲学家之间有一根筷子，而吃白菜炖粉条必须用两根筷子。每位哲学家只能使用其左右两边的筷子。当哲学家想吃饭的时候，就去拿自己左右两边的筷子，如果两根筷子都拿到了，就开始吃饭，吃完之后就放下左右两边的筷子，继续思考。

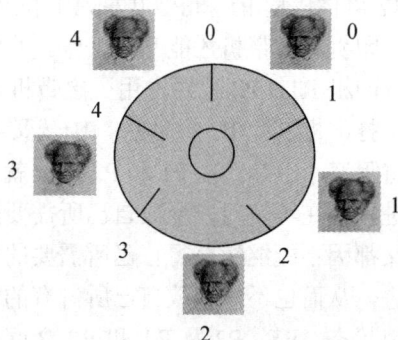

图 4-4　哲学家就餐问题示意图

第 3 章分析了用信号量机制解决进程的同步与互斥问题，基于上面的分析，我们尝试用信号量机制解决哲学家就餐问题。因为每位哲学家都是平等的，任何一位哲学家都没有什么特殊支持，所以 5 位哲学家的处事方式一致。给哲学家和筷子分别编号为 0～4，如图 4-4 所示。第 $i(i = 0，1，2，3，4)$ 位哲学家左边的筷子编号为 i，右边的筷子编号为 $(i+1) \bmod 5$。由于筷子是临界资源，由多位哲学家共享，因此每根筷子对应一个信号量，第 i 根筷子对应的信号量为 S_i。筷子在使用之前需要先申请，使用之后需要释放，按照第 3 章的原则，用 P 操作申请，用 V 操作释放，则信号量机制解决哲学家就餐问题的方案如下：

    Pi
LSi:思考
    P(S(i))
    拿左边的筷子；
    P(S ((i+1) mod 5))
    拿右边的筷子；
    吃饭；
    放右边的筷子；
    V(S ((i+1) mod 5))
    放左边的筷子；
    V (S(i));
    goto LSi

通过对上面的方案进行分析可以发现，在一个极端情况下，每一位哲学家都拿起左边的筷子，准备去拿右边筷子的时候发现右边的筷子都没有了，由于哲学家彼此不交谈，他们都在等待其他人放下筷子，而因为没有任何一位哲学家拿起两根筷子，所以每位哲学家都不会吃饭，也就不会进行放下筷子的动作，从而导致哲学家饿死。

哲学家就餐问题是在计算机科学中的一个经典问题，用来演示在并行计算中多线程同步(Synchronization)时产生的问题。1971 年，著名的计算机科学家艾兹格·迪科斯彻提出了一个同步问题，即假设有 5 台计算机都试图访问 5 个共享的磁带机,这个问题后来被托尼·霍尔重新表述为哲学家就餐问题。这个问题可以用来解释死锁和资源耗尽。

例4-5 系统中只有一台打印机 R1 和一台磁带机 R2 可供进程 P1 和 P2 共享，P1 和 P2 都必须同时拿到打印机和磁带机才能开始工作。假定 P1 已经占用了打印机 R1，P2 已经占用了磁带机 R2。若 P2 继续要求打印机 R1，P2 将阻塞；P1 若又要求磁带机，P1 也将阻塞。于是，在 P1 和 P2 之间就形成了僵局，两个进程都在等待对方释放自己所需要的资源，但是它们又都因不能继续获得自己所需要的资源而不能继续推进，从而也不能释放自己所占有的资源，以致进入死锁状态。P1、P2 及 R1 和 R2 之间已经形成了一个环路，说明已经进入死锁状态，如图 4-5 所示。

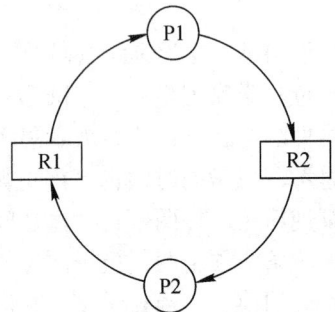

图 4-5 两个进程共享打印机和磁带机形成死锁的实例示意图

例 4-6　进程 P1 和 P2 都需同时获得 3 台打印机才能够完成某项任务，系统中有 4 台打印机，某时刻 P1 和 P2 各分得 2 台，如图 4-6 所示。此时，P1 和 P2 都在等待第三台打印机，但是因为系统中再也没有多余的打印机，因此 P1 和 P2 都不会获得第三台打印机，因此 P1 和 P2 都将永远无法运行，进入死锁状态。

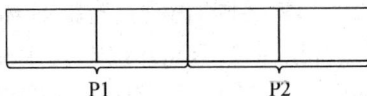

图 4-6　两台进程各得两台打印机的死锁实例示意图

在实际的计算机问题中，缺乏筷子可以类比为缺乏共享资源。一种常用的计算机技术是资源加锁，用来保证在某个时刻，资源只能被一个程序或一段代码访问。当一个程序想要使用的资源已经被另一个程序锁定时，它就等待资源解锁。当多个程序涉及加锁的资源时，在某些情况下就有可能发生死锁。例如，某个程序需要访问两个文件，当两个这样的程序各锁了一个文件时，那它们都在等待对方解锁另一个文件，而这永远不会发生。

思考题 4.5：从上述例子中是否能看出什么叫死锁？你自己尝试给出死锁的定义。

4.4.2　死锁的概念

1. 死锁的定义

从 4.4.1 节可以看出，所谓死锁，就是多个进程处于一种互相僵持的状态，各个进程都无法向前推进，那么到底什么叫死锁呢？下面总结前面几个例子中的问题给出死锁的定义。

定义 4-1　死锁：指各并发进程彼此互相等待对方所使用的资源，且这些并发进程在得到对方的资源之前不会释放自己所拥有的资源，从而造成了一种僵局。如果无外力作用，这些进程永远不能再向前推进。

2. 死锁产生的原因

死锁状态显然不是我们希望看到的情况，对任何一个用户而言，一个理想的情况是计算机系统不产生死锁。要想不产生死锁，首先需要了解死锁产生的原因。产生死锁的原因主要有两个：一是竞争资源，二是进程推进顺序不当。竞争资源指的是当系统中一些资源被多个进程共享时，资源数目不足以满足这些进程的需要，从而引起进程对资源的竞争产生了死锁。进程推进顺序不当指的是进程在运行过程中，请求和释放资源的顺序不当，从而引起进程死锁。

1) 竞争资源引起死锁

系统中的资源可分成两类，一类是独占性资源，另一类是可共享资源。可共享资源可以同时被多个用户所共享，而独占资源某时刻只能被一个用户所使用，当系统把独占资源分配给某进程后，其他用户就必须等待该用户用完资源后释放资源，例如打印机、扫描仪等。系统中这类资源的数量有限，不能同时满足多个进程运行的需要，这样就会因为争夺资源而陷入死锁。

2) 进程推进顺序不当引起死锁

虽然系统中的独占资源不能同时满足多个用户的需要，但是真正引起死锁的原因是在存在资源竞争的情况下，进程的推进顺序不当。如果合理规划进程的推进顺序，就不会发生死锁。

　　由于进程在运行中具有异步性特征，这可能使 P1 和 P2 两个进程以不同的顺序向前推进。假设进程 Pi 的请求资源 Ri 用 Pi:Request(Ri)表示，释放资源 Ri 用当 Pi:Release(Ri)表示，如果存在进程 P1 和 P2，都需要同时获得资源 R1 和 R2 才能运行，则按照不同的推进顺序会产生不同的结果。若按照 P1:Request(R1)→P1:Request(R2)→P1:Release(R1)→P1:Release(R2)→P2:Request(R2)→P2:Request(R1)→P2:Release(R2)→P2:Release(R1)的顺序，则这两个进程不会发生死锁，可顺利完成。若按照 P1:Request(R1)→P2:Request(R2)→P1:Request(R2)→P2:Request(R1)→P1:Release(R1)→P1:Release(R2)→P2:Release(R2)→P2:Release(R1)的顺序，则 P1 获得并保持了资源 R1，P2 获得并保持了资源 R2，系统处于不安全状态，因为这两个进程再向前推进，便可能发生死锁。例如，当 P1 运行到 P1: Request(R2)时，将因 R2 已被 P2 占用而阻塞；当 P2 运行到 P2:Request(R1)时，也将因 R1 已被 P1 占用而阻塞，于是发生进程死锁。

3. 死锁发生的四个必要条件

　　既然已经知道在存在资源竞争而且进程推进顺序不当的情况下可能发生死锁，就需要避免出现进程推进顺序不当的情况才可能避免死锁的发生。要想避免进程推进顺序不当，就需要分析死锁产生的必要条件，只要知道了死锁产生需要具备的必要条件，才可以打破死锁产生的必要条件，从而解决死锁问题。通过对 4.4.1 节中的实例进行分析发现，死锁的发生必须具备以下四个必要条件。

　　(1) 互斥条件。互斥条件指进程对所分配到的资源进行排它性使用，即在一段时间内某资源只由一个进程占用。如果此时还有其他进程请求资源，则请求者只能等待，直至占有资源的进程用毕释放。

　　(2) 请求和保持条件。请求和保持条件指进程已经获得了一个以上资源的使用权，但又提出了新的资源请求，在请求新资源的时候进程不放弃对已有资源的使用权，即使进程新请求的资源已被其他进程占有，此时请求进程阻塞，但又对自己已获得的其他资源保持不放。由于请求和保持条件表明进程在申请资源时不是一次性申请所有资源，而是随着进程的运行，每次申请所需要的一部分资源，因此该条件又称为部分分配条件。

　　(3) 不剥夺条件。不剥夺条件指进程已获得的资源，在未使用完之前，不能被剥夺，只能在使用完后由自己释放。

　　(4) 环路等待条件。环路等待条件指在发生死锁时，必然存在一个进程——资源的环形链，即进程集合{P0，P1，P2，…，Pn}中的 P0 正在等待一个已被 P1 占用的资源；P1 正在等待已被 P2 占用的资源，……，Pn 正在等待已被 P0 占用的资源。

　　思考题 4.6：既然已经知道发生死锁有上述四个必要条件，请你在不看下文的情况下独立思考，提出解决死锁的办法。

　　既然已经了解了死锁的定义、死锁产生的原因以及死锁产生的四个必要条件，那就可以在此基础上解决死锁。死锁有三个层次的解决方案：死锁的预防、死锁的避免和死锁的检测与恢复。

4.4.3　死锁的预防

▣ **实例 4.5**

为了预防孩子得病，在孩子小的时候就会给孩子扎预防针，有预防乙肝的、预防流感的、预防肺结核的等等，并不是孩子已经得了这些病才给孩子扎预防针，而是这些病的危害非常大，一旦得病便难以控制。因此有效的方法就是在孩子小的时候让孩子对这种病产生抗体。能够给孩子扎预防针是因为医学专家已经研究明白产生这种病的必要条件，只要打破这种必要条件，就可以预防这些疾病，这就是疾病的预防。

预防死锁和预防疾病一样，只要找到发生死锁的必要条件，打破这些条件中的一个就可以预防死锁。预防死锁实质上都是通过施加某些限制条件来预防死锁发生。在系统设计时确定资源分配算法，保证不发生死锁。具体的做法是破坏发生死锁的四个必要条件之一。

1) 破坏"互斥"条件

破坏"互斥"条件，就是在系统里取消互斥。若资源不被一个进程独占使用，那么死锁是肯定不会发生的。但是由于资源是否能够共享由资源自身的特性决定，不能用操作系统设计人员决定，因此，一般来说在所列的四个条件中，"互斥"条件是无法破坏的，在死锁预防里主要是破坏其他几个必要条件，而不去破坏"互斥"条件。

2) 破坏"请求和保持条件"条件

破坏"请求和保持"条件，就是在系统中不允许进程在已获得某种资源的情况下，申请其他资源。即要想出一个办法，阻止进程在持有资源的同时申请其他资源。

方法一：创建进程时，要求它一次性申请所需的全部资源，系统或满足其所有要求，或什么也不给它，这是所谓的"一次性分配"方案。由于进程可能在一开始就拿到了某种资源，但是一直不使用该资源，而需要的进程拿不到资源，大大降低了资源的利用率和进程的并发程度。

方法二：要求每个进程提出新的资源申请前，释放它所占有的资源。这样，一个进程在需要资源 S 时，须先把它先前占有的资源 R 释放掉，然后才能提出对 S 的申请，即使它可能很快又要用到资源 R。但是如果进程同时需要多种资源才能工作，这种方法申请了新资源，放下了旧资源，可能存在反复申请、释放，增加了系统的开销，降低了系统效率。

3) 破坏"不剥夺"条件

破坏"不剥夺"条件，就是允许对资源实行抢夺。

方法一：如果占有某些资源的一个进程进行进一步资源请求被拒绝，则该进程必须释放它最初占有的资源，如果有必要，可再次请求这些资源和另外的资源。这种方法同样可能导致多次的资源请求、释放，增加了系统的代价，降低了系统的效率。

方法二：如果一个进程请求当前被另一个进程占有的一个资源，则操作系统可以抢占另一个进程，要求它释放资源。只有在任意两个进程的优先级都不相同的条件下，方法二才能预防死锁。

4) 破坏"环路等待"条件

破坏"环路等待"条件的一种方法，是将系统中的所有资源统一编号，进程可在任何时刻提出资源申请，但所有申请必须按照资源的编号顺序(升序)提出。这样做就能保证系统不出现死锁。虽然这是一种看起来合理的方案，但是实施起来难度太大。一是如何合理地为资源编号是一个难以解决的问题；二是进程在运行之初并不知道后面什么时间会用到哪些资源。

理解了死锁的原因，尤其是发生死锁的四个必要条件，就可以最大可能地避免、预防和解除死锁。所以，在系统设计、进程调度等方面注意如何不让这四个必要条件成立，如何确定资源的合理分配算法，避免进程永久占据系统资源。此外，也要防止进程在处于等待状态的情况下占用资源，在系统运行过程中，对进程发出的每一个系统能够满足的资源申请进行动态检查，并根据检查结果决定是否分配资源，若分配后系统可能发生死锁，则不予分配，否则予以分配。因此，对资源的分配要给予合理的规划。

从上面的四种死锁预防方案中可以看出，第一种方案根本不可行，另外三种方案也存在不同程度的影响系统性能、增加系统代价的问题，因此，需要进一步研究更有效地解决死锁问题的方法。

思考题 4.7：在分析了死锁预防方法的不足之后，能不能尝试提出更有效地解决死锁的办法？

4.4.4 死锁的避免

死锁的预防是通过破坏产生条件来阻止死锁的产生，但这种方法破坏了系统的并行性和并发性。

1. 安全与不安全状态

死锁的避免方法允许进程动态申请资源，系统进行资源分配前先计算资源分配的安全性，若此次分配不会导致进入不安全状态，则将资源分配给进程，否则进程等待。

定义 4-2　安全状态：指将系统按照某种顺序如<p1, p2, p3, …, pn >来为每一个进程分配其所需资源，直到最大需求使每个进程可顺序完成，这种状态叫做安全状态。

定义 4-3　不安全状态：指尝试按照某种顺序如<p1, p2, p3, …, pn >来为每一个进程分配其所需资源，直到最大需求使每个进程可顺序完成，若系统不存在这样一个安全系列，则系统处于不安全状态。

从安全状态和不安全状态的定义可以看出，只要系统处于安全状态，便可避免进入死锁状态。

例 4-7　三个进程 P1、P2 和 P3 所需要磁带机分别为 10、4、9 台，初始时，系统中配置了 12 台磁带机。系统采用动态分配回收的方法分配磁带机，某个时刻(T0 时刻)系统中磁带机的分配情况如表 4-5 所示。

表 4-5　T0 时刻磁带机分配情况表

进程编号	磁带机最大需求/台	已分配磁带机/台	还需磁带机/台
P1	10	5	5
P2	4	2	2
P3	9	2	7

由于初始时系统中有 12 台磁带机，目前已分配的磁带机为 5 + 2 + 2 = 9，因此系统中还有 3 台空闲磁带机。

首先看看 T0 时刻系统是否安全。此时进程 P1、P2、P3 各需磁带机 5、2、7，系统中还有 3 台空闲磁带机，可以满足进程 P2 的需求，P2 可以运行完成。如果进程 P2 运行完成，P2 就可以将已经分配的 2 台磁带机归还给系统，系统中便可以有 5 台空闲磁带机。此时还有进程 P1 和进程 P3 处于运行状态，各需要磁带机 5 台和 7 台，系统中的 5 台空闲磁带机可以满足进程 P1 的需求，P1 可以运行完成。如果进程 P1 运行完成，P1 就可以将已经分配的 5 台磁带机归还给系统，系统中便可以有 10 台空闲磁带机。此时还有进程 P3 处于运行状态，需要磁带机 7 台。系统中的 10 台空闲磁带机可以满足进程 P3 的需求，P3 也可以运行完成，至此，所有的进程都运行完成。T0 时刻存在一个安全序列<P2,P1,P3 >，所以系统安全。

此时，如果 P3 请求 1 台磁带机，则系统中有 3 台磁带机可以满足 P3 的请求。如果进行分配(时刻 T1)，则系统中资源分配情况如表 4-6 所示。

表 4-6　T1 时刻磁带机分配情况表

进程编号	磁带机最大需求/台	已分配磁带机/台	还需磁带机/台
P1	10	5	5
P2	4	2	2
P3	9	3	6

从表 4-6 中可以看出，此时进程 P1、P2、P3 各需磁带机 5、2、6，系统中还有 2 台空闲磁带机，可以满足进程 P2 的需求，P2 可以运行完成。如果进程 P2 运行完成，P2 就可以将已经分配的 2 台磁带机归还给系统，系统中便可以有 4 台空闲磁带机。4 台空闲磁带机既不能满足进程 P1 也不能满足进程 P3，找不到一个安全序列，状态不安全，请求不能满足。

此时，如果 P2 请求 1 台磁带机，则系统中有 3 台磁带机可以满足 P2 的请求。如果进行分配(时刻 T2)，则系统中资源分配情况如表 4-7 所示。

表 4-7　T2 时刻磁带机分配情况表

进程编号	磁带机最大需求/台	已分配磁带机/台	还需磁带机/台
P1	10	5	5
P2	4	3	1
P3	9	2	7

从表 4-7 中可以看出，此时进程 P1、P2、P3 各需磁带机 5、1、7，系统中还有 2 台空闲磁带机，可以满足进程 P2 的需求，P2 可以运行完成。如果进程 P2 运行完成，P2 就可以将已经分配的 3 台磁带机归还给系统，系统中便可以有 5 台空闲磁带机。此时还有进程 P1 和进程 P3 处于运行状态，各需要磁带机 5 台和 7 台，系统中的 5 台空闲磁带机可以满足进程 P1 的需求，P1 可以运行完成。如果进程 P1 运行完成，P1 就可以将已经分配的 5 台磁带机归还给系统，系统中便可以有 10 台空闲磁带机。此时还有进程 P3 处于运行状态，需要磁带机 7 台。系统中的 10 台空闲磁带机可以满足进程 P3 的需求，P3 也可以运行完成，至此，所有的进程都运行完成。T2 时刻存在一个安全序列<P2, P1, P3 >，所以系统安全。

❓ **思考题 4.8**：如果此时 P1 请求 1 台磁带机，状态发生变化，结果如何？根据 T0 时刻的安全序列进一步思考为什么 P2 请求 1 台分配之后系统安全，而 P3 请求 1 台之后系统便不安全了。

2. 银行家算法

死锁产生的前三个条件是死锁产生的必要条件，也就是说，要产生死锁必须具备的条件，而不是存在这三个条件就一定产生死锁，那么只要在逻辑上回避了第四个条件就可以避免死锁。

Dijikstra 提出的银行家算法是死锁避免的经典算法，算法的思想是允许前三个条件存在，但通过合理的资源分配算法来确保永远不会形成环形等待的封闭进程链，从而避免死锁。银行家算法需要能够准确描述进程、资源以及进程资源分配情况和资源需求情况，因此需要先介绍银行家算法的数据结构，然后介绍算法步骤。另外，由于银行家算法中需要测试算法的安全性，因此还需要介绍安全性算法，具体内容如下。

1) 银行家算法的数据结构

银行家算法中需要记录系统中配置的所有资源中每种资源的可用资源数量、每个进程对每种资源的最大需求量、每个进程已经分得的每种资源数以及每个进程还需要的每种资源数。假设系统中有 M 个进程、N 类资源，则为了能够记录上述数据，需要有以下数据结构。

(1) 可用资源向量 Available[N]：表示系统中每种资源的可用资源数，由于系统中有 N 类资源，因此要表示 N 类资源的可用资源数，需要用一个具有 N 个元素的数组 Available 。其中 Available[i] 代表资源 i 的可用资源数。Available[i]的初值为系统中所配置的第 i 类资源的全部可用资源数。如果 Available[i] = k 表示系统中有 k 个空闲的 i 类资源。

(2) 最大需求矩阵 Max[M, N]：表示系统中每个进程最多需要每种资源的数量，由于有 M 个进程、N 类资源，因此需要用 M × N 的二维数组 Max。max[i, j] 表示进程 i 需要第 j 类资源的数量。如果 max[i, j] = k 表示进程 i 最多需要 k 个第 j 类资源。

(3) 分配矩阵 Allocation[M, N]：表示系统中每个进程已经分得的每种资源数量，由于有 M 个进程、N 类资源，因此需要用 M × N 的二维数组 Allocation。Allocation[i, j] 表示进程 i 已经分得的第 j 类资源数量。Allocation [i, j] = k 表示进程 i 已经分得 k 个第 j 类资源。

(4) 需求矩阵 Need[M, N]：表示系统中每个进程还需要的每种资源数量，由于有 M 个进程、N 类资源，因此需要用 M×N 的二维数组 Need。Need [i, j] 表示进程 i 还需要第 j 类资源数量。Need [i, j] = k 表示进程 i 还需要 k 个第 j 类资源。

从各个数据结构的定义可以看出，这些数据结构之间存在关系：Need = Max – Allocation。

2) 银行家算法描述

在某个进程发出资源请求的时候运行银行家算法，由于每个进程在进行资源请求时，可能同时请求多种不同资源，因此进程的资源请求用一个向量表示，用 Request[i] 表示进程 Pi 的请求向量。request[i][j] = k 表示进程 Pi 申请 k 个第 j 类资源，Pi 发出请求后，系统运行银行家算法。银行家算法描述如下：

Algorithm Banker

Input：Need，Available，Request[i]，Allocation

Output：Need，Available，Allocation，Succeed

Step 0：Succeed = True

Step 1：如果　request[i] <= Need[i]　则

　　　　　　转　Step 2

　　　　否则

　　　　　Succeed = False

　　　　　　转　Step 5

Step 2：如果　request[i] <= Available　则

　　　　　　转　Step3

　　　　否则

　　　　　Pi　阻塞

　　　　　Succeed = False

　　　　　转 Step 5

Step 3：试分配，修改数据结构

　　　　Available = Available – Request[i]

　　　　Need[i] = Need[i] – Request[i]

　　　　Allocation[i] = Allocation[i] + Request[i]

Step 4：调用安全性算法　Safety //调用安全性算法

　　　　如果　不安全　则

　　　　　//恢复数据结构

　　　　　Available = Available + Request[i]

　　　　　Need[i] = Need[i] + Request[i]

　　　　　Allocation[i] = Allocation[i] – Request[i]

　　　　Succeed = False

Step 5：Return Need，Available，Allocation，Succeed

需要说明的是，算法中的 Request[i] <= Need[i]、Request[i] <= Available 均为向量之间的比较，要求两个向量的对应分量均满足条件，结果才能为真。修改数据结构的计算也是向量计算。

3) 安全性算法描述

Algorithm Safety

Input：Need，Available，Allocation

Output：　Safety

Step 0：设置两个向量。其中工作向量 Work 表示系统能够提供给进程的资源数，Finish 表示系统是否有足够的资源满足每个进程，Finish = False，Work = Available，Safety = True。

Step 1：从进程集合中寻找满足条件的进程，即

　　　　Finish[i] = False　且　Need[i] <= Work

Step 2：如果找到这样的进程 i，则

　　　　Work = Work+Allocation[i]

　　　　Finish[i] = True

转 Step 1

Step 3：如果对所有进程都有 Finish[i] = True 则

　　　　Safety = True

否则

　　　　Safety = False

Step 4：Return Safety

同样需要说明的是，算法中的 Finish = False、Work = Available、Need[i] <= Work Work = Work + Allocation[i]均为向量计算。

3. 银行家算法的实例

例 4-8　某系统中有 5 个进程 {p0, p1, p2, p3, p4}，三类资源{A, B, C}，系统中提供的 A、B、C 各类资源数分别为 10、5、7，在 T0 时刻系统中的资源分配情况如表 4-87 所示。

表 4-8　某系统 T0 时刻资源分配表

进程号	资源最大需求数 Max			已分配资源数 Allocation			还需资源数 Need		
	A	B	C	A	B	C	A	B	C
P0	7	5	3	0	1	0	7	4	3
P1	3	2	2	2	0	0	1	2	2
P2	9	0	2	3	0	2	6	0	0
P3	2	2	2	2	1	1	0	1	1
P4	4	3	3	0	0	2	4	3	1

首先需要根据 T0 时刻的资源分配情况确定系统是否安全。

有已知系统中提供 A、B、C 各类资源总数为 10、5、7，由表 4-8 可知，A、B、C 各类资源已分配 7、2、5，因此 Available = {3, 2, 2}。

(1) T0 时刻的安全性。

运行安全性算法：

初始化：

Finish[0] = Finish[1] = Finish[2] = Finish[3] = Finish[4] = False

Work = Available = {3, 2, 2}

Safety = True

按照安全性算法依次从进程队列中找满足 Finish[i] = False 且 Need[i] <= Work 的进程 i，并将其 Finished 置为 True，将其 Allocation 并入 Work，过程如表 4-9 所示。

表 4-9　某系统 T0 时刻安全性算法运行表

进程号	Need			Work			Allocation			Work+ Allocation			Finished
	A	B	C	A	B	C	A	B	C	A	B	C	
P1	1	2	2	3	2	2	2	0	0	5	2	2	True
P3	0	1	1	5	2	2	2	1	1	7	4	3	True
P4	4	3	1	7	4	3	0	0	2	7	4	5	True
P0	7	4	3	7	4	5	0	1	0	7	5	5	True
P2	6	0	0	7	5	5	3	0	2	10	5	7	True

从表 4-9 中可以看出，在进行向量比较时，要求对应分量同时满足条件。表 4-9 找到了安全序列<p1, p3, p4, p0, p2>，所以 T0 时刻系统安全。

思考题 4.9： 安全序列是否唯一？

(2) T1 时刻，P1 发出请求 request[1] = (1, 0, 2)，该请求是否安全？能否将资源分配给 P1？运行银行家算法，步骤如下：

Step 1：Request[1] <= Necd[1] (1, 0, 2) <= (1, 2, 2) 条件满足，转 Step 2

Step 2：Request[1] <= Available (1, 0, 2) <= (3, 3, 2) 条件满足，转 Step 3

Step 3：试分配，修改数据结构

Available = Available - Request[1] = (3, 3, 2)- (1, 0, 2) = (2, 3 ,0)

Need[1] = Need[1] - Request[1] = (1, 2, 2)- (1, 0, 2) = (0, 2 ,0)

Allocation[1] = Allocation[1] + Request[1] = (2, 0, 0) + (1, 0, 2) = (3, 0,2)

试分配之后系统资源分配情况如表 4-10 所示。除了进程 P1 对应的内容发生变化之后，其他进程对应的内容没有任何变化。

表 4-10　某系统 T1 时刻资源分配表

进程号	资源最大需求数 Max			已分配资源数 Allocation			还需资源数 Need		
	A	B	C	A	B	C	A	B	C
P0	7	5	3	0	1	0	7	4	3
P1	3	2	2	3	0	2	0	2	0
P2	9	0	2	3	0	2	6	0	0
P3	2	2	2	2	1	1	0	1	1
P4	4	3	3	0	0	2	4	3	1

T0 时刻 Available = {3, 2, 2}，此时 Available = {2, 3, 0}。

根据表 4-10 所示的 T1 时刻的资源分配情况运行安全性算法确定系统是否安全。

初始化：Safety = True

Finish[0] = Finish[1] = Finish[2] = Finish[3] = Finish[4] = False；Work = Available = {2, 3, 0}

按照安全性算法依次从进程队列中找满足 Finish[i] = False 且 Need[i] <= Work 的进程 i，并将其 Finished 置为 True，将其 Allocation 并入 Work，过程如表 4-11 所示。

表 4-11　某系统 T1 时刻安全性算法运行表

进程号	Need			Work			Allocation			Work+ Allocation			Finished
	A	B	C	A	B	C	A	B	C	A	B	C	
P1	0	2	0	2	3	0	3	0	2	5	2	2	True
P3	0	1	1	5	2	2	2	1	1	7	4	3	True
P4	4	3	1	7	4	3	0	0	2	7	4	5	True
P0	7	4	3	7	4	5	0	1	0	7	5	5	True
P2	6	0	0	7	5	5	3	0	2	10	5	7	True

由表 4-11 可以看出，找到了安全序列<p1, p3, p4, p0, p2>，所以 T1 时刻系统安全。

思考题 4.10： 表 4-8 和表 4-10 的主要差别是什么？为什么？

(3) T2 时刻，P4 请求 Request[4] = (2, 3, 1)。

Step 1：Request[4] <= Need[4] (2, 3, 1) <= (4, 3, 1)条件满足，转 Step 2

Step 2：Request[4] <= Available (2, 3, 1) <= (2, 3, 0)条件不满足，P4 等待

由此可见，T2 时刻系统不安全。

(4) T3 时刻，P0 请求 Request[0] = (0, 2, 0)。

Step 1：Request[0] <= Need[0] (0, 2, 0) <= (7, 4, 3)条件满足，转 Step 2

Step 2：Request[0] <= Available (0, 2, 0) <= (2, 3, 0) 条件满足，转 Step 3

Step 3：试分配，修改数据结构

　　　　Available = Available - Request[0] = (2, 3, 0) - (0, 2, 0) = (2, 1, 0)

　　　　Need[0] = Need[0] - Request[0] = (7, 4, 3) - (0, 2, 0) = (7, 2,3)

　　　　Allocation[0] = Allocation[0] + Request[0] = (0, 1, 0) + (0, 2, 0) = (0, 3, 0)

试分配之后系统资源分配情况如表 4-12 所示。与表 4-10 相比，除了进程 P0 对应的内容发生变化之后，其他进程对应的内容没有任何变化。

表 4-12　某系统 T3 时刻资源分配表

进程号	资源最大需求数 Max			已分配资源数 Allocation			还需资源数 Need		
	A	B	C	A	B	C	A	B	C
P0	7	5	3	0	3	0	7	2	3
P1	3	2	2	3	0	2	0	2	0
P2	9	0	2	3	0	2	6	0	0
P3	2	2	2	2	1	1	0	1	1
P4	4	3	3	0	0	2	4	3	1

根据表 4-12 所示的 T3 时刻的资源分配情况以及此时的 Available = (2, 1, 0)运行安全性算法确定系统是否安全。(2, 1, 0)不能满足任何一个进程的需求，因此找不到安全序列，此时刻系统不安全。

思考题 4.11：银行家算法与死锁预防方法相比有什么优点？该算法在实际应用中存在什么缺点？

4.4.5　死锁的检测与恢复

死锁的预防大大降低了系统的并发程度，银行家算法可以避免死锁，但是在每次进行资源分配时都要计算系统的安全性，系统开销太大。在实际的系统中如果采用这种方法，系统的速度会受到较大影响。在实际的系统中，往往不进行安全性检测，而是定期进行死锁检测，检测发现死锁之后进行死锁的恢复。

1. 工作机制

死锁检测与恢复机制的工作方式为：检查系统状态的算法周期性地被激活，判断有无死锁。如果发生死锁，则系统要进行恢复。这种机制的基本要求如下：

(1) 维护当前已分配给事务的数据项的有关信息以及任何尚未解决的数据项请求信息。

(2) 提供一个使用这些信息判断系统是否进入死锁状态的算法。

(3) 提供解除死锁的策略。

2. 死锁检测

1) 死锁检测用数据结构

操作系统用称为资源分配图的有向图来描述。该图由集合 V、E 两部分组成，表示为 G = (V, E)，V 是节点集合，V = V1∪V2。其中 V1 是进程集合，用圆形表示；V2 是资源集合，用矩形表示，矩形框内部有几个实心圆点，圆点数量就是系统中该类资源数。E 是有向边集，E = E1∪E2。其中 E1 是由进程节点指向资源节点的有向边集合，每条边表示该进程请求 1 个该类资源，该边从进程节点出发，指向资源节点的边框；E2 由资源节点指向进程节点的有向边集合，每条边表示 1 个该资源已经分配给该进程，该边始于矩形框内部的实心圆点。资源分配图示意图如图 4-7 所示。

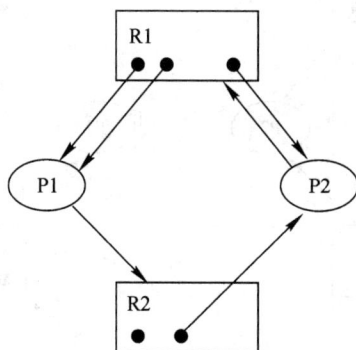

图 4-7 资源分配示意图

2) 死锁定理

通过对资源分配图进行简化来检测当前状态是否发生死锁，简化的步骤如下：

Step 1：在资源分配图的 V1 集合中寻找只有入边没有出边的进程节点，即该进程已经获得了需要的所有资源，进程可以运行完成。如果找到，则转 Step 3；如果没找到，则转 Step 2。

Step 2：在资源分配图的 V1 集合中寻找满足如下条件的进程节点，其所有出边所指向的资源节点中空闲的实心圆点数量大于等于从该进程节点指向该资源节点的边数，即该进程请求的所有资源都有可能满足。如果找不到，则转 Step 4。

Step 3：将与找到的节点相连的边全部删除，转 Step 1。

Step 4：结束。

上述过程是资源分配图的简化过程。

例 4-9 按照资源分配图简化步骤对图 4-7 所示的资源分配图进行简化。

Step 1：图 4-7 中没找到只有入边没有出边的进程节点。

Step 2：图 4-7 中的节点 P1 只有 1 条出边，指向 R2，资源节点 R2 中有 1 个空闲实心圆点，可以满足 P1 的需求。

Step 3：将与 P1 连接的所有边删除(P1 可以运行完成，释放其所占用资源)，如图 4-8(a) 所示，转 Step1。

按照资源分配图简化步骤对图 4-8(a)所示的资源分配图进行简化。

Step1：图 4-8(a)中没找到只有入边没有出边的进程节点。

Step2：图 4-8(a)中的节点 P2 只有 1 条出边，指向 R1，资源节点 R1 中有 2 个空闲实心圆点，可以满足 P2 的需求。

Step3：将与 P2 连接的所有边删除(P2 可以运行完成，释放其所占用资源)，如图 4-8(b)所示，转 Step 1。

按照资源分配图简化步骤对图 4-8(b)所示的资源分配图进行简化。

Step1：图 4-8(b)中没找到只有入边没有出边的进程节点。

Step2：图 4-8(b)中没有所有出边所指向的资源节点中空闲的实心圆点数量大于等于从该进程节点指向该资源节点的边数的进程节点。

Step3：简化结束。

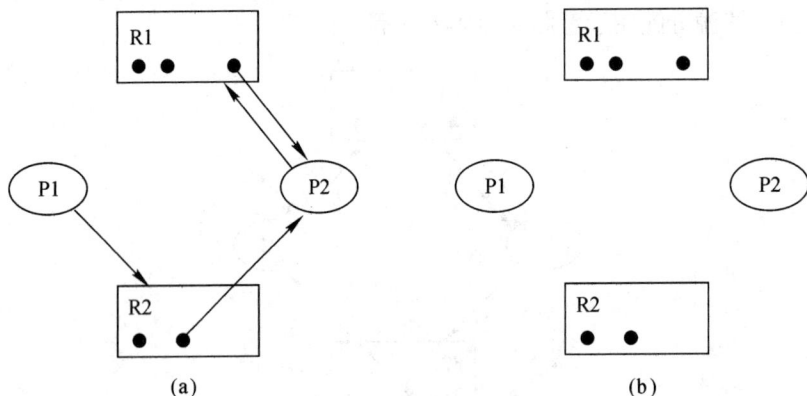

图 4-8　资源分配图简化实例

死锁定理：当且仅当 S 的资源分配图是不可完全简化的，S 为死锁状态。

由死锁定理知，图 4-7 是可以完全简化的，因此图 4-7 不是死锁状态。

3. 死锁恢复

既然用资源分配图和死锁定理可以检测出当前状态是否有死锁发生，那么如果死锁发生了，如何解除死锁呢？也就是如何将系统恢复到没有死锁的状态呢？

常见的解除死锁的方式有以下三种：

(1) 终止所有死锁进程。最容易想到的方法是将终止所有处于死锁状态的进程。只要终止这些进程，系统中就不存在死锁了，当然系统就顺畅了，死锁问题可以顺利解决。

思考题 4.12：终止所有死锁进程解决死锁问题有什么缺点？

(2) 终止部分死锁进程。显然，终止所有死锁进程可能导致一些已经占用了大量资源即将运行结束的进程被终止，从而造成系统资源的浪费。事实上，如果有 N 个进程处于死锁状态，形成了资源等待环，只要终止其中的一部分资源就可能解决死锁问题。例如：在哲学家就餐问题中，5 个哲学家都处于死锁状态，只要让一个哲学家的吃饭进程终止就可以解决死锁问题。所以，有效的方法是按一定顺序终止进程直至释放到有足够的资源来完成剩下的进程为止。与第一种方法相比，这种方法可以保护一部分进程使其不需要终止，进而保护已有投资，可以大大提高系统资源的利用率。

思考题 4.13：产生死锁的原因是什么？不终止进程能不能解决死锁问题？

(3) 剥夺资源。前两种死锁解决方法都是以牺牲进程为代价，被终止的进程需要重新运行。在死锁产生的原因分析中可以知道，产生死锁的原因是竞争资源，与进程是否存在没有关系，因此，只要能够利用被锁进程的资源就可以解决死锁。因此研究人员提出了第三种死锁恢复办法，不终止进程，而是从被锁住进程中强迫剥夺资源以解除死锁。

◆　**小启示：**从死锁现象可以看出，在现实生活中出现竞争的情况下，如果两个人各不相让，结果就是两败俱伤，所以最好的解决问题的方式是其中一个人让一下，整个局面就解开了，正所谓"忍一时风平浪静，退一步海阔天空"。

4.5　本章小结

本章介绍了处理机调度的层次和各级处理机调度之间的关系，特别强调了进程调度与作业调度的区别和联系；详细阐述了作业调度的任务和功能以及作业调度的目标和作业调度算法的性能衡量指标，介绍了三种常用的作业调度算法；分析了进程调度的任务和功能以及进程调度方式、时机，简要介绍了几种进程调度算法；介绍了死锁的基本概念，对死锁发生的原因和死锁发生的必要条件进行了分析，最后提出了死锁的预防、避免以及死锁的检测和恢复方法。

4.6　习　　题

1. 基本知识

(1) 什么是作业调度？什么是进程调度？作业调度与进程调度的区别和联系是什么。

(2) 作业调度的任务和功能有哪些？

(3) 进程调度有哪些方式？

(4) 进程调度有哪些时机？

(5) 什么叫死锁？死锁发生的原因是什么？

(6) 死锁发生的四个必要条件是什么？

(7) 死锁的恢复方法有哪几种？

2. 知识应用

(1) 银行家算法中出现如表 4-13 所示的资源分配。

表 4-13　某系统资源分配表

进程号	Allocation				Need				Available			
	A	B	C	D	A	B	C	D	A	B	C	D
P0	0	0	3	2	0	0	1	2	1	6	2	2
P1	1	0	0	0	1	7	5	0				
P2	1	3	5	4	2	3	5	6				
P3	0	3	3	2	0	6	5	2				
P4	0	0	1	4	0	6	5	6				

① 该状态是否安全？

② 如果 P2 提出请求 Request[2] = (1，2，2，2)后，系统能否将资源分配给它？

(2) 有相同类型的 4 个资源被 3 个进程所共享，且每个进程最多需要 2 个这样的资源才可以运行完毕，试问系统是否会由于这种资源的竞争而产生死锁。自己总结一下 m 个资源被 n 个进程所共享，每个进程至少需要 k 个这样的资源才能运行完毕，如果想不发生死锁，m、n 和 k 之间需要满足什么关系。

(3) 已知某系统中的所有资源都是相同的，系统中的进程严格按照一次一个的方式申请或者释放资源。在此系统中，没有进程所需要的资源数超过系统的资源总拥有量，试对表 4-14 列出的各种情况说明是否会发生死锁，为什么？

表 4-14　判断死锁发生实例

情况序号	系统中进程数	资源总量
A	1	2
B	2	1
C	2	2

分析一下，就这个问题，如果进程数大于 2，资源数也大于 2，是否一定会发生死锁或者一定不会发生死锁，为什么？

(4) 如表 4-15 所示的作业调度序列，计算 FCFS、SJF、HRN 三种作业调度算法的调度顺序、平均作业周转时间和带权平均作业周转时间，并分析三种算法的性能。

表 4-15　作业调度序列实例

JOB#	t_C	t_R	t_S	t_F	T_i	W_i
1	8:00	2				
2	8:00	60				
3	8:01	4				
4	8:02	3				

3. 开放题

(1) 两人一组，给对方出一道银行家算法的题。

(2) 两人一组，给对方出一道作业调度算法题。

第 5 章　存储器管理

◇ **本章导读**

本章提到的存储器管理是指内存管理。提到内存，大家应该都非常熟悉，那么有关内存的一些问题，大家是否了解：

(1) 什么是内存储器？内存储器在计算机系统中是如何工作的？

(2) 为什么要进行存储器管理？存储器管理的功能有哪些？

(3) 存储器管理有哪几种方式？各自的优缺点是什么？

(4) 什么是虚拟存储器？如何实现虚拟存储器？

(5) 目前我们使用的计算机系统采用哪种存储器管理方式？

本章内容可以带领大家逐步了解上面这些问题，让大家对计算机系统中的存储器以及存储器管理方式有一个清晰的认识。如果你对上述问题还不够明确，请认真阅读本章内容，并在其中找到答案，若有表达不清楚的地方，请参阅其他操作系统教材或者文献。

☺ **小故事　第四季**(1)：OS **餐厅的座位摆放**

OS 餐厅刚开业的时候可难坏了小盖，为什么呢？餐厅空间有限，小盖按照 4 人一桌的方式在餐厅中摆放了 10 个餐桌，可以同时容纳 40 人就餐。但是，令小盖头疼的问题是，结伴同来的人希望能坐同一桌且不希望与陌生人拼桌，而来吃饭的人数不定，有时 2 人、有时 4 人、有时 10 人，2 人同来占一桌造成空间浪费，10 人同来的看没有大桌就离开了，造成了餐位的浪费和客源的流失。小盖很苦恼，有一天，他和一位朋友诉苦，朋友告诉他，通过对同来就餐的人数分布情况进行大数据分析，分析一同就餐人数分布，在此基础上规划餐位，如果大多数都是 2 人同来，那多数餐桌安排 2 人一桌，部分 4 人一桌，再安排少数 10 人一桌的，一定可以解决他的烦恼。小盖照着做了，果然，餐位的利用率有很大提高，餐厅的效益大幅提高。

上面的例子说明，在空间有限的情况下，如果能采取一种有效的空间管理机制，可以有效提高工作效率。同样的，计算机受到硬件条件的限制，其存储器容量是有限的，如果能够采用有效的存储器管理机制，就可以利用有限的存储器容量做更多的工作。这就提出了一个问题——存储器管理。

5.1　存储器管理引言

本节导读：内存储器的一个重要功能就是为执行用户程序提供服务，因此，提到内存储器管理，就要首先介绍一下用户程序在计算机系统中是如何执行的。本节主要介绍了存储器管理相关概念，以及程序的执行过程和程序的链接方式、装入方式，最后简单介绍存储器管理的功能。主要目的是让读者在学习存储器的管理方式之前对用户程序的执行过程及存储器管理有一个初步的认识。

5.1.1　基本概念

计算机的存储器可以分为主存储器和辅助存储器。主存储器简称主存或者内存，CPU可以直接访问其中的指令和数据。内存访问速度很快，存储容量较小，可以将内存进一步地细分为高速缓存、内存和磁盘缓存。辅助存储器不能被 CPU 直接访问，其中的数据需要在 I/O 控制系统的协调管理下传递到内存储器上再进行访问。辅助存储器访问速度慢，相对存储容量比较大，固定磁盘、磁带、可移动介质等都是辅助存储器。

内存中的存储区域可以划分为系统区和用户区。系统区用来加载计算机操作系统的内核代码和静态数据结构，用户区用来加载用户程序代码和数据。本章讨论的存储器管理主要是对内存中的用户区进行管理，它的目的是方便用户使用以及提高内存空间的利用率，从而使内存在成本、速度和规模这几个指标之间获得较好的权衡。

用户程序，也叫做源程序。计算机系统不能直接执行用户程序，需要通过编译程序把它编译成若干目标模块，然后再进行链接、装入和执行。

为了便于理解程序的执行过程以及内存管理的目标，给出几个与内存管理相关的概念。

定义 5.1　逻辑地址(相对地址)：用户编程时总是从 0 开始编址，这种用户编程所用的地址称为逻辑地址。

定义 5.2　物理地址(内存地址、绝对地址)：内存是由若干存储单元组成的，每个存储单元有一个编号称为物理地址。

定义 5.3　逻辑地址空间：用户编程空间，是由 CPU 的地址总线扫描出来的。

定义 5.4　物理地址空间：由物理存储单元组成的空间，由存储器的地址总线扫描出来的空间。

当程序运行时，计算机系统把目标模块装入到内存地址空间的某些部分，这时，目标模块的实际地址一般是不可能和原来的逻辑地址一致的。为了保证程序能够正确运行，必须把目标模块的逻辑地址转换成为物理地址，这个工作叫做地址变换或者地址重定位。

将一个用户的源程序装入到内存中并且执行的过程，通常需要经过以下几个步骤：首先是编译，由编译程序将用户程序源代码编译成为若干个目标模块；然后是链接，由链接程序将编译以后形成的一组目标模块以及它们所需要的库函数链接在一起，形成一个完整的装入模块；最后是装入，由装入程序将装入模块装入到内存，具体步骤如图 5-1 所示。

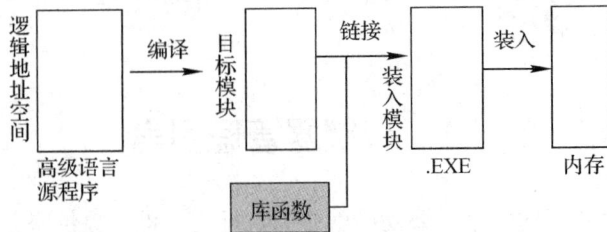

图 5-1　源程序装入内存的过程示意图

源程序经过编译后，需要通过链接程序把目标模块和所需要的库函数链接成为一个装入模块。根据链接时间的不同，程序的链接可以分为以下三种方式。

(1) 静态链接方式。程序运行之前，把目标模块和所需要的库函数链接成一个完整的装入模块，这个装入模块在以后的运行过程中不再拆开。

(2) 装入时动态链接方式。目标模块和库函数在装入内存的时候边装入边链接，也就是说，在装入一个目标模块时，如果发生一个外部模块调用事件，就会引发装入程序去找出相应的外部目标模块，并且把它装入到内存。这种方式的优点：一是便于修改和更新，所有的目标模块是分开存放的，因此修改或者更新其中任何一个模块都比较方便；二是便于实现用户对目标模块的共享，一个目标模块可以链接到不同的应用模块上，从而实现多个应用模块对这个目标模块的共享。

(3) 运行时动态链接方式。把对目标模块的链接推迟到程序执行时再进行。执行过程中，如果发现某一个被调用的模块不在内存中，这时再将这个模块装入到内存，并把它链接到调用模块上。这种方式的优点：一是可以加快程序的装入和链接过程，当每次要运行的模块可能不相同，或者不知道每次运行需要用到哪些目标模块时，如果将所有可能要用到的模块全部装入内存，并且在装入时全部链接在一起，会导致浪费大量的时间；二是更加节省内存空间，不需要的模块不装入内存，显然这样做可以避免浪费空间。

经过链接程序链接后，就形成了一个完整的装入模块，这个装入模块需要经过装入程序装入内存，模块的装入方式有以下三种。

(1) 绝对装入方式。在这种装入方式中，程序员或者编译器在编译的时候直接给出绝对物理地址。把模块装入内存以后，由于程序中的逻辑地址与实际内存中的物理地址完全相同，所以，系统不需要再对程序和数据的地址进行修改。绝对装入方式简单易行，但是适用性低，只适用于单道程序环境。

(2) 可重定位装入方式。在多道程序环境下，每个目标模块的起始地址都从 0 开始编址，模块中的其他地址是相对于这个 0 号地址开始计算的。这种情况下，模块的装入方式可以采用可重定位装入方式，也就是在把模块装入到内存时，它的装入物理地址是由其逻辑地址和实际装入的内存起始地址得到。需要注意的是，在这种装入方式下，不仅要修改指令地址，而且也要修改指令内容。可重定位装入方式因为它的地址变换是在装入时一次完成，以后不能再被修改，因此又叫做静态重定位。

(3) 动态运行时装入方式。装入程序把模块装入内存以后，并不立刻把它的逻辑地址转换成物理地址，而是在程序真正运行的时候才进行地址变换。所以，装入模块中的所有地址在已经装入内存后仍然是相对地址。

5.1.2　存储器管理的功能

有效的存储管理在多道程序设计系统中是非常重要的。具体地说，存储器管理有以下几方面的功能。

1. 内存空间的分配及回收

如果想要内存空间可以同时容纳多个用户作业，计算机系统就必须解决内存空间的分配及回收问题。根据不同的管理机制有不同的分配回收算法。但是，无论何种机制，一个有效的机制必须做到用户申请时立即响应，予以分配；用户用完立即回收，以供其他用户使用，为此存储区分配应有如下机制。

(1) 记住每个区域的状态：为了合理分配内存空间，需要记住哪些区域是已经分配的，哪些区域是未分配的。由于受到多种因素的影响，不同的存储管理方式所采用的内存空间分配及回收策略是不同的，因此记录区域状态所采用的数据结构也不同。在后面介绍的每一种存储分配方案中都会介绍每种方案所采用的数据结构。

(2) 实施分配：当用户作业装入到内存的时候，必须按照规定的方式向操作系统提出申请，然后由存储器管理程序进行具体分配并修改记录内存区域状态的数据结构，将分配区标记为使用。在后面的存储管理分配方案中会介绍每种方案采用的分配算法。

(3) 接受系统或用户释放的区域：当内存中的某个用户作业撤销或主动回收内存资源的时候，存储器管理程序应该收回它所占有的全部或部分内存空间并修改记录内存区域状态的数据结构，将释放区标记为空闲。在后面的存储管理分配方案中会介绍每种方案采用的回收算法。

2. 内存信息保护

内存中不仅有系统程序，还有用户程序。为了防止各个用户程序之间相互干扰，以及保护各个区域内的信息不受破坏，计算机系统必须实行内存信息保护。内存信息的保护主要包括两种类型。

1) 防止越界

越界保护一般采用上下界保护，这是一种硬件保护法，为每个进程设置一个上下界寄存器，存放被保护程序或数据段的起始地址和终止地址由硬件和软件配合来实现。如图 5-2 所示，被保护程序存放在内存的 100K 到 200K 之间的内存单元内，上界寄存器的值为 100K，下界寄存器的内存为 200K，当程序运行时，访问的单元如果在上下界寄存器之间，则属于合法访问，否则被认为是越界，就产生地址越界中断，然后交给操作系统的中断处理程序进行处理。

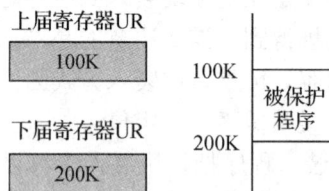

图 5-2　界限寄存器示意图

2) 防止非法访问

一般对内存区域的保护可以采取如下措施：

(1) 程序对属于自己内存区域里面的信息，既可以读又可以写。

(2) 程序对共享区域里面的信息或者获得授权可以使用的其他用户的信息，只可以读不可以写。

(3) 程序对非共享区域的或者非自己的内存区域里面的信息，既不可以读也不可以写。

在进行越界检查合格后，再进行指令合法性检验，如果是非法指令，则产生违例中断。

3. 内存信息共享

计算机系统通过内存信息共享来提高内存空间的利用率。内存信息共享主要有两个方面的含义。第一，共享内存资源。在多道程序环境中，若干个作业是被同时装入内存的，它们各自占用了内存中的某一些区域，共同使用同一个内存。第二，共享内存的某些区域。不同的作业可能有共同的程序段或数据，当这种情况发生的时候，可以将这些共同的程序段或者数据存放在同一个存储区域中，各个作业执行的时候都可以访问它。这个内存区域又叫做各个作业的共享区域。例如：在多用户系统中，多个用户都需要使用 C 编译器，这个编译器的代码段就可以被多个用户程序所共享。

4. 地址变换

5.1.1 节已经介绍，在多道程序环境中，内存上经常同时存放多个程序，而且这些程序在内存的物理地址是不能事先得到的，所以在用户程序中必须使用逻辑地址。但是另一方面，CPU 的工作原理是按照物理地址访问内存空间的，为了保证程序能够正确执行，存储器管理必须配合硬件进行地址变换，把一组地址空间中的逻辑地址转换成为内存空间中与它对应的物理地址。这种地址转换工作也叫做重定位。常见的内存地址重定位方式有两种。

1) 静态地址重定位

在程序装入内存时将程序的逻辑地址变换为内存物理地址。静态地址重定位的示意图如图 5-3 所示。程序的逻辑地址以 0 开始，其中 100 号单元的指令为 LOAD A 500，500 单元的内容为 12345。在程序装入内存时就可以确定程序在内存中的起始地址 1000，逻辑地址为 0 的指令存储在内存单位为 1000 的物理地址中，逻辑地址为 1 的指令存储在内存单位为 1001 的物理地址中，以此类推，逻辑地址 100 存储在内存单位为 1100 的物理地址中，逻辑地址为 500 的单元的物理地址为 1500。在将 100 变换为 1100 的同时，由于可以预见 500 单元将转换为 1500，因此将指令 LOAD A 500 同时转换为 LOAD A 1500，保证将逻辑地址为 500 单元的内容装入寄存器 A。

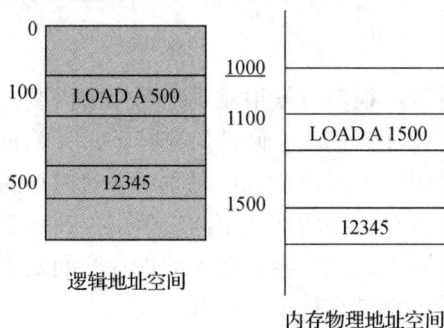

图 5-3　静态地址重定位示意图

这种地址重定位方式有以下特点。

优点：不需要硬件支持。

缺点：① 程序装入内存之后不能移动；② 一道程序必须占用一片连续空间；③ 必须事先确定程序的存储量。

2) 动态地址重定位

在程序执行时进行逻辑地址到物理地址的变换。也就是说，在 CPU 访问内存之前才将要访问的程序或数据地址转换为内存地址。这种方式程序在内存中可能占用的空间不连续，因此，没办法根据起始地址进行地址变换，程序在内存中可以移动。动态地址重定位的示意图如图 5-4 所示。逻辑地址空间与图 5-3 相同，在进行动态地址重定位时，需要基址寄存器和虚地址寄存器，在进行地址变换的时候把内存基地址放入基址寄存器。例如，程序的内存起始地址为 1000，则逻辑地址为 0 的单元对应的内存物理地址为基址寄存器的值 1000+逻辑地址 0，结果为 1000，而逻辑地址 100 的单元对应的内存物理地址为基址寄存器的值 1000+逻辑地址 100 = 1100，但是该单元的内容不用进行变换，在执行指令 LOAD A 500 时，进行地址变换，这里指定逻辑地址 500，在进行内存单元访问时访问的单元为基址寄存器的值 1000 + 逻辑地址 500 = 1500。因此，可以保证访问正确的内存单元。

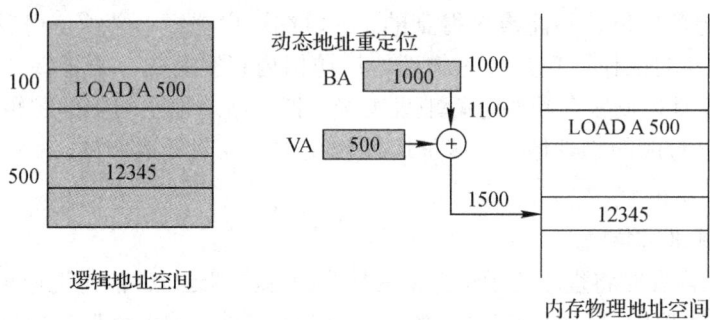

图 5-4　动态地址重定位示意图

这种地址重定位方式有以下特点。

优点：① 可以对内存进行非连续分配；② 可以实现虚存；③ 可以实现共享。

缺点：需要硬件支持。

思考题 5.1：从上面的实例并不能看出动态地址重定位有什么优点，相反，还会觉得更麻烦，分析一下在什么情况下动态地址重定位的优势能够凸显出来，为什么？

5. 内存空间扩充

由于物理内存的容量有限，很多时候很难满足用户的需要，从而会影响计算机系统的性能。为了解决这个问题，在计算机软、硬件的支持下，计算机系统可以把磁盘等辅助存储器作为内存的扩充部分使用，使用户在编程时不用考虑内存的实际容量，也就是说，允许程序的逻辑地址空间大于内存的物理地址空间，使用户在感觉上好像是计算机系统提供了一个容量极大的内存。实际上，这个容量极大的内存空间是不存在的，而是操作系统的一种存储管理方式。常见的内存扩充技术有三种。

1) 覆盖技术

该技术是通过程序内模块之间的相互覆盖实现内存扩充的技术，其基本思想是利用一个程序的不同模块之间可能不同时运行，特别是有一些模块之间会彼此互斥，也就是模块 A 运行的时候一定不会运行模块 B，这样运行模块 A 的时候把模块 A 装入内存，运行模块 B 的时候把模块 B 装入内存，由于二者互斥，所以可以用一块空间放两个不同模块，但是内存空间要能容纳彼此覆盖的模块中最大的。

例 5-1　某个程序有 A、B、C 3 个模块，各需占用 10K、20K、15K 空间，其程序结构示意如图 5-5 所示，其中模块 B 和模块 C 是互斥的，可以互相覆盖，即 B 和 C 不互相调用，且 B 的运行与 C 不发生任何关系，反之亦然。如果采用覆盖技术，模块 B 和模块 C 可以共享同一块内存，但是内存空间必须能容纳二者中较大的区域。

如果不采用覆盖技术，该程序需要用内存：10K + 20K + 15K = 45K。

采用覆盖技术，该程序用内存：10K + 20K = 30K。

由此可见，在这个例子中，采用覆盖技术可以节省 15K 的内存空间。

缺点：对用户不完全透明，要求用户能够编写可以彼此覆盖的程序。

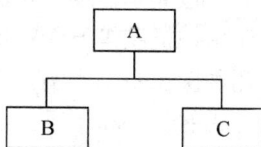

图 5-5　可以覆盖的程序结构示意图

2) 交换技术

该技术是通过不同程序的彼此覆盖实现内存扩充的技术，其基本思想是利用不同程序之间的空间覆盖，允许一个进程的地址空间全部放在外存上，需要时再把它放入内存。例如：程序 A 暂时处于非运行状态，没有必要把程序 A 放在内存，此时，可以把另一个所需内存空间小于程序 A 的 B 程序调入内存，占用程序 A 的空间，此时把程序 A 暂时放在外存交换区。当程序 A 运行时再换入内存，将程序 B 换入外存。覆盖是在同一进程的地址空间进行。交换则是在整个系统的范围内进行的。

3) 虚拟储存器技术

覆盖技术在同一个程序内部的两个不同模块之间彼此覆盖，要求程序员编写能彼此覆盖的程序，扩充的内存空间受程序自身特性的影响。交换技术在两个不同的程序之间彼此覆盖。每次交换的内存量较大，频繁的交换会增加内存的扩充代价。那么，是否可以在不受程序自身特性影响的情况下，减少交换量呢？

虚拟储存器技术综合运用了覆盖技术和交换技术从而实现了一种内存扩充技术，它是在同一个程序内部实现交换，但是不需要彼此交换整个模块，也没要求彼此交换的模块之间具有互斥性。为了更好地理解虚拟储存器技术，先给出虚存的概念。

虚存：系统提供给用户的编程空间。

虚存思想的核心：在动态地址重定位的计算机系统中，把程序的地址空间和实际内存空间分离开来。

虚拟储存器技术的实现：先把程序的地址空间放在外存，只装入一部分就开始程序的运行，在程序执行过程中，所需要执行的指令不在内存时，再到外存将所需要的内容装入内存。

虚拟储存器技术利用了局部性原理。

时间局部：一条指令执行之后在短时间内再次执行该指令的可能性较大。

空间局部：某个存储单元访问不久后短时间内访问其周围单元的可能性较大。

结合上述两个特点，不需要把一个程序的所有内容都放入内存，开始时只放入一小部分即可，在某一段时间内程序只需要用到一小部分指令。

优点：对用户完全透明，内存扩充量比交换大。

缺点：实现起来比较复杂。

5.2　单一连续区存储管理

本节导读：存储器管理有多种方式，其中有一类称为连续存储管理，本节首先介绍什么是连续存储管理，然后着重介绍一种最简单的连续存储管理——单一连续区存储管理，分别从概念、分配与回收机制和存储保护机制等方面对单一连续区存储管理进行讲解，最后给出使用单一连续区存储管理的几种操作系统实例。主要目的是使读者掌握单一连续区存储管理的工作原理以及这种管理方式的优势和不足。

▱ **实例 5.1**

小盖的餐厅越做越大，效益也越来越好。但是，从它的发展历程来看，并不是一帆风顺。小盖是个爱动脑、善于改变的年轻人，他总是希望在运营中，能充分、高效地利用餐厅内有限的就餐空间，以便提高餐厅效益。因此，也就发生了一系列的运营机制改革的故事。下面就让我们回顾一下小盖餐厅的发展历程。餐厅刚刚成立的时候，由于资金有限，小盖租用的门店空间非常狭小，只能放置一套桌椅，供一个人用餐。那个时候，如果有人正在用餐，后面再来的客人只能等待，并且如果同时来了多个人想一起用餐的话，小盖就无法满足他们的需求。

从这个故事，我们可以看出，小盖餐厅的发展历程与计算机系统中存储器管理的发展历史非常相似。如果我们把存储器管理比作小盖餐厅的运营模式，餐厅比喻整个内存空间，餐桌比喻可分配内存单元，那么，这种任意时刻仅仅可以容纳一个客人用餐的模式就是单一连续区存储管理方式。也就是说，整个内存用户区同时只可以运行一个用户作业。下面，我们详细的了解一下什么是单一连续区存储管理。

连续存储管理是指把内存中的用户区作为一个连续区域或者分成多个连续区域进行管理，为一个用户作业分配一个连续的内存空间。连续存储管理方式可以分为单一连续区存储管理、固定式分区存储管理和动态分区存储管理。

单一连续区存储管理是一种最简单的连续区存储管理方式。在单一连续区存储管理方式下，操作系统占用内存空间里面的系统区，而整个用户区则是作为一个连续分区全部分配给一个作业使用，也就是说，在任何时刻内存中都只有一个用户作业。这种存储管理方式适合于单用户、单任务的操作系统。

单一连续区存储管理的分配与回收机制非常简单，采用整体分配、整体回收的方式。

单一连续区存储管理的存储保护机制也比较简单。执行作业的时候，操作系统判断作业的物理地址是否大于或者等于界限地址，同时判断它是否小于或者等于内存空间的最大地址。如果上述判断条件成立，这个用户作业就正常执行，如果条件不成立，操作系统就会产生地址越界中断事件。当采用静态重定位装入方式的时候，由装入程序检查用户作业的物理地址是否超过界限地址，如果没有超过，操作系统正常装入这个用户作业，否则的话，操作系统产生一个地址错误，宣布程序不能装入。通过这样方式，一个被装入内存的作业，总能保证在内存用户区中执行，避免它破坏系统区中的信息，从而达到存储保护的目的。

20 世纪 70 年代，由于硬件技术的发展水平有限，小型、微型计算机的内存空间容量很小，因此，单一连续区存储管理在当时得到了广泛应用。例如，IBM7094 的 FORTRAN 监督系统、Digital Research 和 Dyhabyte 的 CP/M 系统、MIT 兼容分时系统 CISS、微型计算机 Cromemco 的 CDOS 系统、DJS0520 的 0520FDOS 等等，均是采用单一连续区存储管理方式。

思考题 5.2： 单一连续区存储管理的优缺点是什么？

优点：实现简单，运行速度快。

缺点：比物理内存大的进程无法运行，内存资源浪费。

为了克服单一连续区存储管理的缺点，提出固定式分区存储管理。

5.3　固定式分区存储管理

本节导读： 固定式分区存储管理是另一种连续存储管理方式。本节主要介绍固定式分区存储管理的基本原理和涉及的内存分配方法，对这种管理方式的优势和不足做出分析，并且给出了使用固定式分区存储管理的操作系统实例。主要目的是使读者掌握固定式分区存储管理的工作原理以及这种管理方式的优势和不足。

☺ 小故事　第四季(2)：OS 餐厅门店进一步扩大

随着时间的推移，小盖的餐厅实现了良好的运转，并且可以稳定盈利。小盖利用赚来的钱扩大了门店规模。由于菜品齐全、味道精美，前来光顾餐厅的顾客越来越多。显然，目前同一时间只能照顾一位客人用餐的运营模式已经不能满足客人的需求。爱思考的小盖发现了这种运营模式的弊端，他要试图改变。由于门店规模扩大了，所以可以利用的空间也就多了，小盖在增加的空间里又添置了几组桌椅，根据桌子的大小为每张桌子配备不同数目的椅子，这样就可以同时照顾很多批顾客同时用餐，而且每一批顾客也可以不只是一个人了。显然，这种改革为小盖的餐厅带来了更大的利润。

在这个故事中，我们可以看到固定分区存储管理的影子。

5.3.1　基本原理

固定式分区存储管理是另一种连续区存储管理方式。操作系统事先把内存里面的用户区划分成多个连续的区域，每个连续区域叫做一个分区，每个分区的大小可以相同，也可以不同，每个分区在任何时刻都只能装入一道程序执行。划分完成后，这些分区的个数就固定不变了，分区大小也固定不变。每个分区可以装入一个作业，所以，采用固定式分区存储管理的操作系统中，可以有多道作业并发执行。当有作业执行完毕空出分区的时候，操作系统就从辅存上的后备作业队列中选择一个适当大小的作业装入这个空出来的分区。固定式分区存储管理适合多道程序环境。

为了管理各个分区的分配和使用情况，操作系统通常为所有的分区设置一张分区使用表。这个分区使用表用来标明各个分区的分配和使用情况。分区使用表的长度是由内存中分区的个数决定的，表中记录了各个分区的起始地址和分区大小，并且为每个分区设置了一个状态位。当状态位为非 0 时，表示这个分区是空闲分区，可以分配给用户作业；当标志位为 0 时，表示这个分区已经被占用，不能分配给用户作业。图 5-6 显示的例子中，右侧显示内存被划分成 5 个分区，每个分区的大小不相等，其中分区 2、分区 4 和分区 5 分别被进程 P1、P2 和 P3 的作业所占用，分区 1 和分区 3 是空闲分区。左侧显示的是对应的分区使用表。

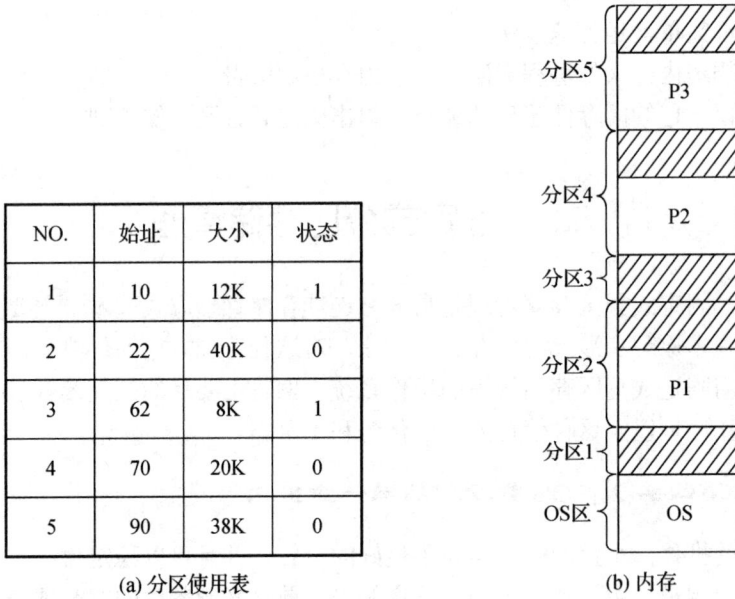

NO.	始址	大小	状态
1	10	12K	1
2	22	40K	0
3	62	8K	1
4	70	20K	0
5	90	38K	0

(a) 分区使用表　　　　　　　　　(b) 内存

图 5-6　固定式分区表状态描述示意图

5.3.2　内存分配方法

当作业队列中有作业要求装入内存的时候，存储管理采用顺序分配算法为这些作业分配内存空间。具体办法是，分配的时候顺序查找分区使用表，找到第一个标志位为非 0 并且分区大小大于作业地址空间大小的分区，将这个分区分配给作业，同时将这个分区的标志位修改成 0，返回它的分区号。如果将分区使用表遍历结束，仍然没有找到满足条件的表项，说明这个作业暂时不能装入内存。图 5-7 给出了固定式分区顺序分配算法的流程图。

在固定式分区存储管理方式下，作业在执行过程中不可以在各个存储分区之间移动，因此，可以采用静态重定位装入方式装入作业。具体方法是，装入程序把这个作业的逻辑地址与分区的下限地址相加，得到相应的绝对物理地址。当一个已经被装入内存的作业运行时，进程调度程序将这个作业所在分区的下限地址和上限地址分别送到 CPU 的下限寄存器和上限寄存器中。CPU 执行这个进程的指令时，需要判断当前指令的物理地址是不是在此分区的下限地址和上限地址范围内，如果物理地址在下限地址和上限地址之间，那么，可以按照物理地址访问内存，如果不在这个范围内，操作系统会产生地址越界中断事件，从而达到存储保护的目的。

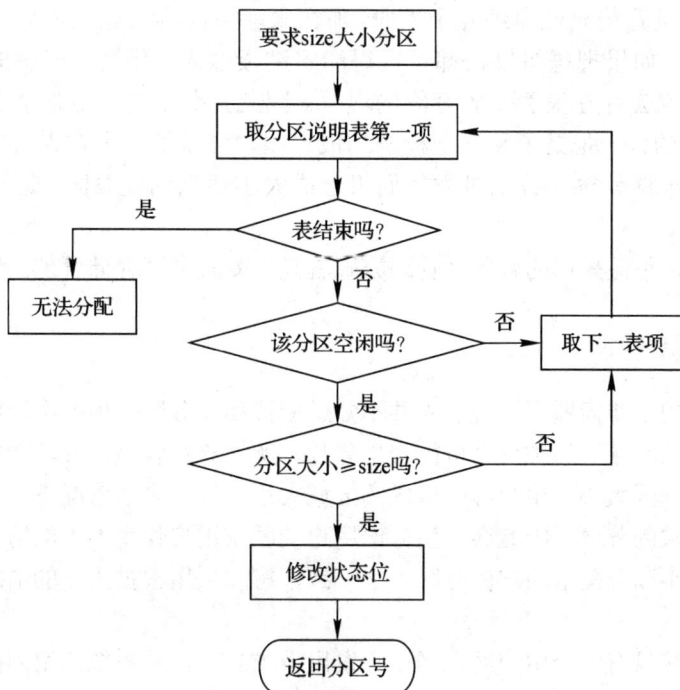

图 5-7　固定式分区顺序分配算法流程图

使用固定式分区存储管理的一个实例是早期的 IBM 操作系统 OS/MFT (Multiprogramming with a Fixed Number of Tasks)。

思考题 5.3：固定式分区存储管理的优缺点是什么？

优点：比单一连续区存储管理提高了内存利用率，允许多个进程同时进行，分区管理简单易行。

缺点：程序大小和分区大小的匹配不理想。固定式分区存储管理方式总是为作业分配一个不小于作业地址空间的分区，因此在分区中产生了一部分空闲区域，影响了内存空间的利用率。

为了克服固定式分区存储管理的缺点，提出动态分区存储管理。

5.4　动态分区存储管理

本节导读：动态分区存储管理是另一种连续存储管理方式。本节主要介绍动态分区存储管理的基本思想、数据结构、涉及的空闲分区分配算法以及内存分配与回收算法；给出使用动态分区存储管理的操作系统实例，并且对这种管理方式的优势和不足做出分析。主要目的是使读者掌握动态分区存储管理的工作原理以及这种管理方式的优势和不足。

小故事　第四季(3)：OS 餐厅又改革了

尝到了甜头的小盖决定继续改革。他发现分别设置桌椅的方式不是很合理。因为如果把每组桌椅都设置得只能容纳几个人时，那么来就餐的客人如果需要很多人在一起吃饭，则无法满足，如果把每组桌椅都设置得能容纳很多人，那么来就餐的客人如果人数比较少的时候，就会存在浪费就餐空间的现象。因此，小盖决定将整个餐厅的所有桌椅全部换成活动式的，一张桌子和一把椅子构成一组，可以供一个客人就餐。当有顾客前来就餐的时候，根据就餐人数临时为他们组合成大小适当的就餐区。这样就可以避免就餐空间的浪费了。

这个故事中，小盖采用的就餐区管理方式就是可变式分区存储管理。

5.4.1　基本思想

固定式分区的主要问题是系统事先并不知道应该如何分区，根据经验将整个内存区分成若干大小不等的区域。这种分区可能产生碎片，所谓碎片就是一片浪费的存储区，固定式分区很难保证分区大小与用户程序请求的区域大小一致，多数情况下，分给用户程序的分区大于用户请求的分区，因此会产生分给用户的区域用户使用不上的情况。要想使得用户请求的分区大小和分配给用户的分区大小一致，可以采用根据用户的请求动态确定分区大小的方法。

初始时，系统只有一个用户区，当用户发出请求之后，从系统的空闲区域中找出一块大于或等于用户请求分区大小的区域，从中划分出与用户请求的区域大小一样的区域进行分配。以此类推。图 5-8 给出了动态分区分配的示意图。从图中可以看出，随着作业申请、释放内存区，从图 5-8(a)的一个空闲分区，变成图 5-8(e)的四个分区，其中两个是空闲区，分区的大小受请求分区作业大小的影响。

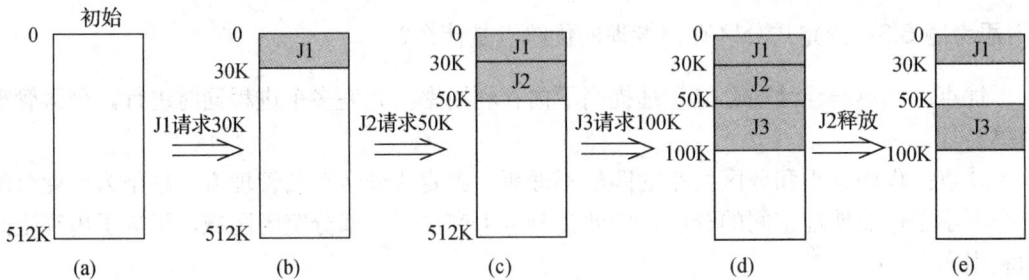

图 5-8　动态分区分配过程示意图

5.4.2　数据结构

由 5.4.1 中可以看出，动态分区存储管理是按照用户作业的大小来划分分区的，但是，划分的时间、位置和大小都是动态的。操作系统在用户作业装入到内存并且执行之前并不建立分区，当要装入一个用户作业的时候，首先根据这个作业需要的内存空间大小查看内存中是不是有足够的空间，如果有，那么可以按照这个作业的需要容量划分出一个分区分配给它；如果没有的话，操作系统令这个作业等待内存空间。在动态分区存储管理中，由于分区的大小是按照作业的实际需要容量确定下来的，并且分区的个数也是可变的，所以，动态分区存储管理可以克服固定式分区存储管理方式中的内存空间浪费的问题，这有利于多道程序设计，实现多个用户作业对内存空间的共享，进一步提高内存空间的利用率。

在动态分区存储管理方式下，在用户作业还没有装入内存之前，整个用户区是一个大的空闲分区。随着用户作业的装入、释放，内存空间会被分成许多个分区。在这些分区中，有的分区被作业占用，而有的分区是空闲的。当一个新的用户作业要求装入时，系统必须为它找一个足够大的空闲区。如果找到的空闲区大于作业需要容量，那么这个用户作业装入之前需要把这个空闲区分成两部分，其中一部分配给作业使用，而另一部分又将成为一个更小的空闲区。当一个用户作业运行结束要释放时，它归还的区域如果与其他空闲区相邻，那么，系统应该将它们合成一个更大的空闲区，以方便将来大作业的装入。由此，在动态分区存储管理中，内存用户区中分区的大小是由作业的实际需求决定的，是可变的。分区的个数是由装入内存的作业数量决定的，也是可变的。

为了实现动态分区存储管理，为系统空间分配提供依据，需要设置相应的数据结构，用来描述空闲分区和已分配分区的状态，在动态分区存储管理中，用到的数据结构为空闲分区表。

系统设置空闲分区表，用来描述空闲分区情况，为内存空间的分配提供依据。空闲分区表记录内存中可以用来分配的空闲分区的起始地址和分区大小。表 5-1 所示是一个动态分区存储管理方式的空闲分区表，系统按照一定的规则组织空闲分区表，当作业要求装入内存的时候，从空闲分区表查找一个长度大于作业地址空间大小的空闲分区，用于装入这个作业。

表 5-1　动态分区存储管理方式空闲分区表

NO.	始址	大小
1	10	20K
2	56	40K
3	106	20K
4	176	30K
5	226	30K

5.4.3　动态分区分配算法

动态分区分配算法要解决以下两个问题：
(1) 在众多的空闲区中找到满足请求分区大小的分区。
(2) 进行分区划分之后，调整空闲区表。

与固定式分区相比，动态分区空闲区表中空闲区起始地址动态变化，因此在进行空闲区组织的时候，需要考虑两个因素：空闲区起始地址和空闲区大小。动态分区分配有几种不同的分配算法，不同的分配算法空闲区表组织方式不同。常见的基于顺序搜索的算法有四种：首次适应法、最佳适应法、最坏适应法和下次适应法。

1. 首次适应分配算法(First Fit)

首次适应分配算法往往是将空闲分区按照起始地址从小到大的顺序登记在空闲分区表中，分配流程如图 5-9 所示。在内存空间分配时，总是顺序查找空闲分区表，选择第一个满足请求空间要求的空闲分区，划分一部分空间分配给作业，而剩余部分仍然作为空闲分区留给以后的用户作业使用。由于每次都是从前到后依次扫描空闲区表，这就导致在分配时总是优先分配低地址部分的空闲分区，保留了高地址部分的较大空闲区。

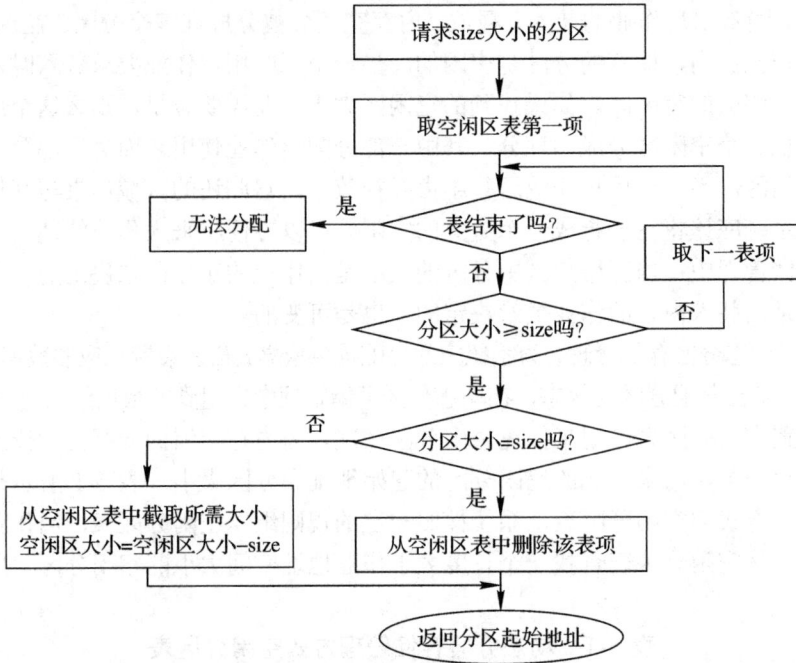

图 5-9　首次适应分配算法流程图

　　首次适应分配算法实现简单，但是经过若干次作业的装入与释放后，有可能把较大的内存空间分割成若干个小的、不连续的新空闲分区，这些空闲分区的长度可能比较小，不能满足内存再次为其他用户作业分配的需要，从而使内存空间的利用率大大降低，我们称这些空闲分区为"碎片"。除此之外，首次适应分配算法空闲区的大小是无序的，而在进行分区分配时，分区大小是否满足用户要求是一个重要条件，因此对空闲区进行查找的时间复杂度为 O(n)。

2. 最佳适应分配算法(Best Fit)

　　由于首次适应分配算法有可能将大分区分成较小分区，特别是，在高地址部分有正好满足用户要求的分区，而低地址部分的空闲区大于用户需求的时候，会将低地址部分的大分区分成较小分区，大大影响分区的利用率。有学者提出能否按照分区大小由小到大排序，这样可以保证优先分配正好满足用户最佳适应分配算法，提高内存的利用率。

　　最佳适应分配算法空闲分区按照分区大小以递增的顺序登记在空闲分区表中。在内存空间分配时，总是顺序查找空闲分区表或空闲分区链，找到的第一个满足作业地址空间要求的空闲分区一定是能够满足该作业要求的所有分区中的最小分区。特别是，空闲区表中有与用户请求的分区一样大的空闲区时，首先分配该分区。这样做的好处是可以保留较大的分区，一旦有较大的作业要求装入内存时，比较容易获得满足。同时，按照空闲区大小排序，在进行空闲区搜索时，可以采用二分法，因此对空闲区进行查找的时间复杂度将为 O(ln(n))。

　　然而，采用最佳适应分配算法，如果所选择的分区不能正好与请求的分区大小相同，则每次分配后分割的剩余空间总是最小的，这样形成的"碎片"往往难以再次利用，降低了内存空间的利用率。除此之外，在将空闲区的一部分分配给请求者之后，需要找到剩下的空闲区在空闲区表中的位置并进行调整。

3. 最坏适应分配算法(Worst Fit)

既然首先分配满足要求分区中最小分区的最佳适应分配算法可能将分区分成碎片，那么是否选择相反的排序方式，每次分配最大空闲区，则剩下的分区可能依然很大，产生碎片的可能性大大降低，有学者提出了最坏适应分配算法。

最坏适应分配算法与最佳适应分配算法相反，空闲分区按照分区大小以递减顺序登记在空闲分区表或空闲分区链中。当有作业要求装入内存时，总是选择一个满足该作业地址空间要求的最大空闲分区进行分割，按照作业需要分割掉相应的空间后，剩余部分的空间不至于太小，仍然可以供系统再次分配使用。系统分配时顺序查找空闲分区表或空闲分区链，其中第一个登记项就是对应着当前内存的最大空闲分区，如果第一个分区不能满足分区要求，其他分区也不能满足要求，因此搜索次数为 1 次，大大降低了搜索时间，时间复杂度将为 O(1)。

最坏适应分配算法有利于中小型作业的装入要求，并且查找效率高。它的不足在于这种算法使内存空间中难以存在较大的空闲分区，不利于大型作业的装入要求。

4. 下次适应分配算法(Next Fit)

下次适应分配算法在内存空间分配时，空闲区按起始地址从小到大排序，最后一个空闲区指向第一个空闲区，形成空闲区环。每次查找空闲分区，不是像最先适应分配算法那样，从第一个表项开始查找，而是从上次查找找到的空闲分区的下一个空闲分区开始查找，找到一个满足条件的分区，并且根据作业地址空间大小分割出相应的空间分配给用户作业。

下次适应分配算法避免了过多"碎片"的产生，使内存中空闲分区大小更均衡，它的不足是缺少较大的空闲分区，不利于大型作业的装入。

接下来，我们简要分析一下这四种空闲分区分配算法，从内存利用率和搜索空闲区时间复杂度方面考察。四种算法的比较结果如表 5-2 所示。

表 5-2　动态分区分配算法比较表

算法名称	分配时间开销	破坏大分区	产生碎片
最佳适应法	中	否	是
最坏适应法	小	是	否
首次适应法	大	中	中
下次适应法	大	中	中

思考题 5.4：上面提到的分配算法都是基于顺序搜索的算法，除了基于顺序搜索的算法，还有一类是基于索引的算法，想一下，如果采用基于索引的算法，如何进行动态分区内存分配？可以提出哪些算法？如果不能独立思考，可以查阅其他文献了解相应算法，并比较基于索引的算法与基于顺序搜索的算法之间的差异。

5.4.4　内存的回收

装入内存的用户作业执行结束后，它所占据的分区需要被回收，回收后的空闲区登记在空闲分区表中，用来装入新的作业。回收空间的时候，并不像固定式分区那样，只标记为空闲区就行了，动态分区回收时应该检查是否存在和释放区相邻的空闲分区，如果有，那么将这个相邻的空闲分区和释放分区合并成为一个新的空闲分区进行登记管理。

假设释放区的始址为 S，长度为 L，回收时可能出现的情况有以下四种，如图 5-10 所示。

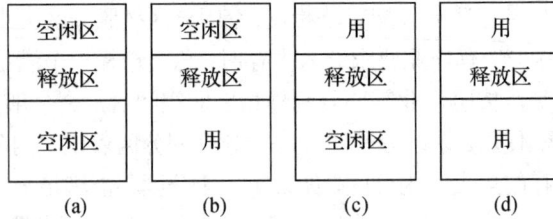

空闲区	空闲区	用	用
释放区	释放区	释放区	释放区
空闲区	用	空闲区	用
(a)	(b)	(c)	(d)

图 5-10　释放区分布示意图

1) 释放区既有上邻空闲区又有下邻空闲区

在内存区中，释放区前面的分区和释放区后面的分区都是空闲区，如图 5-10(a)所示。如果空闲区按照起始地址由小到大排序，则如果 S 正好等于第 j 个表项中的起始地址加上长度，并且 S+L 正好等于空闲分区表中第 j+1 个表项的起始地址，表明释放区既有上邻空闲区，也有下邻空闲区，此时不需要为释放区分配新的空闲分区表项，应该将这三个分区合并成为一个新的分区，也就是说，第 j 个表项起始地址不变，长度为三者之和，取消第 j+1 个表项。这个时候，第 j 个分区表项指示的空闲分区是释放区和它的上邻空闲区以及下邻空闲区合并形成的一个更大的空闲分区。

2) 释放区只有上邻空闲区

在内存区中，释放区前面的分区是空闲区，如图 5-10(b)所示。如果空闲区按照起始地址由小到大排序，则如果空闲分区表中第 j 个表项中的起始地址加上长度正好等于 S，而 S+L 小于空闲分区表中第 j+1 个表项中的起始地址，说明释放区只有一个上邻空闲区，这个时候应该将释放区与它的上邻空闲分区合并。不需要为释放区分配新的空闲分区表项，只需修改第 j 个表项的内容，也就是说，它的起始地址不变，长度修改为上邻空闲区长度加上释放区长度 L。此时第 j 个分区表项指示的空闲分区是释放区与它的上邻空闲区合并形成的一个更大的空闲分区。

3) 释放区只有下邻空闲区

在内存区中，释放区后面的分区是空闲区，如图 5-10(c)所示。如果空闲区按照起始地址由小到大排序，如果 S+L 正好等于空闲分区表中某个表项(假定为第 j 项)所示分区的起始地址，说明释放区有一个下邻空闲区。这时应该将释放区与下邻空闲分区合并，形成一个新的空闲分区，不需要为释放区分配新的空闲分区表项，只需要修改空闲分区表中第 j 个表项的内容，也就是说，起始地址修改为释放区的起始地址，分区大小修改为这两个分区的大小之和。此时第 j 个分区表项指示的空闲分区是释放区与其下邻空闲分区合并形成的一个更大的空闲分区。

4) 释放区既没有上邻空闲区又没有下邻空闲区

如果在检查空闲区表的时候，没有上面所提到的三种情况出现，说明释放区既没有上邻空闲区又没有下邻空闲区。这时，应该为释放区单独建立一个新的表项，填写释放区的起始地址和长度，并且把这个表项插入到空闲分区表或空闲分区链中的适当位置。

IBM 操作系统 OS/MVT(Multiprogramming with a Variable Number of Tasks)是使用动态分区存储管理的实例。

5.4.5　动态分区分配的其他问题

5.1.2 节介绍的存储器管理的功能中阐述了存储器管理有五个功能：内存的分配与回收、内存信息的保护、信息共享、地址变换、内存扩充。5.4.1 节到 5.4.4 节介绍了动态分区管理的内存分配与回收算法，本节讨论动态分区分配算法的其他问题。

1. 动态分区分配的内存信息保护

采用动态分区存储管理方法可以使内存中同时有多道程序，必须保证每道程序只访问自己的内存区，因此需要采用内存信息保护技术。由于动态分区存储管理方式中每道程序使用一片连续的存储区，可以采用界限寄存器的方式进行内存信息的保护。

2. 浮动

无论采用哪种算法进行动态分区分配，都会产生碎片，如果内存中有较多的碎片，会影响内存的使用效率。为了提高内存的使用效率，可以采用浮动技术。

浮动是指程序的地址空间在内存中的移动。当内存中存在大量碎片时将程序的地址空间尽量移动到一起，将多个碎片合并在一起形成一整块内存空间，是一种以时间换空间的技术。

3. 动态分区分配的地址变换和内存扩充

动态分区存储管理方式既可以采用静态地址重定位，又可以采用动态地址重定位。但是，为了提高内存利用率，动态分区存储管理需要采用浮动技术进行碎片合并，使得动态分区存储管理中作业的内存起始地址不固定，静态地址重定位具有一定的局限性，因此动态分区存储管理更多采用动态地址重定位。

为了提高内存的利用率，需要对内存进行扩充，动态地址重定位一般采用覆盖和交换技术进行内存扩充。

?? 思考题 5.5：动态分区存储管理的优缺点是什么？

优点：① 一定程度上解决了单一连续区存储管理方式程序大小和分区大小的匹配不理想的问题；② 支持多道，而且程序的并发程度比固定式分区有较大提高；③ 需要的硬件支持较少。

缺点：① 在多次分配和回收之后，内存空间中容易产生碎片；② 无法实现信息共享；③ 内存分配回收算法复杂。

为了克服动态分区存储管理的缺点，提出页式存储管理。

5.5　页式存储管理

本节导读：与连续存储管理相对应的就是离散存储管理，离散存储管理可以很好地解决内存空间容易产生"碎片"的问题，大大提高内存空间的利用。页式存储管理是一种有效地离散存储管理。本节主要介绍了页式存储管理的基本原理、涉及的内存空间分配与回收算法、地址变换、信息保护以及二级页表和多级页表等问题。主要目的是使读者掌握页式存储管理的相关知识以及这种管理方式的优势和不足。

☺ **小故事 第四季(4)：OS 餐厅的单人座**

上次的改革取得了一定的成效，但是，小盖发现这种方式在第一次给顾客分座位的时候，可以达到最高的空间利用率，可是在经过了若干次分配之后，前面的座位中就很容易产生零星的空位，没办法利用。因此，小盖又想出了一个解决办法，就是让同一拨来就餐的顾客不必坐在一起，而是分开就餐，一个人占一个座位，这样，只要有空余的座位，就可以使用，因此，就大大提高了就餐空间的利用率。

在这个故事中，如果我们把前来就餐的同一拨顾客看作是一个用户作业，餐厅中的一个座位看作是一页，那么，这一次，小盖提出的方法就是页式存储管理。

5.51 基本原理

连续存储管理的优点显然是操作简单，但是它必须将作业一次性、连续地装入内存空间，对空间的要求很高，非常容易在内存空间中产生很多"碎片"。如果采用不连续存储的管理方式把逻辑地址连续的作业离散地存储到内存上几个不连续的空间，并且能保证作业正确执行，那么我们就可以充分利用内存空间，减少内存 "碎片"的产生。离散分配方式就是基于这个思想而产生的。页式存储管理是指离散分配的基本单位是页，也就是将一个逻辑地址连续的进程离散地装入到内存中不同的页中。本小节讨论的页式存储管理要求一个作业必须全部装入内存后才能运行，我们称之为基本页式存储管理或者纯页式存储管理。

页式存储管理是把内存空间划分成为若干个大小相等的存储块，这些存储块叫做块或页框(Page Frame)。系统对所有的块进行顺序编号，如第 0 块、第 1 块、第 2 块，等等。另一方面，将用户进程的逻辑地址空间划分为与块大小相等的若干页，同样对它们进行顺序编号，从 0 开始，如第 0 页、第 1 页、第 2 页，等等。内存分配的时候，系统将用户进程的所有页分别装入到多个可以不连续的块中。需要注意的是，页的大小要适中并且应该是 2 的幂次，一般设定为 512B~8KB。

页式存储管理的逻辑地址由两部分组成：页号和页内地址，它的结构如图 5-11 所示。

图 5-11 页式存储管理的逻辑地址结构示意图

逻辑地址结构中页号的位数决定了一个作业最多可以分成多少页，页内地址的位数决定了页的大小，也就决定了内存的分块大小。例如：如果逻辑地址空间是 4 位，页的大小为 $4B(2^2)$，页内地址需要占两个二进制位，页号只能占 $4-2=2$ 个二进制位，则每个进程最多可以有 4 页。系统会根据这一结构自动分离页号和页内地址。该实例的逻辑地址的结构如图 5-12(a)所示。

　　如果逻辑地址空间同样是 4 位，页的大小为 $8B(2^3)$，页内地址需要占三个二进制位，页号只能占 $4-1=1$ 个二进制位，则每个进程最多可以有 2 页。系统会根据这一结构自动分离页号和页内地址。该实例的逻辑地址的结构如图 5-12(b)所示。

逻辑地址	页号	页内地址
00 00	0	0
00 01	0	1
00 10	0	2
00 11	0	3
01 00	1	0
01 01	1	1
01 10	1	2
0 111	1	3
10 00	2	0
10 01	2	1
10 10	2	2
10 11	2	3
11 00	3	0
11 01	3	1
11 10	3	2
11 11	3	3

(a)

逻辑地址	页号	页内地址
0 000	0	0
0 001	0	1
0 010	0	2
0 011	0	3
0 100	0	4
0 101	0	5
0 110	0	6
0 111	0	7
1 000	1	0
1 001	1	1
1 010	1	2
1 011	1	3
1 100	1	4
1 101	1	5
1 110	1	6
1 111	1	7

(b)

图 5-12　页式存储管理的逻辑地址实例图

　　从图 5-12 可以看出，只要知道了逻辑地址空间的大小以及页面大小，系统就可以自动分离页号和页内地址。从地址结构来看，逻辑地址是连续的，用户在编制程序时不需要考虑如何分页。进行存储空间分配时，以块为物理单位进行内存空间分配，也就是说，把作业信息按页存放到块中。根据作业的长度可以确定它的页数，一个作业有多少页，在装入内存时就给它分配多少个块，而这些内存块是可以不相邻的，因此就避免了内存"碎片"的产生。

　　思考题 5.6：逻辑地址空间结构与页长和页数之间有什么关系？

5.5.2　存储空间的分配与回收

　　页式存储管理把内存空间划分成为若干个大小相等的块，以块为单位来进行内存空间的分配。进行页式存储空间的分配与回收需要解决以下问题：

　　(1) 记录内存页面的状态，每个页面是空闲还是已分配，为内存分配提供参考。

　　(2) 记录页与页面的对应关系，为地址变换提供参考。

　　(3) 确定内存分配与回收算法。

　　为了解决上述问题，需要提供相应的技术和方法，下面一一介绍。

1. 记录内存页面状态的数据结构

　　由于页式存储管理将内存分成若干大小相等的页面，每个页面的结构相同、功能相同，因此只需要记录每个页面可用还是已分配即可，在页式存储管理中用位示图表示每个页面的状态。用二进制位(bit)表示 1 个页面的状态，0 表示该页面空闲，1 表示该页面已经分配。图 5-13 是一个表示内存页面状态的示意图。从图中可以看出内存的第 0 个页面空闲，第 1 到第 4 个页面已分配，第 5 到第 7 个页面空闲，以此类推。系统可以通过计数 count 来标识空闲页面数量。

0	1	2	3	4	5	6	7	8	9	10	11	12	13	14	15
0	1	1	1	1	0	0	0	1	1	1	1	0	0	0	1
0	0	0	0	0	0	1	1	0	1	0	1	0	0	0	1
1	1	1	0	0	0	1	1	1	1	0	0	0	0	0	0

图 5-13　位示图示意图

需要说明的是，位示图要占一定的空间。如果内存有 1024 个页面，位示图将占 1024 位，即 1024/8 = 128 B 内存空间。

思考题 5.7：2 GB 的内存，每块 1024 B，位示图占多少字节？

2. 记录页与页面对应关系的机制

页是程序的逻辑地址空间的块标识，页面是内存物理空间的块标识，逻辑地址空间的内容最终要装入物理地址空间才能运行，页与页面大小相同，因此一个逻辑页正好可以装入一个物理页面内，因此每个页都有一个对应的页面，要描述这种对应关系，页式存储管理采用页表描述页与页面的对应关系。系统为每个进程设置一张页表，页表结构如图 5-14 所示。

页号	页面号	访问权限

图 5-14　页表结构示意图

图 5-15 给出了一个进程的页表构建示意图，进程有 3 个逻辑页，页号分别是 0#、1#、2#，分别装入内存的第 11、20、23 号页面，图 5-15 右侧给出了该进程对应的页表。

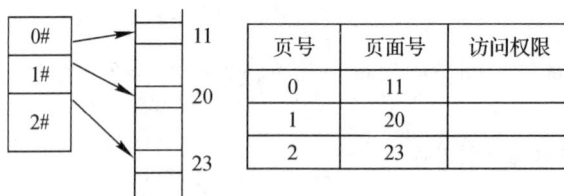

页号	页面号	访问权限
0	11	
1	20	
2	23	

图 5-15　页表构建示意图

3. 页式分配与回收算法

内存分配的时候，首先查看剩余空闲块总数是否能够满足作业地址空间需求，如果不能满足，那么不进行分配，作业不能装入内存，如果能满足，那么从位示图中找出标志为 0 的位，并且将它的占用标志设置为 1，从空闲块总数中减去本次占用的块数，按照找到的空闲位计算出对应的页面号，建立这个用户作业的页表，把作业装入相应的存储块中。页式分配算法流程如图 5-16 所示。

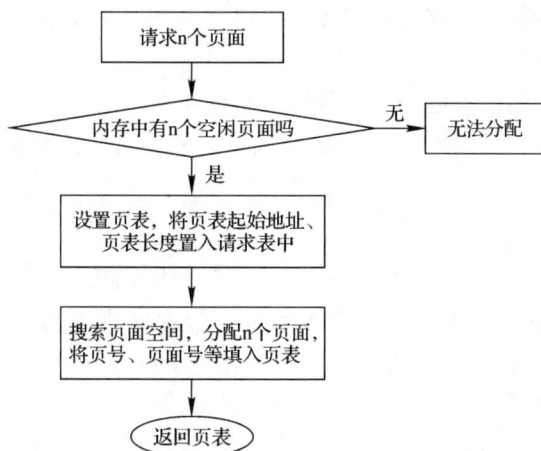

图 5-16　页式分配算法流程图

由于每一块的大小相等，在位示图中查找到一个标志为 0 的位后，根据它所在的字号、位号，可以计算其相应的块号，计算方法如式(5-1)所示。

$$块号 = 字号 \times 字长 + 位号 \qquad (5\text{-}1)$$

当一个作业执行结束时，应该回收作业所占的内存块。根据归还的块号计算出这个块在位示图中对应的位置，将占用标志修改为 0，同时把回收块数加入到空闲块总数中。假定归还块的块号为 i，那么它在位示图中对应的位置计算方法如式(5-2)和式(5-3)所示。

$$字号 = [i/字长] \qquad (5\text{-}2)$$
$$位号 = i \bmod 字长 \qquad (5\text{-}3)$$

其中，[ ] 是取整数操作；mod 是取余数操作。在进行内存分配时，可以根据空闲块总数判断是否有足够多的空闲页面，如果有足够多的页面，找状态为 0 的页面进行分配即可。

5.5.3　地址变换

1. 基本的地址变换机构

在页式存储管理中，允许将作业的每一页离散地存储在内存的存储块中，但是系统必须能够保证作业的正确运行，也就是说，能够在内存中找到每个页面所对应的物理块。为此，系统为每个进程建立了如图 5-15 所示的页表，进程的所有页(0~n)依次地在页表中记录了相应页在内存中对应的物理块号。页表的长度是由进程或者作业拥有的页面数决定的。页表实现了从页号到内存块号的地址映像，通过查找页表，就可以找到作业中每一页在内存中的物理块号。

页式存储管理采用动态重定位方式装入作业，作业执行时通过硬件的地址转换机构实现从用户空间中的逻辑地址到内存空间中物理地址的转换工作。由于页内地址和物理块内的地址是一一对应的，例如，对应页面大小是 1 KB 的页内地址是 0~1023，它对应的物理块内的地址也是 0~1023，不需要再进行转换。因此，地址变换机构的任务实际上只是将逻辑地址中的页号转换成为内存中的物理块号。由于页表中记录着页号与块号之间的对应关系，因此，页表是进行地址转换的主要依据。

由于寄存器的成本较高、存储空间较小，将页表全部存放在寄存器中是不可能的，因此，页表大多存放在内存上。

为了保证用户访问的内存地址是正确的，系统还提供了另一个数据结构——页表控制寄存器，其结构如图 5-17 所示。该寄存器记录了进程的页表长度和页表起始地址。

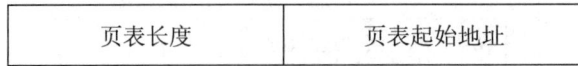

页表长度	页表起始地址

图 5-17　页表控制寄存器结构示意图

进程未执行时，页表起始地址和页表长度存放在本进程的 PCB 中。当调度程序选择进程后，才将这两项数据送入页表控制寄存器中。地址转换时，分页地址变换机构会自动将逻辑地址分为页号和页内地址两部分，以页号位索引检索页表。如果页表中没有这个页号，那么系统会产生一个"地址越界"中断事件；如果页表有此页号，那么可得到对应的内存块号，再用公式 5-4 按逻辑地址中的页内地址计算出所要访问的内存单元的物理地址。

$$物理地址 = 块号 \times 块长 + 页内地址 \tag{5-4}$$

例 5-2　某个页式存储系统中页号占 4 个二进制位，页内地址占 12 个二进制位，某进程有三个逻辑页，分别放在物理页 CH、EH、FH 中，图 5-18 给出了逻辑地址 1500H 变换为物理地址的示例。从图中可以看出，给定逻辑地址 1500H 后，根据页号占 4 个二进制位，页内地址占 12 个二进制位，系统自动分离页号和页内地址为 1H 和 500H，然后判断页表控制寄存器中的页表长度是否大于页号，如果大于则地址越界，否则根据页表控制寄存器的页表起始地址与页号查找该页在页表中的位置，确定页面号 EH；再由页面号 EH 和页内地址 500H 形成物理地址，访问内存第 EH 块的 500H 单元。

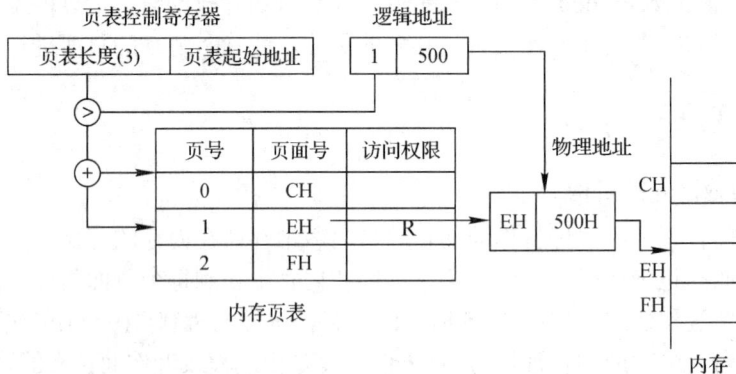

图 5-18　基本页式地址变换示意图

思考题 5.8：例 5.1 中逻辑地址 2500H 对应的物理地址是多少？4500H 呢？

思考题 5.9：例 5.1 中逻辑地址如果是十进制 1500，则如何计算页号和页内地址？

十进制的逻辑地址变换为物理地址的步骤如下：

如果给定逻辑地址 LA，页面大小 size，页表，求物理地址 PA。

(1) 页号 p = int(LA/size)；

(2) 页内偏移量 offset = LA mod size；

(3) 查页表获取页面号 f (若有转(4)，否则地址越界);

(4) PA = f*size+offset。

2. 具有快表的地址变换机构

从图 5-18 可以看出，页表存放在内存上，这就使得读取一个指令或者数据至少需要两次访问内存。第一次是访问内存中的页表，查找到指定页面对应的物理块号，由块号与页内地址计算出指令或者数据的物理地址。第二次访问内存时，根据第一次计算得到的物理地址进行指令或者数据的存取操作。因此，这种方式令计算机的处理速度下降。

为了提高存取速度，我们通常在地址变换机构中增设一个具有并行查找能力的小容量高速缓冲寄存器，称之为快表或者联想寄存器。利用快表存放页表的一部分，快表中登记了当前作业中最常用的页号和它在内存中块号的对应关系。

图 5-19 给出了快表的结构。当有作业要求装入内存的时候，首先将它的页号在快表中进行查找，如果快表中有这个页号，直接将它对应的内存物理块号读出，送入物理地址寄存器中。如果该页号没有在快表中找到，那么按照基本的地址变换规则访问内存中的页表，找到页号后，将它对应的物理块号送入物理地址寄存器，同时，因为它是最近被访问的页面，将它的页号写入快表中的一个寄存器单元。如果此时寄存器已满，那么系统选择一个很久未被使用的页表项调出快表。

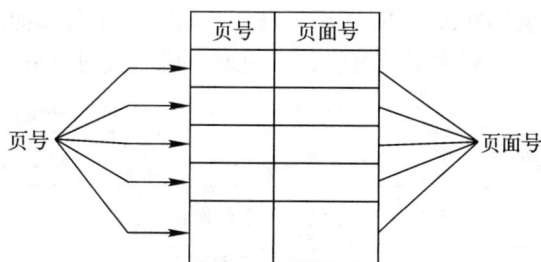

图 5-19　快表结构示意图

快表的查找速度很快，但是成本很高，所以一般容量非常小，通常只存放 16～512 个页表项。由于程序的执行往往具有局部性特征，如果快表中包含了最近常用的页表信息，则可以达到快速查找并且提高指令执行速度的目的。根据统计，从快表中直接查找到所需要的页表项的概率可以达到 90%以上。

5.5.4　信息共享与保护

页式存储管理能方便地实现程序和数据的共享。在多道程序系统中，编辑程序、编译程序、解释程序、公共子程序、公共数据等都是可共享的，这些共享的信息在内存中只需要保留一个副本，大大提高了内存空间的利用率。

在实现共享时，必须区分数据的共享和程序的共享。实现数据共享时，可以允许不同的作业对共享的数据页采用不同页号，只需要将各自的有关表目指向共享的数据信息块即可。而实现程序共享时，由于页式存储结构要求逻辑地址空间是连续的，所以在程序运行前它们的页号是确定的。假设有一个共享程序 EDIT，其中含有转移指令，转移指令中的转移地址必须指明页号和页内地址，如果是转向本页，则转移地址中的页号应与本页的页号相同。设有两个作业共享该程序 EDIT，一个作业定义它的页号为 3，另一个作业定义它的页号为 5。既然一个 EDIT 程序要为两个作业以同样的方式服务，那么这个程序一定是可再入程序，转移地址中的页号不能按作业的要求随机地改成 3 或 5，因此对共享程序必须规定一个统一的页号。当共享程序的作业数较多时，规定一个统一的页号就比较困难。

　　页的共享可以节省内存空间，但是实现程序和数据的共享必须解决共享信息的保护问题。通常情况下，系统可以在页表中增加一些存取控制字段，指出对该页信息的操作权限，例如，读/写、只读、只执行、不可访问等。CPU 在执行指令时需要对存取控制字段进行核对，如果作业试图去写一个有只读权限的存储块时，系统将产生中断。

5.5.5　二级页表及多级页表

　　由于大多数的现代计算机系统都支持较大的逻辑地址空间,这样产生的页表就非常大，并且要求存放在连续的空间中，这是不容易满足的。这种情况下，提出二级页表和多级页表来解决这一问题。

　　二级页表是对原来的页表进行分页，把各个页面离散存放在不同的物理块中。所以，同样要为离散存放的页表再次建立一张页表，叫做外层页表。换句话说，二级页表分为外层页表和内层页表，外层页表记录内层页表的起始地址，内层页表记录内存块号，二级页表结构逻辑地址结构示意图如图 5-20 所示。二级页表结构示意图如图 5-21 所示。地址变换时，首先查找外层页表找到内层页表的起始地址，再查找内层页表找到内存块号，最后再形成物理地址。

外层页号	内层页号	内页块号

图 5-20　二级页表逻辑地址结构示意图

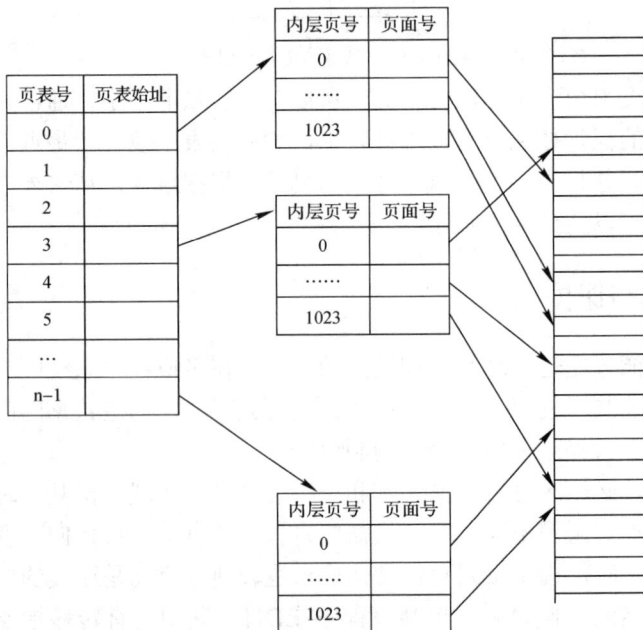

图 5-21　二级页表结构示意图

对于逻辑地址空间更大的计算机系统，如果二级页表结构不能满足需求，还可以引入多级页表的概念。多级页表结构是把外层页表再进行分页，并且离散地存放到可以不连续的物理块中，利用第二级的外层页表来映射页号和块号之间的一一对应关系。

? 思考题 5.10： 页式存储管理的优缺点是什么？

优点：解决了动态分区存储管理方式易产生碎片的问题。

缺点：一个作业必须全部装入内存后才能运行，页面共享困难。

为了克服页式存储管理一个作业必须全部装入内存后才能运行的缺点，提出请求页式存储管理，将在 5.6 节详细说明。

为了克服页式存储管理页面共享困难的缺点，提出段式存储管理，将在 5.7 节详细说明。

5.6　请求页式存储管理

本节导读： 单纯的页式存储管理对内存物理容量的要求比较高，只有大的容量才能运行大的用户作业，为了从逻辑上扩充内存容量，提出了虚拟存储器以及请求页式存储管理。本节主要介绍了请求页式存储管理的基本原理以及涉及的页面置换算法。最后对请求页式存储管理的性能进行了分析。主要目的是使读者掌握请求页式存储管理的相关知识以及了解这种存储管理方式的优势和不足。

前面介绍的各种存储器管理方式都要求一个作业全部装入内存空间后才能运行，直到作业运行结束后才释放它所占有的全部内存资源。这样就会出现一些问题，当作业地址空间要求较大，内存空间不能满足时，这个作业就不能装入内存，因此无法运行。当有大量作业要求运行，但是内存容量不能够容纳所有作业的时候，只能将少数作业先装入内存运行，而其他作业则需要留在辅存上等待。

? 思考题 5.11： 长度为 100 页的程序运行时是否需要把所有的页面全部放到内存？如何分配内存才能更加有效的利用内存空间？

事实上，我们会发现，程序的运行具有局部性，如果把整个程序都放入到内存中，许多在程序运行过程中不用或者暂时不用的程序或数据占据了大量的内存空间，使得一些需要运行的作业无法装入运行。因此，作业在运行之前，如果不将它全部装入内存，而只是把当前需要运行的少部分页面装入内存运行，其余大部分页面暂时保留在磁盘上，那么就可以在有限的内存空间情况下尽可能多地运行多个作业。这样，在内存容量固定的情况下，从逻辑上扩大了存储器的容量。采用这种内存管理方式的页式存储管理被称为请求页式存储管理。

5.6.1　请求页式要解决的问题

请求页式存储管理是在页式存储管理的基础上，增加了请求分页功能和页面置换功能实现的虚拟存储管理。请求页式存储管理允许作业只装入部分页面就启动运行，在执行过程中，如果所要访问的页面已经存在于内存中，则进行地址转换，得到所要访问的内存物理地址，如果所要访问的页面不在内存中，那么系统就产生一个缺页中断，如果这时内存有足够的空间容纳新页，则启动磁盘 I/O 功能将该页面调入内存，如果内存已满，则通过页面置换功能将内存中暂时不用的页面调出，并且将当前所需的页面调入。

在页式存储管理系统中，用页表实现地址变换，传统页表主要描述页号和页面号之间的对应关系，那么用传统页表是否可以实现请求页式存储管理呢？首先分析请求页式存储管理需要解决的问题。

(1) 如何发现缺页？

(2) 如何在外存中找到缺页？

(3) 内存没有空闲页面怎么办？

(4) 如何选择要淘汰的页？

(5) 淘汰算法要考虑哪些因素？

(6) 如何知道某页是否被引用？

(7) 如果内、外存中都有某页，哪一个更新？

(8) 怎么知道某页是否被修改？

为了解决如何发现缺页问题，就需要对现有的页表进行扩充，增加状态位。"状态位"用来指示该页面是否已经调入内存，如果某页对应栏的状态位为 1，则表示该页已经调入内存。要想在外存中找到缺页，必须在页表中标识页的外存地址，因此需要对页表进行扩充增加一个外存地址字段。当找到外存地址需要将该页调入内存时，需要在内存中找到一个空闲页面。如果内存中没有空闲页面，就需要选择一个页面进行淘汰。在内存的众多页面中，如何选择淘汰的页呢？要解决这个问题，需要有一定的原则和方法，有对应的淘汰算法，关于淘汰算法，在后面详细介绍。淘汰算法在淘汰页面时要考虑的主要因素一是页面是否会经常被使用，二是页被调入内存后是否被修改过。目前的页表还是不能回答页是否被引用，因此需要进一步扩展页表，增加一个引用位，如果某页对应的引用位为 1，则表示该页被引用过。我们知道，如果内存和外存中都有某页的内容，而且内容不同，则说明该页被调入内存之后被修改过，显然内存的内容更新，因此要想知道内外存的内容是否一致，需要增加一个"修改位"，用于记录该页进入内存后是否被修改。经过这样的扩充之后，页表结构如图 5-22 所示。

页号	页面	状态位	外存地址	引用位	修改位

图 5-22　二级页表结构示意图

5.6.2　请求页式的地址变换机构

请求页式存储管理的地址变换机构是在页式存储管理地址变换机构的基础上，增加了部分功能而形成的。在请求页式存储管理中，当作业需要装入某页面时，地址转换机构首先查找快表，若在快表中找到该页，并且其状态位为 1，则按照它对应的物理块号进行地址转换，得到物理地址。若该页的状态位为 0，则由硬件发出一个缺页中断，按照页表中指出的磁盘地址，由操作系统将它调入内存，并在页表中填上为其分配的物理块号，修改状态位、引用位，对于写指令，置修改位为 1，然后按页表中的物理块号和页内地址形成物理地址。如果在快表中没有找到该页的页表项，则到内存中查找页表，如果该页面已在内存中，将它的页表项写入快表。如果这时快表已满，系统需要先选择一个最久未被使用的页表项调出快表。如果该页未调入内存，产生缺页中断，请求系统调入该页面。图 5-23 所示为请求分页式存储管理中的地址变换过程。

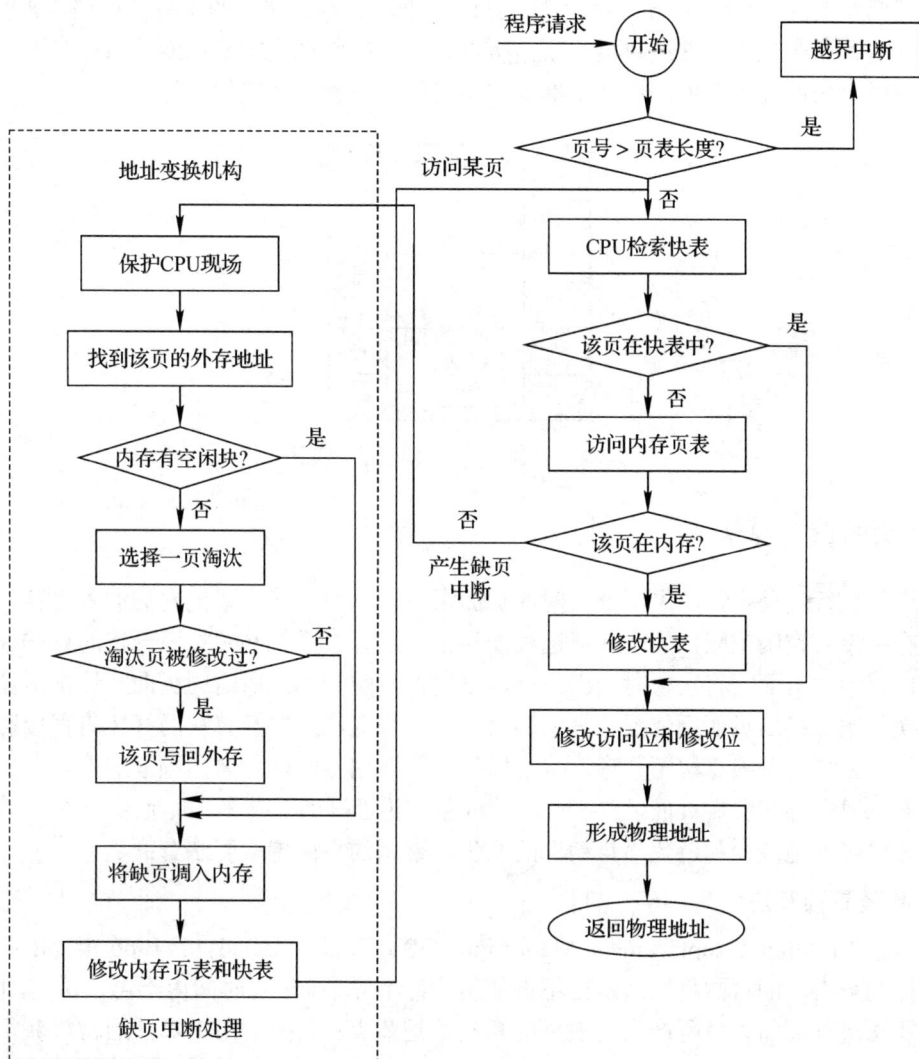

图 5-23　请求页式地址变换流程图

5.6.3　请求页式的缺页中断机构

请求页式存储管理中，当所要访问的页面不在内存时，则由硬件发出一个缺页中断，请求操作系统将需要的页面调入内存。

在处理缺页中断的过程中，与其他中断处理类似，同样需要保护现场，分析中断原因，转入中断处理程序进行处理，恢复现场等步骤，但缺页中断又与一般的中断有着明显的区别，主要表现在以下两点。

(1) 在指令执行期间产生和处理中断信号。通常情况下，CPU 是在一条指令结束后，才接收中断请求并响应的。而缺页中断则是在指令执行期间，如果所要访问的指令或数据不在内存中就立即产生和处理。

(2) 一条指令在执行期间可能产生多次缺页中断。如图 5-24 所示，指令 "Copy A To B" 本身跨越两个页面，A 和 B 分别是两个单独的数据块并都跨越了两个页面存储。这种情况下，执行这条指令将产生 6 次缺页中断。所以系统中的硬件机构应该能够保存多次中断时的状态，以此来保证中断处理后能正确返回相应指令位置并且继续执行。

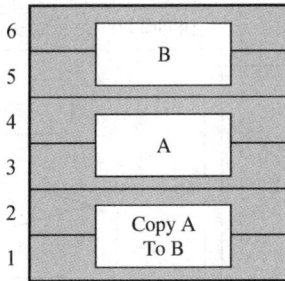

图 5-24　一条指令多次缺页的示意图

5.6.4　页面置换算法

在进程运行过程中，如果所要访问的页面不在内存中，就需要把它们调入内存。如果此时内存中没有空闲空间，为了保证进程能够正常运行，系统必须按照一定的算法选择一个已在内存中的页面，将它暂时调出内存，以便留出空间调入所需的页面，这个工作称为页面置换。选择换出页面所依据的算法称为页面置换算法。置换算法的好坏将直接影响到系统的性能。如果置换算法不合理，将会出现页面在内存和辅存之间频繁的调入调出，以至于大部分时间都花费在页面调度上。这种现象称为"抖动"或称"颠簸"。一个好的置换算法应该尽可能地减少和避免"抖动"的发生。常用的页面置换算法有：

1. 最佳置换算法

最佳置换(Optimal Replacement Algorithm，OPT)算法由 Belady 于 1966 年提出。用该算法选择的被淘汰的页面将以后永远不再使用，或者在将来最长时间内不再被访问，因此，使用该算法进行页面置换所产生的缺页中断次数是最少的。采用 OPT 算法通常可获得最低的缺页中断率，但这是一种理想化的算法，通常无法实现，因为在进程运行中无法预测内存中哪个页面是将来最长时间不再被访问的。所以，一般情况下，这个算法用来作为衡量其他算法的标准。

假定某进程中有 8 个页面，且系统为之分配了三个物理块，并有以下页面调度序列：

7, 0, 1, 2, 0, 3, 0, 4, 2, 3, 0, 3, 2, 1, 2, 0, 1, 7, 0, 1

进程运行时，首先通过缺页中断，把 7, 0, 1 三个页面顺序装入内存。当进程访问页面 2 时，将会产生缺页中断，操作系统根据 OPT 算法得出，0 号页面的下次访问将是本进程第 5 次访问的页面，1 号页面的下次访问将是第 14 次被访问的页面，而 7 号页面将要在第 18 次页面访问时才需要调入，所以将选择 7 号页面予以淘汰。接下来访问 0 号页面，由于它已调入内存，不会产生缺页中断，当系统访问 3 号页面时，由于此时 3 号页面不在内存中，将会产生缺页中断，由于在已调入内存的 1、2、0 三个页面中，1 号页面将会最迟才被访问，因此将 1 号页面淘汰。图 5-25 所示为 OPT 算法的置换过程。可以看出，采用 OPT 算法只发生了 6 次页面置换，性能较好。

	7	0	1	2	0	3	0	4	2	3	0	3	2	1	2	0	1	7	0	1
1	7	7	7	2		2		2			2			2				7		
2		0	0	0		0		4			0			0				0		
3			1	1		3		3			3			1				1		

图 5-25　最佳适应算法实例图

2. 先进先出置换算法

先进先出(First-In-First-Out，FIFO)置换算法认为刚被调入的页面在最近的将来被访问的可能性很大，而在内存中驻留时间最长的页面在最近的将来被访问的可能性最小。因此，FIFO 算法总是淘汰最先进入内存的页面，即淘汰在内存中驻留时间最长的页面。FIFO 算法实现起来比较简单，只需要把装入内存的页面按调入的先后次序链接成一个队列，并设置一个替换指针，指针始终指向最先装入内存的页面，每次页面置换时，总是选择替换指针所指示的页面调出。

如果将上面例子的页面调度序列，使用 FIFO 算法进行页面置换，页面的变化情况如图 5-26 所示。进程运行时，通过缺页中断，先将 7、0、1 三个页面顺序装入内存。当进程访问 2 号页面时，系统将会产生缺页中断。由于 7 号页面是最先调入内存的，因此将它换出。访问 0 号页面时，由于它已调入内存，不产生缺页中断。当系统访问 3 号页面时，由于在已调入内存的 1、2、0 三个页面中，0 号页面最早进入内存，因此将 0 号页面换出。可以看出，采用 FIFO 算法一共发生了 12 次页面置换。

	7	0	1	2	0	3	0	4	2	3	0	3	2	1	2	0	1	7	0	1
1	7	7	7	2		2	2	4	4	4	0			0	0			7	7	7
2		0	0	0		3	3	3	2	2	2			1	1			1	0	0
3			1	1		1	0	0	0	3	3			3	2			2	2	1

图 5-26　先进先出页面置换算法实例图

FIFO 算法实现简单，但效率较低。因为该算法的思想与系统中进程实际运行规律不符，在内存中驻留时间最久的页面未必是将来最长时间内不被访问的，比如含有全局变量、常用函数、例程等的页面，如果将这些经常被访问的页面淘汰，可能不久后又要使用，必须重新调入。据统计，采用 FIFO 算法产生的缺页中断率约为最佳置换算法的三倍。

3. 最近最久未使用置换算法

最近最久未使用(Least Recently Used，LRU)置换算法总是选择最近一段时间内最久没有被访问过的页面调出。LRU 置换算法的中心思想是基于程序执行的局部性原理，认为那些刚刚被访问的页面可能在最近的将来还会被访问，而那些在较长时间里未被访问的页面，一般情况下，在最近的将来不会再被访问。

仍然采用上面例子的页面调度序列，使用 LRU 算法进行页面置换，页面的变化情况如图 5-27 所示。进程运行时，首先通过缺页中断，将 7、0、1 三个页面顺序装入内存。当进程访问 2 号页面时，系统将会产生缺页中断。由于 7 号页面是最近最久未被访问的，因此将它换出。访问 0 号页面时，由于它已调入内存，不产生缺页中断。当系统访问 3 号页面时，由于在已调入内存的 1、2、0 三个页面中，1 号页面是最近最久未被访问的，因此将 1 号页面换出。可以看出，采用 LRU 算法一共发生了 9 次页面置换。

	7	0	1	2	0	3	0	4	2	3	0	3	2	1	2	0	1	7	0	1
1	7	7	7	2				4	4	4	0			1				1		1
2		0	0	0		0		0	0		3			3			0		0	
3			1			3			2	2	2					2			7	

图 5-27　LRU 页面置换算法实例图

为了表明哪个页面是最近最久未被访问的，LRU 算法为当前内存中所有页面均设置一个访问字段，记录页面从上次被访问到当前所经历的时间。当需要进行页面置换时，比较所有页面的访问字段，取最大值者，即为最近最久未被访问的页面。为了记录页面自上次被访问以来所经过的时间，系统需要硬件支持，一种常用的解决方案是用移位寄存器记录访问时间。为内存中的每个页面设置一个如下形式的移位寄存器：

$$R = R_{n-1}R_{n-2}\cdots R_1R_0$$

当该页面被访问时，将其寄存器的 R_{n-1} 置 1，同时，系统每隔一段时间将寄存器右移一位。由此，如果某个页面的寄存器中所存数据的数值最小，则说明该页面是最近最久未被访问的页面。

如果某作业在某时刻有 8 个页面驻留在内存中，系统为每个页面设置一个 8 位的寄存器，则在图 5-28 所示的状态下，页面 3 是最近最久未被访问的页面。

R \ 页号	R_7	R_6	R_5	R_4	R_3	R_2	R_1	R_0
1	0	1	0	0	0	0	0	0
2	1	0	0	0	0	0	0	0
3	0	0	0	0	0	0	0	0
4	0	1	0	0	0	0	0	0
5	0	1	0	0	0	0	0	0
6	0	1	1	0	0	0	0	0
7	0	1	1	0	0	0	0	0
8	0	0	1	0	0	0	0	0

图 5-28　移位寄存器示意图

4. Clock 置换算法

从上面的分析可以看出移位寄存器实现 LRU 置换算法的硬件代价太大，因此在实际的系统中往往采用其他的近似算法，Clock 是一种 LRU 的近似算法。

Clock 算法的基本思想是：只需为每页设置一个访问位，再将内存中所有页面都通过链接指针连接成一个循环队列，当某页被访问时，访问位被置为 1。置换算法在淘汰一页时，只检查访问位。如果访问位为 0，说明近期该页没有被访问，则淘汰该页；若访问位为 1，则说明该页近期被访问过，不需要淘汰，但是要重新将访问位置为 0，重新开始记录访问时间。再按照 FIFO 检查下一个页面，如果检查到队尾都没找到访问位为 1 的页，则回到队头重新检查，由于在检查的过程中不断给访问位清零，所以一定会找到访问位为 0 的页。该算法置换未使用过的页，因此又称为最近未用算法(NOT RECENTLY USED，NUR)，选择最近一段时间内未被访问的页淘汰。算法的实例如图 5-29 所示。

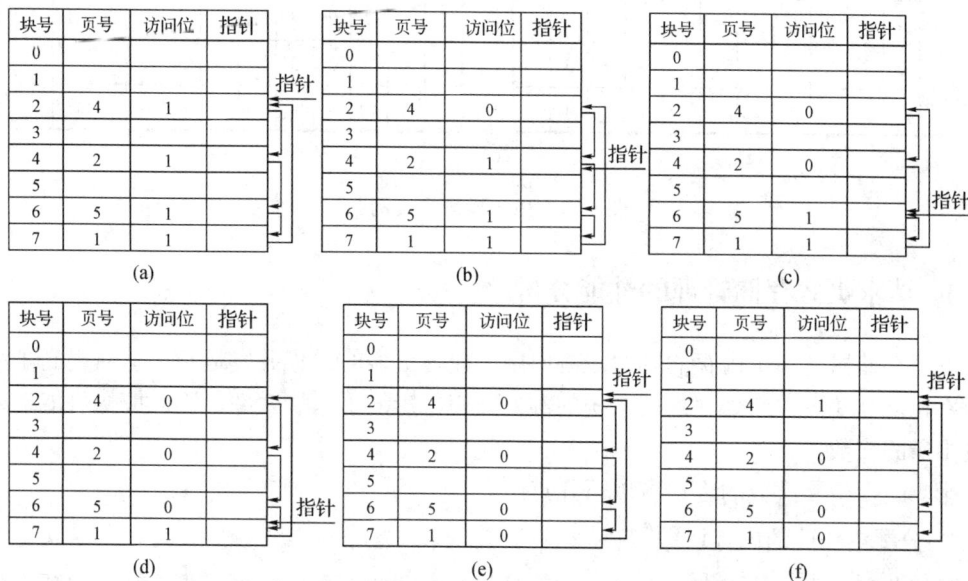

块号	页号	访问位	指针
0			
1			
2	4	1	
3			
4	2	1	
5			
6	5	1	
7	1	1	

(a)

块号	页号	访问位	指针
0			
1			
2	4	0	
3			
4	2	1	
5			
6	5	1	
7	1	1	

(b)

块号	页号	访问位	指针
0			
1			
2	4	0	
3			
4	2	0	
5			
6	5	1	
7	1	1	

(c)

块号	页号	访问位	指针
0			
1			
2	4	0	
3			
4	2	0	
5			
6	5	0	
7	1	1	

(d)

块号	页号	访问位	指针
0			
1			
2	4	0	
3			
4	2	0	
5			
6	5	0	
7	1	0	

(e)

块号	页号	访问位	指针
0			
1			
2	4	1	
3			
4	2	0	
5			
6	5	0	
7	1	0	

(f)

图 5-29　Clock 算法示意图

思考题 5.12：Clock 算法有什么不足，是否可以改进？

5.6.5　Belady 现象

从一般意义上讲，如果分配给作业或进程的页面数多，缺页次数越少。但是，是不是所有的算法都符合这推理呢？在对先进先出算法进行测试时发现，在分配给进程的页面数少于进程所要求的页面数时，可能存在分给进程的页面数越多，则缺页次数越多的情况。这种现象是 Belady 发现的，因此被称为 Belady 现象。正常情况下页面数与缺页次数之间的关系如图 5-30(a)所示，Belady 现象页面数与缺页次数之间的关系如图 5-30(b)所示。

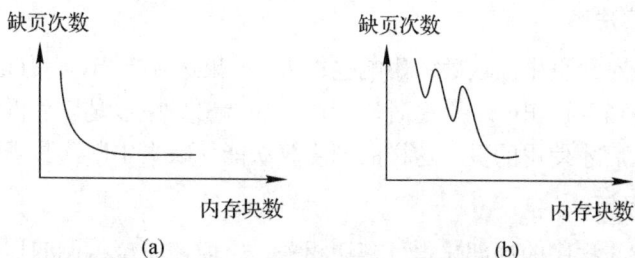

(a)　　　　　　　　　　　　　　(b)

图 5-30　Belady 现象示意图

下面给出 Belady 现象的实例。某个进程的页请求序列 1，2，3，4，1，2，5，1，2，3，4，5，如果采用先进先出页面置换算法，当给该进程分配 3 个页面时，页面置换过程如图 5-31(a)所示，缺页次数为 9 次；如果给该进程分配 4 个页面，则页面置换过程如图 5-31(b)所示，缺页次数反而为 10 次。出现了对同一个请求序列，分配给进程的页面数多缺页次数反而多的 Belady 现象。

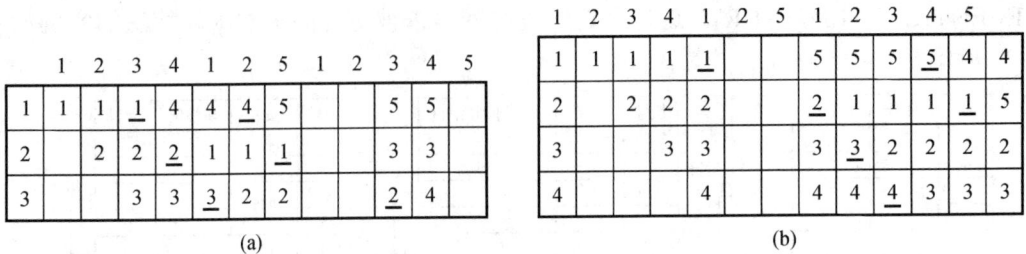

1	2	3	4	1	2	5	1	2	3	4	5
1	1	1	1̲	4	4	4̲	5			5	5
2	2	2	2̲	1	1	1̲				3	3
	3	3	3̲	2	2				2̲		

(a)

1	2	3	4	1	2	5	1	2	3	4	5
1	1	1	1	1̲		5	5	5	5̲	4	4
2	2	2	2		2̲	1	1	1	1	1̲	5
	3	3	3		3̲	3	2	2	2	2	
	4	4	4			4	4	4̲	3	3	3

(b)

图 5-31　Belady 现象实例图

5.6.6　请求页式存储管理的性能分析

虚拟存储器解决了内存的容量限制问题，能使更多的进程并发运行，从而提高了系统的效率，但是缺页中断处理需要系统的额外开销，影响了系统效率，因此应尽可能地减少缺页中断的次数。

影响缺页中断次数的因素有以下几点：

1. 分配给作业的内存块数

系统分配给作业的内存块数多，则同时装入内存的页面数就多，那么缺页中断次数就少，相反，缺页中断次数就多。

2. 页面的大小

如果划分的页面大，那么一个作业的页面数就少，页表所占用的内存空间少，并且查表速度快，在系统分配相同内存块的情况下，发生缺页中断的次数减少，降低了缺页中断率。但是，一次换页需要的时间长，可能产生的页内碎片所带来的空间浪费较大。相反，所划分的页面小，一次换页需要的时间就短，可能产生的页内碎片少，空间利用率提高。但是一个作业的页面数多，页表所占用的内存空间长，并且查表速度慢，在系统分配相同内存块的情况下，发生缺页中断的次数增多。因此，页面的大小应根据实际确定，对于不同的计算机系统，页面大小有所不同。一般页面大小在 1 KB～4 KB 之间。

3. 页面调度算法

页面调度算法对缺页中断次数的影响也很大，如果选择不当，则有可能产生抖动现象。理想的调度算法是当要调出一个页面时，所选择的调出页应该是以后再也不使用的或是距离当前最长时间以后才使用的页。这样的调度算法能使缺页中断次数降低。

4. 程序编制方法

缺页中断次数与程序的局部化程度密切相关。一般，希望编制的程序能经常集中在几个页面上进行访问，以此来减少缺页中断次数。

思考题 5.13：如果数组在内存中是按行存放的，那么两个数组求和，应该按行计算还是按列计算？

思考题 5.14：请求页式存储管理的优缺点是什么？

优点：逻辑上增大了存储器容量，解决了存储器容量限制问题。

缺点：缺页中断处理需要系统的额外开销，降低了系统效率。

5.7　段式存储管理

本节导读：页式存储管理提高了内存空间的利用率，但是却忽略了用户作业内部单元的逻辑性，为了解决这个问题，提出了段式存储管理。本节主要介绍了段式存储管理的基本原理、涉及存储空间的分配与回收算法、段式地址变换等问题，最后对页式存储管理和段式存储管理进行了简要的对比分析。主要目的是使读者掌握段式存储管理的相关知识以及这种管理方式的优势和不足。

☺ 小故事　第四季(5)：OS 餐厅上帝的新要求

上一次，小盖提出的页式存储管理，虽然提高了餐厅空间的利用率，但是同时也带来了新的问题。顾客对他的安排很不满意，原因是在同一拨前来就餐的顾客中，经常有几个是关系非常好的，特别希望能在一起用餐。于是，小盖将页式存储管理方式进行了调整。他仍然安排同一拨来就餐的顾客分开就餐，但是这一次，灵活度更大了一些，就是可以让同一拨顾客中那些关系比较好的人坐在一起，这样，既满足了顾客的需求，也提高了就餐空间的利用率。

5.7.1　基本原理

段式存储管理的提出主要是为了满足用户和程序员在程序编写方面的要求，以段为单位进行存储空间的管理，在逻辑上具有清晰和完整性。

段式存储管理方式中，一个程序可以由一个主程序、若干子程序、符号表、栈以及数据等若干段组成。每一段都有独立、完整的逻辑意义，并且段与段的长度也可以不同。

段式存储管理方式中，每个作业由若干个相对独立的段组成，每个段都有一个段名。为了实现简单，通常可用段号代替段名，段号从 0 开始，每一段的逻辑地址都从 0 开始编址，段内地址是连续的，而段与段之间的地址可以是不连续的。

段式存储管理的逻辑地址由段号和段内地址两部分组成，其逻辑地址结构如图 5-32 所示。

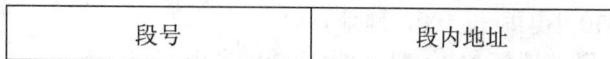

段号	段内地址

图 5-32　段式存储管理的逻辑地址结构示意图

地址结构一旦确定，那么允许作业的最多段数及每段的最大长度也就确定了，也就是说，段号的位数决定作业最多有多少个段，段内地址的位数决定每段的最大长度。分段方式已得到许多编译程序的支持，编译程序能自动地根据源程序的情况而产生若干个段。随着若干次作业的装入与撤离，内存空间被动态地划分为若干个长度不等的区域，这些区域被称为物理段，每个物理段由始址和长度确定。

5.7.2　存储空间的分配与回收

在段式存储管理方式中，以段为单位进行内存分配，每一个段在内存中占有一个连续空间，但是各个段之间可以离散地存放在内存不同的区域中。为了使程序能正常运行，即能从内存中正确找出每个逻辑段所对应的分区位置，系统为每个进程建立一张段映射表，简称段表。每个段在表中占有一个表项，记录该段在内存中的始址和长度，段表中的表项结构如图 5-33 所示。

段号	段首地址	长度	访问权限

图 5-33　段表结构示意图

段表实现了从逻辑段到内存空间之间的映射。段式存储管理方式中，当进程执行结束后，需要回收其所占用的内存空间。回收后的内存空间登记在空闲区表中，用于将来装入新的作业。与动态分区存储管理类似，系统在回收空间时同样需要检查是否存在与释放区相邻的空闲区。如果有，则将它们合并成为一个新的空闲区进行登记管理。

5.7.3　段式地址变换

在段式存储管理中，进程执行时通过硬件的地址转换机构实现从逻辑地址到物理地址的转换。段表反映了进程逻辑地址和物理地址之间一一对应关系，因此成为硬件进行地址转换的主要依据。段式地址变换的机理与页式存储管理的地址变换流程类似，只不过这里用段表作为逻辑地址和物理地址映射的数据结构。段式存储管理的地址映射步骤如下：

(1) 根据逻辑地址获取段号 a 和段内位移 offset；

(2) 根据段号 a 查段表(若有，转(3)；否则地址越界)；

(3) 找到内存起始地址 s 和段长 l，如果 offset<l 转(4)，否则地址越界；

(4) 物理地址 PA = s + offset。

在段式存储管理系统中，段表如图 5-34 所示，则求逻辑地址<0,430>对应的物理地址步骤如下：

(1) 根据逻辑地址<0,430>获得段号 0，段内地址 430；

(2) 用段号 0 查段表，获得段首地址 210，段长 500；

(3) 段内地址 430 小于段长 500，地址有效；

(4) 物理地址 = 段首地址 210 + 段内地址 430 = 640。

则求逻辑地址<2,500>对应的物理地址步骤如下：

(1) 根据逻辑地址<2,500>获得段号 2，段内地址 500；

(2) 用段号 2 查段表，获得段首地址 100，段长 90；

(3) 段内地址 500 大于段长 90，地址越界。

段号	内存起始地址	段长
0	210	500
1	2350	20
2	100	90
3	1350	590
4	1938	95

图 5-34 段表实例图

段表存放在内存中，在访问一个数据或指令时至少需要访问内存两次以上。为了提高对段表的存取速度，通常增设一个联想寄存器，利用高速缓冲寄存器保存最近常用的段表项。一般情况下，由于段比页大，因此段表长度比页表长度小，需要较小的联想寄存器即可有效减少存取时间。

5.7.4 页式存储和段式存储管理的区别

分页和分段系统都采用离散分配内存方式，都需要通过地址映射机构来实现地址变换，两者有许多相似之处，但是在概念上又是完全不同的：

(1) 页是信息的物理单位，是系统管理的需要，而不是用户的需要。而段则是信息的逻辑单位，它含有一组意义相对完整的信息，分段是为了更好地满足用户的需要。

(2) 页的大小固定并且由系统决定，因而一个系统只能有一种大小的页面。而段的长度却不固定，由用户所编写的程序决定，通常由编译程序对源程序进行编译时根据信息的性质来划分。

(3) 页式存储管理中作业的地址空间是一维的，是单一的线性地址空间。而段式存储管理中作业的地址空间则是二维的，标识一个地址，需要同时给出段名和段内地址。

❓ **思考题 5.15**：段式存储管理的优缺点是什么？

优点：解决了页式存储管理方式共享困难的问题。

缺点：一个段必须全部加载到内存，易产生碎片。

为了克服段式存储管理的缺点，提出段页式存储管理。

5.8 段页式存储管理

本节导读：单独使用页式存储管理或者段式存储管理，都存在各自的不足，为了取长补短，提出了段页式存储管理。本节主要介绍段页式存储管理的基本原理、使用的数据结构以及使用的地址变换方法，并且简单总结段页式存储管理的优势和不足。主要目的是使读者掌握段页式存储管理的相关知识以及这种管理方式的优势和不足。

页式存储管理能够有效提高内存空间利用率，段式存储管理能够很好地满足用户和程序员需求。如果能结合段式和页式两种存储方式，吸取两者的优点，构成可分页的段式存储管理，则可以既具有清晰的逻辑性又方便内存的管理，称为段页式存储管理。

用户对作业采用分段组织，每段独立编程，在内存空间分配时，再把每段分成若干个页面，这样每段不必占据连续的内存空间，可以把它按页存放在不连续的内存块中。段页式存储管理的逻辑地址格式如图 5-35 所示。

段号	页号	页内地址

图 5-35　段页式存储管理逻辑地址示意图

在地址映射方式上，同段式和页式存储管理基本相同，段页式存储管理为每一个装入内存的作业建立一张段表，并且对每个段建立一张页表。段表长度由作业分段的个数决定，段表中的每一个表目指出本段页表的始址和长度。页表的长度则由对应段所划分的页面数决定，页表中的每一个表目指出本段中页面的逻辑页号与内存物理块号之间的一一对应关系。

段页式存储管理中，为了实现地址变换，系统需设置一个段表寄存器，用于存放段表始址和段表长度。当某作业要求装入内存时，地址变换机构根据逻辑地址中的段号查找段表，得到该段的页表始址，然后根据逻辑地址中的页号查找该页表，得到对应的内存块号，由内存块号与逻辑地址中的页内地址形成可访问的物理地址。如果逻辑地址中的段号超出了段表中的最大段号或者页号超出了该段页表中的最大页号，都将产生越界中断。我们可以看出，段页式存储管理中，由逻辑地址到物理地址的变换过程中，需要三次访问内存。第一次访问内存中的段表，获得该段对应页表的始址，第二次访问页表，获得指令或数据的物理地址，第三次按物理地址存取数据。

思考题 5.16：段页式存储管理的优缺点是什么？

优点：结合段式和页式两种存储方式的优点，既具有清晰的逻辑性又方便存储器的管理。

缺点：地址变化费时。

◆ 小启示：从存储器管理算法的发展过程可以看出，一个问题的解决方案往往需要综合考虑多种因素。动态分区算法完全按照用户的需要进行空间分配，对用户而言，不会造成空间浪费，但是从全局的角度看系统代价太大；页式存储管理算法每个用户牺牲一点点空间，却给系统实现带来很大方便。因此，每个人考虑问题都应该有全局观，不应该只考虑自己，从全局视角考虑问题表面上牺牲个人的一点点利益，换来了全局的高效率，而且从长远的角度来看，个人牺牲的那一点点利益会获得无数倍的回报。

5.9　本　章　小　结

本章以具体的生活实例作为引子，说明在空间有限的情况下，如果能采取一种有效的空间管理机制，可以有效提高工作效率，进而引出计算机系统中存储器管理的概念；在此基础上，给出三种连续区存储管理方式：单一连续区存储管理、固定式分区存储管理、动态分区存储管理，并分别分析了各种方式的优势和不足；进一步地，为了解决连续区存储管理方式容易产生内存"碎片"的问题，继续给出了页式存储管理方式；在页式存储管理的基础上，给出请求页式存储管理方式；为了在逻辑上便于对用户作业的管理以及实现共享，提出段式存储管理方式。通过本章的学习，读者可以对存储器管理有一个清晰的认识，为后续章节的学习奠定良好的基础。

5.10 习 题

1. 基本知识

(1) 试述逻辑地址和物理地址的概念。

(2) 存储器管理的基本功能有哪些？

(3) 什么是地址变换？实现地址变换的方法都有哪几种？

(4) 试述"抖动"的概念。请你给出几个"抖动"的例子。

(5) 试分析在页式存储管理方式中，页面较大与页面较小各有什么优缺点？

(6) 试将页式存储管理和段式存储管理进行比较，说明各自优缺点。

(7) 试述虚拟存储器的概念。

(8) 试述在请求页式存储管理方式中，有哪些常见的页面淘汰算法？

2. 知识应用

(1) 动态分区存储管理方式下，按照地址排列的内存空闲区是：10K、4K、20K、18K、7K、9K、12K 和 15K。对于下面的连续存储区的请求：

① 12K、10K、9K；

② 12K、10K、15K、18K；

请问：使用最先适应分配算法、最优适应分配算法、最坏适应分配算法和下次适应分配算法，分别是哪个空闲区将被使用？

(2) 如果页长为 4K，每个进程最多可拥有 128 页，对应的逻辑地址空间结构如何？(有多少位？页号和页内地址各占多少位？)

(3) 请求页式存储管理方式中，系统使用 FIFO、OPT 和 LRU 页面替换算法，如果某用户作业的页面使用顺序为：

① 2、3、2、1、5、2、4、5、3、2、5、2；

② 4、3、2、1、4、3、5、4、3、2、1、5；

③ 1、2、3、4、1、2、5、1、2、3、4、5。

当分配给该用户作业的物理块数分别为 3 和 4 的时候，试分析在访问过程中，出现的缺页中断次数以及缺页中断率。

(4) 页式存储管理方式中，系统将页表存放在内存里，

① 如果对内存的一次存取操作需要 1.2 ns，试问实现一次页面访问需要花费多少时间？

② 如果系统设置了快表，并且它的命中率是 80%，假设页表表目在快表中的查找时间可以忽略不计，试问实现一次页面访问需要花费多少时间？

(5) 在请求页式存储管理系统中，某用户作业一共有 5 页，执行时页面的访问顺序是：

① 1、4、3、1、2、5、1、4、2、1、4、5；

② 3、2、1、4、4、5、5、3、4、3、2、1、5。

如果分配给该用户作业三个页框，分别采用 FIFO 和 LRU 页面替换算法，试问各自的缺页中断次数和缺页中断率分别是多少？

(6) 某请求页式存储管理系统中，用户编程空间 32 个页，每一页的页长是 1 KB，内存空间是 16 KB。如果用户程序有 10 页长，若已知虚页 0、1、2、3 已经分别分到页框 8、7、4、10 中，试将虚地址 0AC5H 和 1AC5H 转换成为对应的物理地址。

第6章 设备管理

◇ **本章导读**

设备是负责计算机系统输入/输出的硬件，计算机系统中的设备五花八门，如何有效地进行设备管理是操作系统的主要功能之一。要想有效管理设备，以下问题必须明确：

(1) 设备是如何分类的？

(2) 设备管理的任务和功能是什么？

(3) 设备工作的 I/O 控制方式有哪些？每种控制方式是如何工作的？

(4) 主要的 I/O 应用接口有哪些？

(5) 设备分配的原则、程序是什么？需要哪些数据结构进行设备分配？

(6) I/O 核心子系统有哪些主要技术？

本章内容可以让大家逐步理解并掌握上面这些问题，让大家对计算机系统的设备管理方式有一个清晰的认识。如果你不能理解上述问题，请认真阅读本章内容，并在其中找到答案，若有表达得不清楚的地方，请参阅其他操作系统教材或者到互联网上寻求答案。

6.1 设备管理的基本概念

本节导读：本节在介绍具体的设备管理相关知识之前，先让读者了解设备管理相关的基本概念以及外部设备的功能和作用，了解设备的类别，知道输入/输出系统的工作过程，能够掌握操作系统进行外部设备管理时需要关注的主要内容，对操作系统设备管理的目的、任务、功能有一个清晰的认识，为下一步学习设备管理的具体内容打下基础。

6.1.1 I/O 设备简介

☺ **小故事 第五季⑴：OS 餐厅的展板**

小盖的餐厅是为食客服务的，因此不仅需要有厨艺精湛的厨师和经验丰富的管理团队，更重要的是，需要有食材、厨房用品、食客进出餐厅的通道，需要有让食客了解餐厅食品品质的食品展台和食品宣传展板。这些是小盖餐厅的输入/输出通道。

众所周知，计算机系统包括硬件系统和软件系统，硬件系统包括 CPU、内存和外部设备。前面几章分别介绍了进程管理、CPU 调度、内存的管理与分配，这三部分内容阐述了操作系统如何管理 CPU 和内存。但是这三部分只解决计算机如何有效利用计算机内部资源，而计算机的最终用户是人，计算机如何与人打交道，也是操作系统要考虑的问题。除了 CPU 和内存以外的其他计算机硬件设备叫做外部设备，这些外部设备大多是解决计算机与人打交道的问题，因此这些设备的设计更多考虑方便人的使用。外部设备主要包括外部存储设备、输入/输出设备和终端设备。外部存储设备用于永久存储信息；终端设备主要用于显示计算机系统工作过程或内容；输入/输出设备主要用于管理和控制计算机系统与外部世界之间的输入与输出。从广义上讲，终端设备和外部存储设备也可以用于输入/输出，因此也可以把终端设备、外部存储设备与输入/输出设备统称为 I/O 设备。这里所讲的设备管理就是指对所有这些外部设备的管理。广义地讲，外部设备都可以看做 I/O 设备，因此有的教科书中把外部设备管理称为 I/O 管理或输入/输出管理。

输入设备提供了外界信息进入计算机的通道，其主要目的是让只认识二进制数的计算机能理解人的思想，习惯人表达信息的方式。输入分两个层次：一是从计算机之外进入计算机内部，二是从 CPU 外进入 CPU 内。

输出设备提供了计算机中的信息展示给人类的方法，其主要目的是用人类能理解的方式展示计算机内部的二进制信息。

试想一下，如果小盖的餐厅没有门，会是什么情形？餐厅还能开得下去吗？同样计算机如果没有输入/输出通道，其应用范围将会大大降低。

思考题 6.1： 参照第 3 章、第 4 章、第 5 章的内容思考操作系统的输入/输出管理要达到什么样的目的，操作系统的输入/输出管理应该具备什么样的功能。

6.1.2　I/O 设备的分类

由于外部设备种类繁多、特性各异、使用方式千差万别，这使得操作系统的设备管理非常复杂。为了有效管理设备，需要对设备进行分类，找到不同设备的共同特性，并据此对设备进行分类管理，使设备管理工作井然有序。由于设备的属性较多，因此可以从不同的角度对设备进行分类。

1. 按照设备所属关系分类
按照设备的所属关系，可以把设备分为系统设备和用户设备两类。

(1) 系统设备：在购买计算机时就已经配置好的、操作系统生成时就已在系统中登记的标准设备。在使用计算机时，可以直接使用这些设备，如键盘、显示器等。

(2) 用户设备：在购买计算机时需要额外购买的、操作系统生成时没在系统中登记的设备，需要由用户根据自己的需要安装配置的非标准设备，如扫描仪、数字化仪、实时系统中的 A/D 转换器等。

思考题 6.2： 需要安装设备驱动的属于哪类设备？为什么？

2. 按照设备传输信息的基本单位分类
按照设备传输信息的基本单位可以把设备分为块设备和字符设备。

(1) 块设备：以数据块为信息传输和存储基本单位的设备，其特性是数据传输速率较高，如磁盘、光盘等。

(2) 字符设备：以字符作为信息传输基本单位的设备，其特征是不可寻址，如打印机、键盘、显示器等。

3. 按照设备的分配特性分类

按照设备的分配特性可以把设备分为共享设备和独占设备两类

(1) 共享设备：一段时间内允许多个进程同时访问的设备。例如，磁盘就是在一段时间内允许多道作业同时从同一块磁盘上存取信息的共享设备。共享设备可以有效提高设备的利用率和系统的并发性。

(2) 独占设备：一段时间内只允许一个进程使用的设备。系统一旦把独占设备分配给某个进程，其他申请者只能等待该进程使用完并释放该设备，才可能获得该设备的使用权。第 3 章的临界资源都针对独占设备。例如，打印机、扫描仪等都属于独占设备。

4. 按照设备的使用特性分类

虽然广义地讲，外部设备都可以看做输入/输出设备，但是细分其使用特性，还有一定的差别。从设备的使用特性上讲，可以将设备分为存储设备、输入/输出设备和终端设备三种类型。

(1) 存储设备：用于永久性存储信息的设备，如磁带、磁盘、磁鼓、光盘等。

(2) 输入/输出设备：用于实现人与计算机之间信息交互的设备，主要负责将人类的信息输入到计算机中，将计算机内的信息展示给人类，如键盘、打印机、显示器、绘图仪等。

(3) 终端设备：经由通信设施向计算机输入程序和数据或接收计算机输出处理结果的设备，主要包括通用终端、专用终端、虚拟终端等。

5. 按照设备的工作速度分类

按照设备的工作速度可以将设备分为低速、中速和高速三种类型。

(1) 低速设备：数据的传输速率较低(一般在 B/s 级别)的设备，如键盘、鼠标等。

(2) 中速设备：数据的传输速率居中(一般在 KB/s 级别)的设备，如打印机等。

(3) 高速设备：数据的传输速率较高的设备(一般在 MB/s 级别)的设备，如磁盘机、磁带机、光盘机等。

思考题 6.3：总结分析设备的传输速率和传输信息的基本单位之间的关系，为什么会有这种关系？

6.1.3　I/O 系统的构成

虽然说外部设备是人与计算机之间沟通的通道，但是以用户身份出现的人与设备之间也不是直接相连的。如果要使得人的指令能够通过外部设备呈现出来，需要经过一系列的软硬件系统,I/O 系统的构成会直观地展示 I/O 系统的层次结构。

I/O 系统是由软件与硬件组成的,实现 I/O 的外部设备主要由 I/O 设备、设备控制器、软件/硬件接口、I/O 软件系统、I/O 系统接口和用户层软件六个层次构成，具体结构如图 6-1 所示。

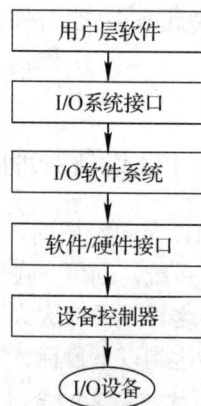

图 6-1　I/O 系统结构示意图

(1) I/O 设备：由具体进行输入/输出操作的电子、机械部分硬件构成，是一般意义上的设备，是能够看得见摸得着的部分，如键盘、打印机、扫描仪、光驱、硬盘驱动器等。

(2) 设备控制器：控制 I/O 设备与计算机之间进行数据交换的装置，是 CPU 与 I/O 设备之间的接口，主要负责接收 CPU 发来的指令，控制 I/O 设备工作。设备控制器是一个可编址的设备，如果只控制一台设备，就只有一个设备地址；如果控制多台设备，就拥有多个设备地址，每个设备地址对应一台设备。一般地，某种设备对应一个设备控制器，如光驱控制器、硬盘控制器、键盘控制器、鼠标控制器、打印机控制器、声音视频控制器、串行总线控制器等。

(3) 软件/硬件接口：是 I/O 系统的软件与硬件之间的接口，接口以下的部分为硬件，接口以上的部分为 I/O 系统的软件部分。由于设备种类繁多，特性各异，因此该接口结构复杂。

(4) I/O 软件系统：与操作系统的设备管理模块相关的软件系统，在外部设备的硬件层之上。I/O 软件系统又分中断处理程序、设备驱动程序和设备独立性软件三个层次。与硬件直接交互的中断处理程序处于最底层，外部设备发来中断请求信号时，发出中断的硬件做了初步的处理之后，由相应设备的中断处理程序进行处理。设备驱动程序位于中断处理程序之上，是进程和设备控制器之间的通信层，负责将上层发来的抽象的 I/O 请求转换为对设备的具体请求命令和参数，并驱动设备工作，同样，不同设备需要有不同的设备驱动程序。设备独立性软件在设备驱动程序之上，其目的是使得用户在使用设备时可以忽略具体设备的特性。顾名思义，设备独立性软件不需要对每种设备配备一个软件，但是也不能所有的设备配备一个设备独立性软件，此时，前面的设备分类就发挥作用了，系统可以根据设备的分类，给每类设备分配一个设备独立性软件。

(5) I/O 系统接口：是 I/O 软件系统层与用户层软件之间的接口。由于与用户层软件连接的 I/O 软件系统层是设备独立性软件，而设备独立性软件是按照设备类型设置的，因此简化了 I/O 系统接口，该接口只需要为不同类型的设备配置不同接口即可。目前常见的接口包括块设备接口、流设备接口、网络设备接口等。

(6) 用户层软件：需要使用外部设备提供各种服务的应用程序，用户层软件通过 I/O 系统接口调用 I/O 软件系统，达到使用外部设备提供的各种服务的目的。

　思考题 6.4：查看你自己计算机的设备管理，分析哪些设备需要在设备控制器的控制下
　　　　　　工作。

6.1.4　I/O 设备管理的目标

6.1.1 节已经阐明，外部设备的特点是种类多、特性各异、使用方法各不相同，如果没有操作系统，则用户在使用设备时需要了解各个设备的特性和使用方法，进而给用户带来麻烦，这种不便会大大降低用户使用计算机的愿望。为了方便用户使用计算机，I/O 设备管理要达到以下目标。

1) **实现设备独立性**

用户在访问设备时无需考虑每一种设备的特点，无需为每一个特殊的设备写一段不同

的访问设备的程序。所谓设备独立性，就是访问每一个设备所使用的命令格式和访问方式都相同，也就是可以实现对设备的透明访问。对用户而言，只要把用户的需求告诉系统即可，系统会根据用户的需求完成设备选择、分配、启动等具体工作。设备独立性可以屏蔽设备之间的差异，大大提高用户使用设备的方便性。

2) 提高设备的利用率

设备是计算机系统中的资源，提高设备的利用率是 I/O 设备管理要达到的另一个目标。多个用户程序同时申请使用设备时，用户无需考虑设备的状态，系统协调各个用户程序对设备的使用顺序，同时系统需要提供一定的技术手段减少用户等待设备的时间，从而提高用户的运行效率。

思考题 6.5： 设备之间本来是有差异的，如果设备管理的目标是实现设备独立性，那么屏蔽设备之间差异的工作由谁来完成？

6.1.5　设备管理的任务和功能

1. 设备管理的任务

I/O 设备管理要实现设备独立性和提高设备利用率的目标，必须完成一系列基本任务。具体任务如下。

(1) 接收用户请求：在用户提出输入、输出请求时，I/O 设备管理能够接收用户提出的设备使用请求，并能理解用户请求的内容。

(2) 进行设备的选择和分配：在接到用户请求后，系统根据用户的请求为用户程序选择适合于本次请求的设备，并将设备分配给用户以便用户程序可以进行数据传输操作。

(3) 控制数据交换：按照用户的要求和设备特性控制输入/输出设备和 CPU(或内存)之间交换数据。

(3) 实现并行操作：在完成设备分配和数据传输的同时，要充分考虑提高设备与设备之间、CPU 与设备之间，以及进程与进程之间的并行操作程度，使操作系统获得最佳效率。

2. 设备管理的功能

为了完成上述任务，I/O 设备管理应该具有如下功能。

(1) 提供用户接口：为用户使用设备提供一个统一的、透明的接口，把用户和设备硬件特性分开，使得用户在编程时不必涉及具体硬件设备，系统按用户的要求控制设备工作，同时提供设备管理和进程管理系统之间的接口。

(2) 设备的分配与回收：当用户申请设备时，按照一定的设备分配策略和分配算法把设备以及支撑该设备工作的其他资源分配给用户程序；当用户释放设备时，将用户所占用的设备以及其他配套资源回收到系统中。

(3) 设备的启动与中断处理：在用户程序获得请求的设备后，负责进行设备的启动和初始化；当接收到中断信号时，负责进行中断处理。

(4) 设备与设备、设备和 CPU 之间的并行操作：当多台设备同时工作时，负责协调设备与设备、设备和 CPU 之间的并行操作，以提高设备和 CPU 的利用率。

(5) 缓冲区的管理：由于设备的速度较慢，而 CPU 的速度较快，在设备与 CPU 之间进行数据交换时，二者之间的速度差异会大大降低 CPU 的利用率，因此需要采用有效的缓冲区管理技术缓解 CPU 与设备之间的速度差异。

(6) 实现虚拟设备：在设备分类中提到，设备分为共享设备和独占设备，当独占设备数量不足时，如果严格按照设备的实际状态进行设备分配，可能存在因为独占设备不足而引起的进程阻塞，进而影响进程的效率。虚拟设备技术就是用共享设备虚拟独占设备以提高设备使用系统运行效率的技术。

6.2　设备工作的 I/O 控制方式

本节导读：本节介绍设备工作的几种典型 I/O 控制方式，即程序直接控制方式、中断方式、DMA 方式和通道方式，主要介绍每种方式的实现思想，分析每种方式的优点、存在的问题及适用情况。

从 6.1 节可以知道，控制数据交换是设备管理的主要任务之一，随着计算机软硬件技术的发展，也产生了多种数据传送的控制方式，目前主要的控制方式包括程序直接控制方式、中断方式、DMA 方式和通道方式。

6.2.1　程序直接控制方式

☺ **小故事　第五季(2)：OS 餐厅采购员**

小盖是餐厅的 CEO，在餐厅开业的早期，餐厅的大小事宜均需要小盖亲自决策、亲自拍板，没有电话等通信手段，餐厅用各种工作记录牌记录各项工作的进展状况。如果餐厅需要进食材，小盖向食材采购员发出进食材的指令之后，就一直在查看食材采购联系状况工作记录牌，食材采购员接到小盖的指令之后，联系食材采购事宜，联系好之后在食材采购联系状况工作记录牌上显示"食材采购已联系好"。小盖再下达运送指令，以此类推。食材采购员不具备直接向小盖汇报工作的机制，小盖需要自己主动去了解每一项工作的进展情况，而且，小盖不能同时查看多项工作状态记录牌。

1. 程序直接控制方式的基本思想

程序直接控制方式又称为循环测试方式，其基本思想是：由用户程序来直接控制内存或 CPU 和外设之间的信息传送。

2. 程序直接控制方式的工作流程

程序直接控制方式的工作流程如图 6-2 所示。

当用户程序需要接收数据或发送数据时，通过 CPU 发出"Start"命令，然后用户程序循环测试设备标志触发器是否被置为"Done"，也就是设备是否已经准备好。如果设备已经准备好，则执行下条指令，开始数据传输；如果没准备好，则反复测试。

外部设备接到 CPU 发来的"Start"命令之后，做接收或发送数据准备。如果没有准备完毕，则继续准备；如果准备完毕，则将设备标志触发器置为"Done"，等待 CPU 发来的数据传输指令。

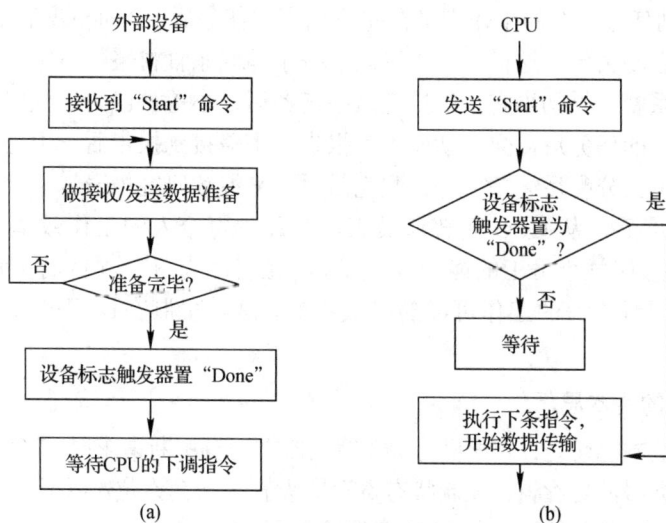

图 6-2 程序直接控制方式的工作流程图

3. 程序直接控制方式的特点

程序直接控制方式有以下特点。

(1) 数据传输控制 100%占用 CPU，CPU 利用率低。由于 CPU 发出"Start"命令后，需要用一条指令不断测试设备的状态，因此数据传输控制过程需要 100%占用 CPU 时间，此时 CPU 不能去做其他事情，CPU 的效率大大降低。

(2) CPU 与设备只能串行工作。设备接到 CPU 发出的"Start"命令后，进行数据发送或接收的准备工作，在此期间，CPU 只能等待，因此设备和 CPU 之间只能串行工作。由于设备和 CPU 的速度差异很大，这种控制方式将会导致 CPU 时间浪费较为严重，系统的运行效率也会大大降低。

(3) 设备不能并行工作。由于采用 CPU 主动检测设备状态的机制，CPU 每次只能检测一台设备的状态，当处理完一台设备之后，才能开始处理下一个数据传输请求，因此设备与设备之间也不能并行工作，设备的利用率大大降低。

(4) 不能发现和处理设备或硬件产生的错误。由于 CPU 通过检测设备状态触发器的值是否为"Done"来控制数据传输，因此无法发现设备或硬件产生的错误。

从上面的分析可以看出，程序直接控制方式在设备数量少、CPU 速度慢、单道程序系统中可以较好地使用，在 CPU 速度较快、系统中配置的设备数量较多的多道程序系统中，这种方法的局限性越来越明显地凸显出来。

?思考题 6.6：程序直接控制方式系统导致效率低的根本原因是什么？以你的经验，怎么做可以提高效率？

6.2.2 中断方式

☺ 小故事 第五季(3)：OS 餐厅引入了汇报制度

为了提高工作效率，小盖引入了汇报制度，当小盖下达工作任务指令后，小盖就去做别的事情，接收到任务指令的工作人员在完成相应的任务后，会向小盖汇报工作完成情况，小盖不需要自己主动去问，这样，小盖可以安排小马联系食材采购事宜，小博联系餐具采购事宜，小伦联系餐桌采购事宜，安排完这些任务后，小盖自己去研究餐厅的业务报表。每个员工完成自己的任务后，会主动向小盖报告，小盖接到报告后，中止研究报表工作，根据报告情况为员工分配后续任务；分配完后再回来继续研究报表。

引入汇报制度后，从 CEO 到普通员工，餐厅中每个人的工作效率都有明显提升，该机制的基本思想使每个员工的能力增强了，而且餐厅为每个项目的负责人提供了与小盖沟通的通道，同时小盖的工作可以随时被中断，这种机制在计算机系统中就被称为中断机制。

1. 中断方式的基本思想

中断方式的基本思想是：处理机与 I/O 控制器之间有中断请求时，I/O 控制器中有控制状态寄存器和数据缓冲寄存器，控制状态寄存器设置中断允许位，以便于在数据输入/输出结束时 I/O 控制器调用中断程序向 CPU 汇报输入/输出工作。

2. 中断方式的工作流程

中断方式的工作流程如图 6-3 所示。

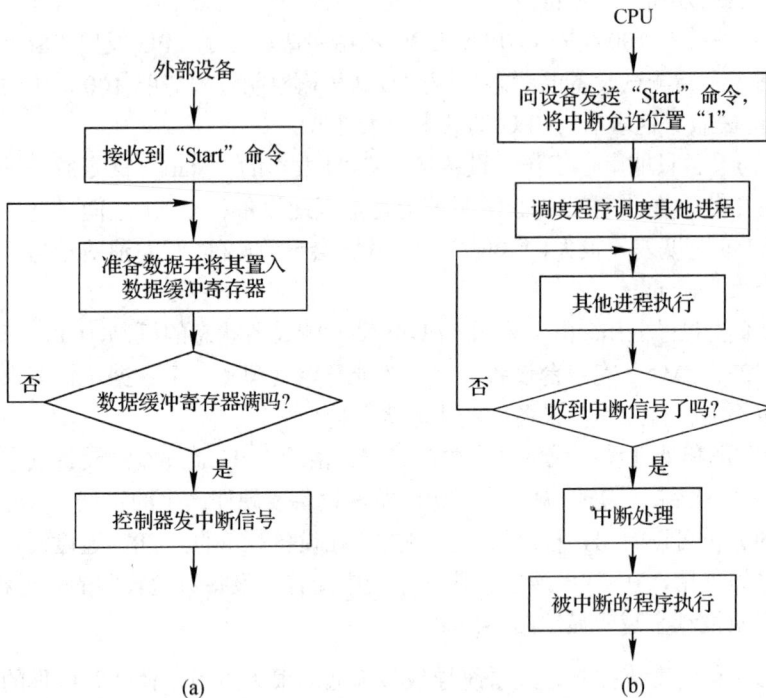

图 6-3　中断方式的数据传送工作流程图

1) CPU 端

Step 1：当用户程序需要接收数据或发送数据时，通过 CPU 发出"Start"命令启动外部设备，让外部设备准备数据，同时将控制该设备的 I/O 控制寄存器内的中断允许位置为"1"，以便于数据准备完成后由设备向 CPU 发中断。

Step 2：CPU 阻塞输入数据进程，由进程调度程序调度其他进程。

Step 3：CPU 检查是否接收到来自输入数据进程的数据准备好的中断信号，如果没收到信号，则继续执行其他进程。

Step 4：如果收到中断信号，则进行中断处理，中断处理结束后，被中断的进程继续执行。

2) 外部设备端

Step 1：接收到来自 CPU 的"Start"命令。

Step 2：准备数据并将数据置入数据缓冲寄存器。

Step 3：判断数据缓冲寄存器是否已满，如果已满，则向 CPU 发中断信号。

Step 4：如果没满，则转 Step 2 继续准备数据。

3. 实现中断方式的关键

实现中断方式的关键点如下：

CPU 引入了中断机制，I/O 控制器可以在完成一项任务时中断 CPU 的工作。

I/O 控制器的能力增强了，其中包含控制状态寄存器和数据缓冲寄存器，数据缓冲寄存器可以缓存设备输入或输出的数据，控制状态寄存器可以用来完成中断 CPU 这一动作，从而保证在输入/输出工作结束时可以向 CPU 报告。

4. 中断方式的特点

中断方式具有以下特点：

(1) 可以并行：由于 CPU 不用时刻关注设备准备情况，因此 CPU 给一台设备布置任务之后，可以再去给另一台设备布置任务。给所有的设备布置完任务之后，CPU 可以转去执行其他的计算任务，因此设备与设备可以并行，设备与 CPU 也可以并行，系统的并行程序提高了，系统的效率也大大提高了。

(2) CPU 可能"陷入"中断：由于每个 I/O 控制器中的数据缓冲寄存器较小，一次数据传送过程中发生中断次数较多，特别是设备较多的情况下，CPU 可能"陷入"中断。

思考题 6.7：中断方式中 CPU 陷入中断的根本原因是什么？如果让你给出一个解决 CPU 陷入中断问题的方案，你会给出什么方案？

6.2.3　DMA 方式

小故事　第五季(4)：OS 餐厅的业务经理

引入了汇报制度，虽然餐厅的工作效率有一定程度的提高，但是随着餐厅规模的扩大，各种外部事务越来越多，小盖就陷入了不停地布置任务、处理任务的循环，小盖没有时间做自己的事情，于是，小盖引入了业务经理制度。业务经理小毕在接到小盖布置的食材采购任务后，会把该任务分解成调料采购、蔬菜采购、肉类采购等子任务，将这些子任务分别下达给小马、小博和小伦。小马、小博和小伦完成了相应任务后将任务完成情况汇报给小毕，小毕根据他们的完成情况布置下一项任务，指导整个食材采购任务结束后，小毕将任务完成情况报告给小盖，小盖再给小毕布置下一项任务。这样，在食材采购过程中，小盖不用分心去解决小马、小博和小伦的任务分配问题，从而可以从中断中解脱出来，利用这段时间去做更重要的事情。

引入业务经理制度后，业务经理处理采购业务的能力比普通员工的能力强，可以专门代替 CEO 处理采购业务，可以把 CEO 从繁忙的采购工作中解脱出来，CEO 和具体采购人员的工作效率都显著提升。这种机制在计算机系统中被称为 DMA 方式。

1. DMA 方式的基本思想

DMA 方式的基本思想是：在外设和内存之间开辟直接的数据交换通道，DMA 方式中，DMA 控制器具有比中断方式和程序直接控制方式更强的功能。DMA 方式除了控制状态寄存器和数据缓冲寄存器之外，还包括传送字节寄存器、内存地址寄存器等。传送字节数寄存器中记录还需要传输的数据量，内存地址寄存器中记录的是数据输入的内存地址。DMA 控制器通过这两个寄存器控制输入/输出。DMA 方式通过窃取或挪用 CPU 指令周期的方式把数据缓冲寄存器中的数据直接送到内存地址寄存器所指向的内存区，在数据块传送开始时需要 CPU 的启动指令，结束时发中断通知 CPU，中间不需要 CPU 干预。

2. DMA 方式的工作流程

DMA 方式的工作流程如图 6-4 所示。

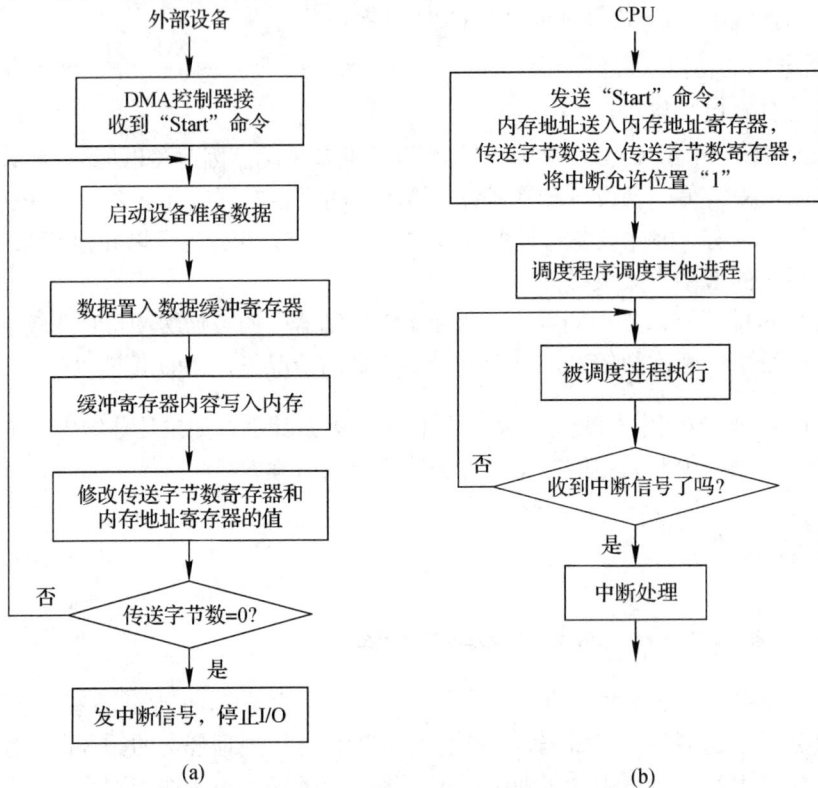

图 6-4　DMA 方式的数据传送工作流程图

1) CPU 端

Step 1：当用户程序需要接收数据或发送数据时，通过 CPU 发出"Start"命令启动外部设备，让外部设备准备数据，将数据的内存起始地址送入内存地址寄存器、需要传送的字节数送入传送字节数寄存器，同时将控制该设备的 I/O 控制寄存器内的中断允许位置为"1"，以便于数据准备完成后由设备向 CPU 发中断。

Step 2：CPU 阻塞输入数据进程，由进程调度程序调度其他进程。

Step 3：CPU 检查是否接收到来自输入数据进程的数据传输完成的中断信号，如果没收到信号，继续执行其他进程。

Step 4：如果收到中断信号，则进行中断处理，中断处理结束后，被中断的进程继续执行。

2) 外部设备端

Step 1：DMA 控制器接收到来自 CPU 的"Start"命令。

Step 2：启动设备准备数据。

Step 3：将数据置入数据缓冲寄存器。

Step 4：如果数据缓冲寄存器已满，则将数据缓冲寄存器的内容写入内存地址寄存器所指定的内存单元。

Step 5：修改传送字节数寄存器和内存地址寄存器的值。

Step 6：判断传送字节数是否为 0，如果不为 0，则转 Step 3 继续传输数据。

Step 7：如果传送字节数为 0，则说明已经完成数据传送，向 CPU 发中断。

3. 实现 DMA 方式的关键

实现 DMA 方式的关键点是增强 DMA 控制器的能力，DMA 控制器自己可以控制数据的传输，其中除了包含控制状态寄存器和数据缓冲寄存器外，还包含传送字节数寄存器和内存地址寄存器，传送字节数寄存器可以让 DMA 控制器知道还有多少字节的数据需要传送；内存地址寄存器可以告诉 DMA 控制器，下一组数据传输到内存的具体位置。

4. DMA 方式的特点

DMA 方式具有以下特点：

(1) 由于数据传输任务主要在 DMA 控制器的控制下完成的，CPU 被中断的频率大大减少了，因此大大减少了 CPU 处理次数。

(2) 数据传送是在 DMA 控制器的控制下不经过 CPU 控制完成的。

(3) 虽然数据传输不需要 CPU 控制，但是对外部设备的管理和某些操作仍然由 CPU 完成。由于大中型机器的设备种类繁多，数量大，大大增加了 CPU 的负担。

思考题 6.8：DMA 方式管理设备种类繁多的大中型系统时会存在什么问题，有没有更好的方法来解决？

6.2.4　通道方式

☺ **小故事　第五季**(5)：OS 餐厅的总经理

小盖的餐厅经营得越来越红火，在很多地方开了分店，每个分店都聘请一个业务经理，小盖要跟很多业务经理打交道，结果小盖又忙得不可开交，于是小盖聘请了一个总经理，总经理负责给每位业务经理布置任务，处理业务经理解决不了的问题，这样小盖就可以专心规划餐厅的发展，餐厅的日常运转由总经理专门负责。

通道方式与 DMA 方式类似，不同的是，通道是比 DMA 控制器功能更强大的专门处理输入/输出的部件。

1. 通道方式的基本思想

通道方式的基本思想：通道是专管 I/O 操作的部件、控制设备与内存的数据交换，有自己的通道指令，这些通道指令受 CPU 启动，结束时向 CPU 发中断信号。

通道方式是以内存为中心，实现设备和内存直接交换数据的控制方式。数据传送方向、内存始址、传送长度等由通道控制，一个通道可以控制多台设备工作。

2. 通道的连接方式

通道方式下，设备、控制器、通道以及 CPU 和内存的连接方式如图 6-5 所示。外部设备与控制器相连，每台设备与一个对应的控制器相连；控制器与通道相连，每个通道可以控制多台控制器工作，因此每个通道可能与多个控制器相连；通道与 CPU 或内存相连。

图 6-5   通道连接方式示意图

3. 通道的类型

通道是用来控制外部设备的，由于外部设备种类繁多、特性各异，不同类型的通道可以控制不同类型的设备。按照信息交换的方式不同，可以把通道分为三种类型。

1) 字节多路通道

字节多路通道以字节为单位传输数据，每个通道包含多个子通道，子通道按照时间片轮转的方式共享主通道，每次子通道控制外部设备完成一个字节的数据交换之后，立即让出主通道，以便于该通道的其他子通道使用。

由于主通道要同时控制多台设备工作，每台设备每次只能传输一个字节，因此与该通道相连的外部设备数据传输的速度不能太快，如果设备速度太快，就可能存在设备等待通道的情况。

字节多路通道适用于控制终端、打印机等低速设备。

2) 数组多路通道

数组多路通道以块为单位传输数据，每个通道包含多个可并行工作的子通道，每个子通道可以连接一台外部设备，每台外部设备可以以成组的方式传输数据，与字节多路通道类似，数组多路通道先为与该通道相连的某台设备执行一条通道指令，在该指令的控制下传输一组数据，然后自动切换去执行控制与该通道相连的另一个设备的通道指令，以此类推。虽然，同时有多台设备与该通道相连，但是任何一个时刻通道只能控制一台设备工作，因此通道轮流控制与该通道相连的每台设备。

由于每次传输一组数据，因此与该通道相连的设备数据传输的速度比字节多路通道快，数组多路通道比较适合于控制中、高速块设备，如磁带机等。

3) 数组选择通道

数组选择通道以块为单位传输数据，该通道只包含一个子通道，在一段时间内只能执行一段通道程序，控制一台外部设备工作，如果该设备占用了该通道就会一直占用，其他需要使用该通道的设备必须等待。由于分配了该通道的设备独占该通道，因此不需要等待，与该通道相连的设备速度较快。数据选择通道适用于控制高速的块设备，如磁盘机等。

思考题 6.9：数组选择通道的缺点是什么？

4．通道工作的基本流程

通道方式的工作流程如图 6-6 所示。

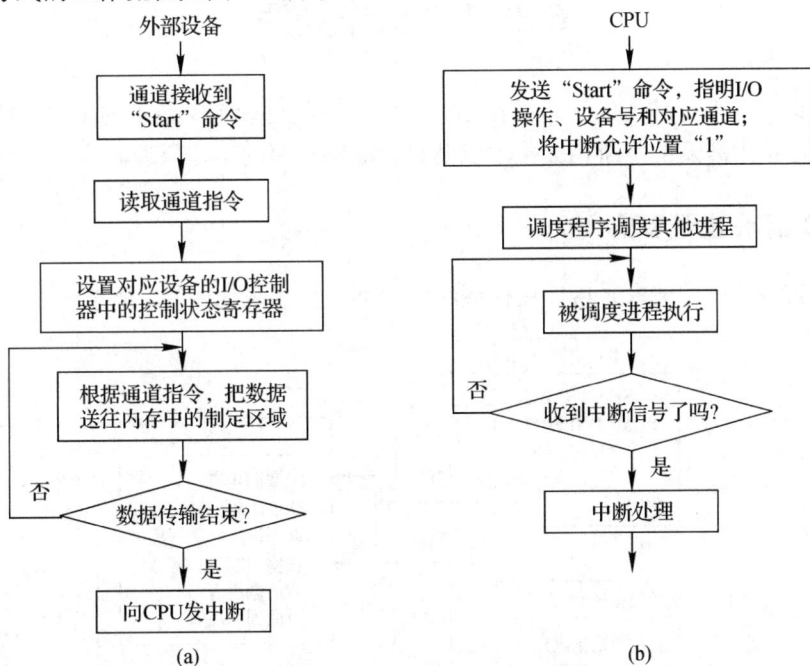

图 6-6　通道方式的数据传送工作流程图

1) CPU 端

Step 1：当进程要求设备输入数据时，CPU 发出"Start"指令指明 I/O 操作、设备号和对应通道。同时将控制该设备的 I/O 控制寄存器内的中断允许位置为"1"，以便于数据准备完成后由设备向 CPU 发中断。

Step 2：CPU 阻塞输入数据进程，由进程调度程序调度其他进程。

Step 3：CPU 检查是否接收到来自输入数据进程的数据传输完成的中断信号，如果没收到信号，继续执行其他进程。

Step 4：如果收到中断信号，则进行中断处理，中断处理结束后，被中断的进程继续执行。

2) 外部设备端

Step 1：通道接收到来自 CPU 的"Start"命令。

Step 2：把存放在内存中的通道指令程序读出。

Step 3：设置对应设备的 I/O 控制器中的控制状态寄存器。

Step 4：设备根据通道指令的要求，把数据送往内存中的指定区域。

Step 5：若数据传送结束，I/O 控制器通过中断请求程序发中断信号请求 CPU 做中断处理。

Step 6：如果数据传送未结束，则转 Step 4 继续传输数据。

5. 实现通道方式的关键

实现通道方式的关键点是通道有自己的通道指令，通道程序由若干通道指令组成，可以通过执行通道程序控制设备工作。

6.3　I/O 请求处理

本节导读：本节介绍 I/O 请求发出后，计算机系统处理 I/O 请求的步骤，特别是在进行 I/O 请求过程中涉及的中断相关技术以及设备驱动程序的工作原理。

6.3.1　I/O 请求处理步骤

用户进程发出 I/O 请求之后，操作系统的主要工作步骤如图 6-7 所示。

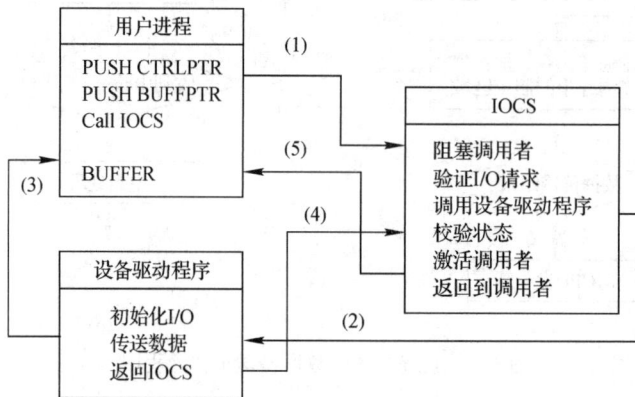

图 6-7　I/O 请求处理步骤

具体请求处理步骤如下：

(1) 用户进程在需要进行输入/输出操作时，会发出 I/O 请求，用户程序首先将 I/O 控制指针压入堆栈，同时将缓冲区地址压入堆栈，保护调用进程的 CPU 现场信息，然后调用 IOCS(Input Output Control System)。

(2) IOCS 首先阻塞调用者，然后验证 I/O 请求，如果 I/O 请求合法，则调用设备驱动程序。

(3) 设备驱动程序首先对 I/O 操作进行初始化，然后进行数据传送，在进行数据传送时，根据压入堆栈的缓冲区地址确定数据传送位置。完成数据传送后，返回 IOCS。

(4) IOCS 进行 I/O 状态校验，确定输入/输出工作结果，然后激活调用 I/O 请求的进程。

(5) 恢复发出 I/O 请求进程的 CPU 现场信息，返回调用者。

从 I/O 请求的处理步骤可以看出，处理 I/O 请求有两个重要的问题需要解决，即中断和设备驱动程序，下面就分别介绍中断技术和设备驱动程序。

6.3.2 中断技术

从 6.2 节可以看出，没有中断就不能有效利用设备，因此，中断在设备管理中具有至关重要的作用，中断可以大大提高外部设备和 CPU 的并行工作程序。下面介绍中断相关的概念和技术。

1. 中断的定义

中断是指在系统发生了非寻常或非预期的急需处理事件时，CPU 中断当前程序，转去执行相应的事件处理程序的过程。事件处理程序执行结束后，系统会返回原来的断点继续运行。

2. 中断源

由中断的定义可以知道，中断是在发生了急需处理的事件时才会产生。也可以说，急需处理的事件是中断产生的根本原因。一般地，把引起中断的事件称为中断源。各种紧急事件都会引起中断，例如时钟、I/O、违例、外部、故障、系统调用等。

引起中断的事件有各种类型，根据引起中断的事件类型不同，中断源被分为以下几种类型。

(1) 硬件故障中断：由于硬件出现故障引起的中断，主要包括电源故障、主存出错等，这种硬件故障中断是由无法预测的异常事件引起的。

(2) 程序中断：由于程序运行过程中的异常引起的中断，主要包括零做除数、地址越界、执行非法指令、计算结果溢出等。

(3) 外部中断：由主机外部的事件引起的中断，一般是指外部设备引起的中断，例如时钟中断、键盘中断等。

(4) 输入/输出中断：由于输入/输出操作引起的中断。

3. 中断请求及响应

中断请求是中断源向 CPU 发出的请求中断处理信号。CPU 在接收到中断请求信号后，转去处理相应的事件处理程序的过程被称为中断响应。

中断响应的关键是进行现场切换，而现场切换是由硬件完成，主要完成下列动作：

(1) 将 PSW 等重要请求者的值送入内存。

(2) 把中断处理程序的 PSW 放入寄存器 PSW。

4. 中断处理方式

CPU 收到中断请求信号后，要响应中断，在进行中断响应时有以下三个问题需要解决。

1) 中断优先级

在多个中断事件同时发生时，CPU 不可能同时响应多个中断，CPU 会按照多个中断的事件的紧迫程度确定响应顺序。这个响应顺序被称为中断优先级。紧迫程度高的优先级高，紧迫程度低的优先级低。例如，电源掉电引起的中断优先级一定比其他中断的优先级高，因为如果不处理电源掉电事件，其他事件就无法处理。

2) 关中断

如果 CPU 在处理特别重要的事情，不希望被任何外部事件干扰，就可以将中断关闭。用 P、V 操作实现进程的同步与互斥时，就是通过关中断实现 P、V 操作的。关中断是通过清除CPU 内部的处理机状态字 PSW 的中断允许位，从而不允许CPU 响应中断来实现的。

3) 中断屏蔽

关中断是会关闭所有的中断，此时 CPU 不接受任何外部事件发来的中断，但是，有时候，CPU 可以接受一部分外部事件，而关闭另一些外部事件发来的中断，此时关中断无法实现，中断屏蔽可以实现这个功能。系统用软件方式有选择地封锁部分中断而允许其他中断得到响应被称为中断屏蔽。

5. 中断处理程序

CPU 接到外部事件发来的中断以后，就会对中断进行处理，用来处理中断的程序被称为中断处理程序，中断处理步骤如图 6-8 所示。

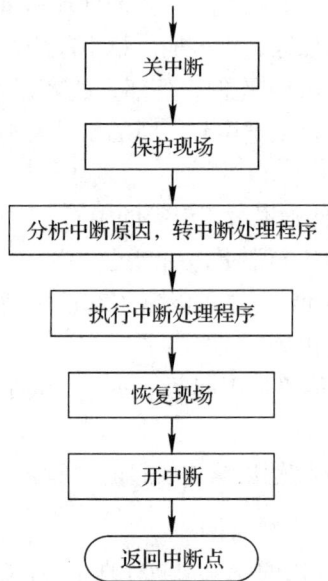

图 6-8 中断处理步骤

(1) CPU 接到中断请求后，如果判断是需要处理的中断，则首先进行关中断操作，以避免在进行中断处理过程中受到外部事件的打扰。

(2) 在处理中断之前需要保护被中断程序的现场信息。

(3) 根据中断号、中断源等信息判断中断产生的原因，中断源是什么，不同中断源对应不同的中断处理程序，在找到中断源之后，调用相应的中断处理程序以对中断进行处理。

(4) 运行被调用的中断处理程序，该程序会对中断进行有效的处理。

(5) 中断处理程序运行结束后，中断处理完成，需要恢复被中断程序的现场信息以便于返回被中断的程序继续运行。

(6) 执行开中断操作，以便于其他的中断事件能够被响应。

思考题 6.10：在中断处理程序运行之前关中断、中断处理程序运行之后开中断的作用什么？

6.3.3　设备驱动程序

顾名思义，设备驱动程序就是驱动设备工作的程序。设备只有接到具体操作的指令之后才能开始工作，而设备控制器可以通过执行指令驱动设备工作。设备驱动程序则是接收并解释上层软件发来的输入/输出指令，并将这些指令发送给设备控制器。由于不同设备能接受的操作命令不同，能理解的命令集合有差异，因此不同类别的设备对应不同的设备驱动程序，例如，打印机能接受的命令是打印、复位、初始化、换行等。

? 思考题 6.11： 用户的电脑如果连接了打印机而没安装打印机驱动程序，打印机能不能正常工作？为什么？

要想理解设备驱动程序的工作原理和工作过程，首先需要知道设备驱动程序具有哪些功能。为了使设备驱动程序能够正确、高效地驱动设备工作，设备驱动程序需要具有以下功能：

(1) 接收上一层次的设备无关性软件发来的设备控制相关的命令和参数，解释所接收到的命令和参数，理解所需要进行的 I/O 操作的含义。

(2) 根据对命令和参数的理解结果判断此次 I/O 请求的合法性，如果是非法操作，则返回并给出非法操作提示。

(3) 检查 I/O 设备的状态，如果设备空闲，则发出 I/O 命令，启动 I/O 设备，执行 I/O 指令；如果设备忙碌，则将 I/O 请求挂入该设备的等待队列中。

(4) 接收并处理 I/O 控制器发来的中断请求。

6.4　设　备　分　配

本节导读： 本节介绍设备分配所用到的数据结构、设备分配的原则和方式、设备分配程序、设备分配策略等内容，以便于读者对设备分配过程有一个全面的了解。

前面几节分别介绍了设备管理的基本概念，设备管理的目标，设备管理的任务和功能，设备工作的 I/O 控制方式，处理 I/O 请求的步骤及相关技术。在进行 I/O 请求处理过程中，需要根据请求的 I/O 操作类型为进程分配完成此次 I/O 操作所需要的设备，本节介绍操作系统如何进行设备分配。进行设备分配时，主要需要确定设备分配所用的数据结构、设备分配的原则和方式、设备分配程序、设备分配策略等问题。

6.4.1　设备分配所用的数据结构

进行任何一种资源分配时都需要采用合适的数据结构，从前几章可以看出作业管理需要有 JCB、进程调度需要用 PCB、内存管理需要用页表、段表、分区表等不同数据结构。同样，设备管理和分配也需要用相应的数据结构。与进程管理、内存管理等不同，设备管理涉及设备、设备控制器、通道等不同的资源，因此设备分配用的数据结构较多，具体的数据结构包括设备控制表、系统设备表、控制器控制表和通道控制表。

1. 设备控制表(Device Control Table，DCT)

设备控制表反映设备的特性、设备与 I/O 控制器的连接情况等信息，系统为每个设备提供一张设备控制表，设备控制表在系统生成时或该设备与系统连接时创建，一般包括：

① 设备标识符 DeviceID：用来唯一地标识每一台设备的 ID 号。

② 设备类型 DeviceType：反映设备特性，例如：终端、字符、块。

③ 设备地址或设备号 DeviceAddr：表示设备位置的逻辑设备号或地址。

④ 设备状态 DeviceStatus：表示目前设备的状态是忙还是空闲，作为设备分配的参考。

⑤ 等待进程队列指针 WaitProcessQueue：所有申请该设备没有获得设备使用权的进程形成了一个等待该设备的队列，该属性指向这个等待队列的队首进程 PCB。

⑥ I/O 控制器指针 IOControllerPtr：指向与该设备相连的 I/O 控制器。

⑦ 重复执行次数 RepeatTimes：设备重复进行数据传送的次数，作为数据传送失败的参考属性。进行数据传送时，不可避免会发生错误，如果发生错误，可以重复进行数据传送，但是重复的次数有一定的限制，只要该属性的值小于系统限定的重复传送次数，就可以认为数据传送没失败，否则就认为数据传送失败。

设备控制表的结构示意图如图 6-9 所示。

设备标识符DeviceID
设备类型DeviceType
设备地址或设备号DeviceAddr
设备状态DeviceStatus
等待进程队列指针WaitProcessQueue
I/O控制指针IOControllerPtr
重复执行次数RepeatTimes

图 6-9　设备控制表结构示意图

2. 系统设备表(System Device Table，SDT)

记录已经连接到系统中的所有物理设备的情况，整个系统设置一张系统设备表，为每个物理设备设置一个表项，系统设备表主要包括以下属性：

① 设备标识符 DeviceID：唯一标识设备的 ID 号。

② 设备类型 DeviceType：标识设备的类型。

③ 正在使用该设备的进程标识 WorkingPID：系统中正在使用该设备的进程 PID。

④ DCT 指针 DCTPtr ：指向该设备 DCT 的指针。

⑤ 设备驱动程序入口地址 DeviceDriveEntry：该设备对应的设备驱动程序的入口地址。

从系统设备表中可以看出系统中设备资源的总体情况，即系统中有多少设备，多少空闲，非空闲设备分别分给了哪些进程等。

系统设备表的结构示意图如图 6-10 所示。

SDT

| 表目1 |
| 表目2 |
| 表目i |

| 设备标识符DeviceID |
| 设备类型DeviceType
正在使用该设备的进程标识WorkingPID |
| DCT指针DCTPtr |
| 设备驱动程序入口地址DeviceDriveEntry |

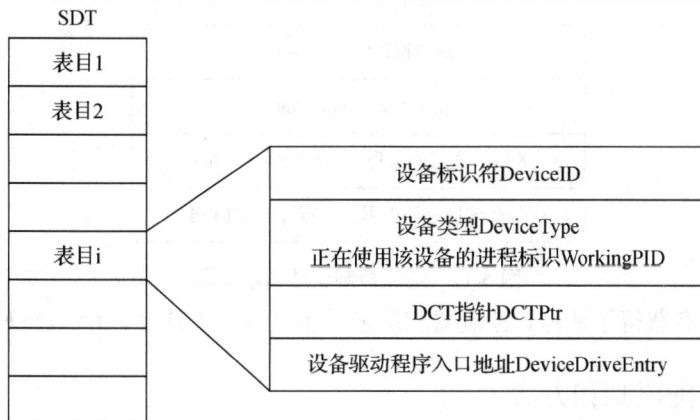

图 6-10　系统设备表结构示意图

3. 控制器控制表(Controller Control Table，COCT)

记录与设备相连的 I/O 控制器的基本信息及使用状况，每个控制器对应一张控制器控制表，主要包括以下属性：

① 控制器标识符 ControllerID：用来唯一标识控制器的 ID。

② 控制器状态 ControllerStatus ：标识控制器的状态，是空闲还是工作，为控制器分配提供参考。

③ 指向相应通道表的指针 ChannelPtr：指向与该控制器相连的通道指针。

④ 等待该控制器的进程队首指针 COCTHead：等待使用该控制器的进程队列队首指针。

⑤ 等待该控制器的进程队尾指针 COCTTail：等待使用该控制器的进程队列队尾指针。

控制器控制表的结构示意图如图 6-11 所示。

| 控制器标识符ControllerID |
| 控制器状态ControllerStatus |
| 指向相应通道表的指针ChannelPtr |
| 等待该控制器的进程队首指针COCTHead |
| 等待该控制器的进程队尾指针COCTTail |

图 6-11　控制器控制表结构示意图

4. 通道控制表(Channel Control Table，CHCT)

记录与 I/O 控制器相连的通道的基本信息及使用状况，每个通道对应一张通道控制表，主要包括以下属性：

① 通道标识符 ChannelID：用来唯一标识通道的 ID。

② 通道状态 ChannelStatus：标识通道的状态，是空闲还是工作，为通道分配提供参考。

③ 等待该通道的进程队首指针 CHCTHead：等待使用该通道的进程队列队首指针。

④ 等待该通道的进程队尾指针 CHCTTail：等待使用该通道的进程队列队尾指针。

通道控制表的结构示意图如图 6-12 所示。

通道标识符ChannelID
通道状态ChannelStatus
等待该通道的进程队首指针CHCTHead
等待该通道的进程队尾指针CHCTTail

图 6-12　通道控制表结构示意图

一个进程只有获得了通道，控制器和所需设备之后，才具有进行 I/O 操作的基本条件。

6.4.2　设备分配原则和方式

1. 设备分配原则

进行设备分配时，要根据用户进程的输入/输出请求涉及的设备特性、系统中资源配置情况确定设备分配的具体方案。一般情况下，系统中配置的各种设备资源数量有限，在使用过程中会引起资源竞争。在处理机调度一章介绍过，如果资源分配顺序不当或方法不合理可能导致死锁现象。因此设备分配要有一定的原则，设备分配主要有以下原则。

(1) 充分发挥设备的使用效率。理想状态下，设备分配方案是尽可能让所有的设备都处于工作状态，设备工作的同时，CPU 也要处于高效工作状态，从而提高整个系统的工作效率。

(2) 避免由于不合理的分配方法造成的死锁。死锁的产生会使整个系统处于瘫痪状态，因此合理的设备分配方案应该避免死锁的产生。

(3) 使用户程序和具体物理设备隔离开。用户进程能看到的设备是逻辑设备，实际的设备是物理设备，如果用户进程需要了解每一台物理设备的特性及参数，给设备分配带来很大困难，因此在进行设备分配时，要实现设备的透明分配，保证逻辑设备和物理设备隔离。

2. 设备分配方式

设备有两种常用的分配方式：静态分配和动态分配。

(1) 静态分配：用户进程开始运行之前，一次性向系统申请所需的全部设备资源，系统对用户进程的设备请求进行分析后，通过 SDT 查看系统中设备资源的状态，如果可以满足用户进程的要求，则一次性分配用户进程所需的全部设备、控制器、通道；如果不能满足用户进程的要求，则系统不进行设备分配，请求进程等待。这种分配方式可以保证用户获得所需的全部资源，系统肯定不会产生死锁，但是，由于用户进程分配到的资源可能很长时间也用不到，造成了设备资源的浪费，设备的利用率会大大降低。

(2) 动态分配：用户进程在运行过程中根据对设备的需求情况动态申请所需要的资源，系统根据用户进程的请求以及 SDT 中所描述的系统资源状态动态进行设备分配；当所请求的设备用完后，立即释放所占用的设备。这种分配方式使用不当可能产生死锁，但是系统中设备的利用率会大大提高。

思考题 6.12：动态分配一定会产生死锁吗？结合第 4 章讲的内容，分析如何做可以避免动态分配产生死锁？

6.4.3 设备分配程序

与内存分配、CPU 调度不同的是，设备如果想工作，只获得设备是不行的，还需要获得设备控制器和通道，因此设备分配过程需要进行这三种资源的分配，那么，这三种资源的分配有没有顺序呢？如果有顺序，又应该按照什么样的顺序进行分配呢？

设备分配需要按照先分配设备、再分配控制器、最后分配通道的顺序进行。设备分配的基本流程如图 6-13 所示。

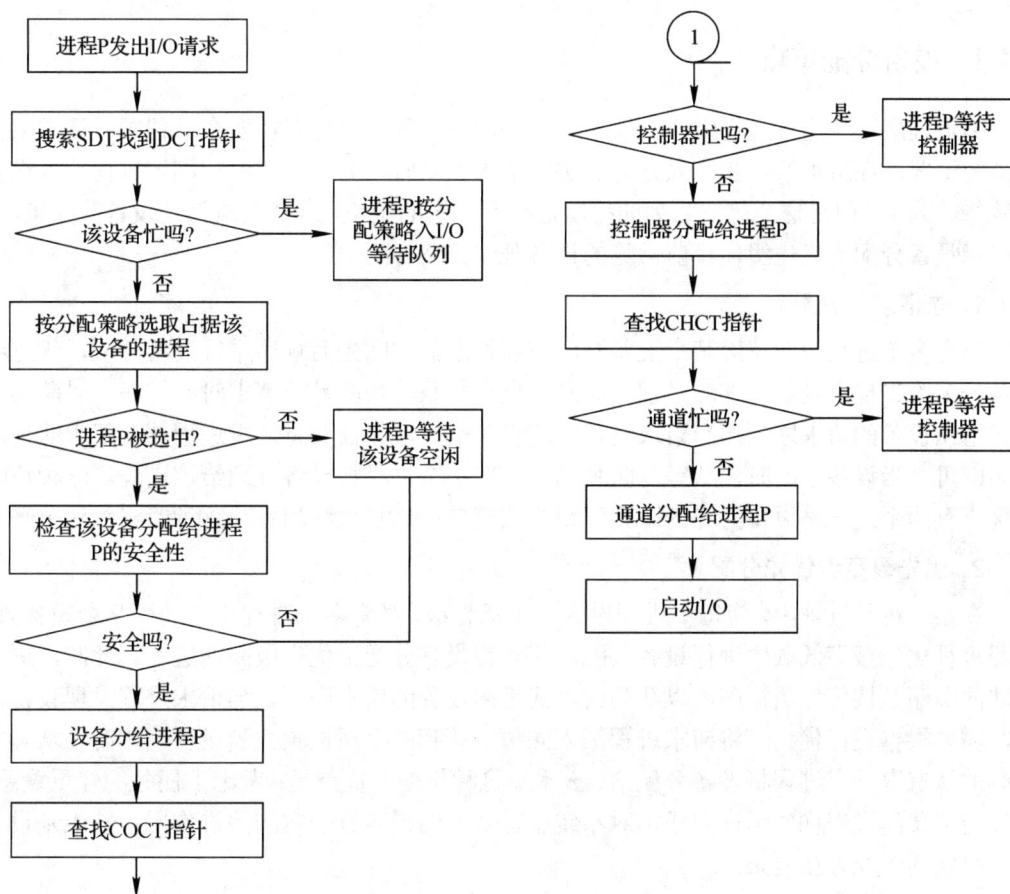

图 6-13 设备分配流程示意图

1. 分配设备

进程提出设备请求的同时会提供逻辑设备名，系统会用逻辑设备名查找 SDT 表，找到对应的物理设备名、该设备的状态是否为空闲以及该设备的 DCT。如果设备空闲，则表示可以分配，此时计算分配的安全性，如果安全，进行分配；如果此次分配不安全或者设备忙碌，则将请求设备的进程挂到设备 DCT 的等待队列中。

2. 分配控制器

当系统将设备分配给进程之后，从设备的 DCT 中可以找到与该设备相连的设备控制器的控制器控制表 COCT，从 COCT 中可以知道该控制器是否空闲，如果空闲且分配不会使系统进入不安全状态，则将设备控制器分配给进程，否则，将该进程挂到 COCT 的等待进程队列中。

3. 分配通道

如果设备控制器也分配给进程，则从设备控制器的 COCT 中可以找到所有与该设备控制器相连的通道的控制器控制表 CHCT，从这些 CHCT 中找到一个处于空闲状态的通道，计算此次分配是否会使系统进入不安全状态，如果安全，则将通道分配给进程，如果不安全或者找不到一个空闲的通道，将该进程挂到 CHCT 的等待进程队列中。

6.4.4　设备分配策略

多道程序系统运行过程中，会有多个进程同时运行，可能存在多个进程同时请求某台设备的情况，在 6.4 节，我们只是说当进程请求设备时，如果设备忙，则把进程放入设备的等待队列中，但是这个等待队列的排队需要有一定的策略，这个策略就是设备分配策略，也表示设备分配的优先级，目前常见的设备分配策略有两个。

1. 先请求先分配

当有多个进程申请使用某个设备时，按照请求的时间先后顺序进行设备分配，优先将设备分配给先提出设备请求的进程。此时，进行排队的顺序是按请求时间排序，以队列的形式组织设备的请求序列，当请求进程发现设备忙时，只需要将请求进程挂在请求队列的队尾即可。当设备空闲时，从等待队列的队首取一个进程将设备分配给该进程。这种策略的优点有两个：一是设备的等待队列组织方法简单；二是直观的看，这种策略相对公平。

2. 优先级高者优先分配

在系统运行过程中，为每个进程设置一个优先级，当有多个进程申请使用某个设备时，按照进程优先级高低顺序进行设备分配，优先将设备分配给优先级高的进程。此时，进行排队的顺序是按优先级排序，以队列的形式组织设备的请求序列，当请求进程发现设备忙时，需要根据进程优先级将请求进程插入到请求队列的合适位置。当设备空闲时，从等待队列的队首取一个进程将设备分配给该进程。这种策略的优点是：考虑了任务的轻重缓急，把让更着急的进程优先运行完成，对系统整体效率的提高有一定的促进作用；缺点是设备的等待队列组织方法复杂。

6.5　缓　冲　技　术

本节导读：本节介绍为什么要引入缓冲技术，缓冲技术的类型以及单缓冲、双缓冲、多缓冲、缓冲池这几种缓冲技术的实现思想。

6.5.1　缓冲技术概述

思考题 6.13：回顾一下设备工作的 I/O 控制方式中中断方式的工作流程，是否处理每个字符就中断一次？

由于中断、DMA、通道等技术的引入可以让设备与设备、设备和 CPU 并行工作。但是在系统实际运行过程中，受种种条件限制，CPU 和设备的并行工作程度依然不能满足用户需求。

(1) 设备的工作速率一般是秒或毫秒级，而 CPU 的工作速率是微秒或纳秒级，二者之间的速度严重不匹配，二者配合工作会大大降低 CPU 的工作效率。

(2) 计算机系统工作的时候并不会保证设备和 CPU 的工作量一直非常均衡，可能存在一段时间 I/O 操作较多，设备比较忙，而另一段时间，计算量比较大，CPU 比较忙，这种不均衡会大大降低系统的并行程度。

(3) CPU 与外设之间的每一次信息交换都需要产生一次中断，频繁的中断会大大降低系统的工作效率。

为了缓解由于 CPU 和外设之间速度不匹配、CPU 与外设之间工作不均衡造成的系统效率低下以及减少中断的次数，从而进一步提高 CPU 和外设的工作效率，在设备管理中，引入了缓冲技术。所谓的缓冲技术，就是用一块专门的存储区域存放 CPU 与设备之间交换的信息，由于存储设备的工作速率介于 CPU 与外设之间，CPU 不直接与外设打交道，只需与缓冲区打交道，因此可以缓解二者之间的速度差异；由于缓冲区可以存放 CPU 需要用到的数据或者 CPU 输出的计算结果，因此 CPU 和设备之间工作分配不均衡可以通过缓冲区缓解；有了缓冲区，设备不需要每处理一个字节的数据就向 CPU 发中断，可以将处理结果放入缓冲区，当缓冲区满了之后再向 CPU 发中断，从而可以大大降低中断的次数。

缓冲技术包括两大类：硬缓冲和软缓冲。硬缓冲是指在计算机系统硬件中配置一定数量的硬件缓冲存储器，硬件缓冲存储器的增加需要增加购买计算机的成本。软缓冲是指在内存中划出一个特定区域作为缓冲区。操作系统中的缓冲技术主要是指如何有效利用软缓冲来提高系统效率的技术。

根据设置缓冲区的策略不同，缓冲技术分为单缓冲、双缓冲、多缓冲和缓冲池四种不同类型。

6.5.2　单缓冲

单缓冲的基本思想是在 CPU 与设备之间设置一个缓冲区缓冲二者之间的速度差异。一般缓冲区的大小与设备传输数据的基本单位一致。例如：某个设备传输数据的基本单位为 1024KB，则缓冲区的大小就为 1024 KB。

支持输入设备工作的单缓冲技术的工作流程示意图如图 6-14 所示。

图 6-14　单缓冲技术的工作流程示意图

例如：某系统中有 5 个文件块需要处理，采用单缓冲技术，输入设备将文件块送入缓冲区需要 60 μs，CPU 将数据从输入缓冲区送入用户区需要 30 μs，CPU 处理用户区的数据需要 30 μs。

不采用缓冲技术，处理 5 个文件块需要的时间为(60 μs + 30 μs + 30 μs)×5 = 600 μs。

采用单缓冲技术，则处理 5 个文件块需要的时间为$(60\ \mu s + 30\ \mu s)\times 5 + 30\ \mu s = 480\ \mu s$。由此可见，采用单缓冲技术，提高了 CPU 与设备的并行工作程度，提高了工作效率。

思考题 6.14： 单缓冲技术有什么缺点？如何解决？

6.5.3　双缓冲

从 6.5.2 节可以看出，由于设备与 CPU 之间设置一个缓冲区，输入设备可以实现与 CPU 的并行工作，但是其并行程度受到缓冲区状态限制。这种限制是因为设备和 CPU 需要互斥地使用缓冲区，当设备在往缓冲区中写入数据时，CPU 不能取数据；当 CPU 从缓冲区中取数据时，设备不能向缓冲区中传送数据。解决这个问题的一种有效的方法就是在设备和 CPU 之间设置两个缓冲区缓冲二者之间的速度差异。双缓冲技术的工作流程示意图如图 6-15 所示。

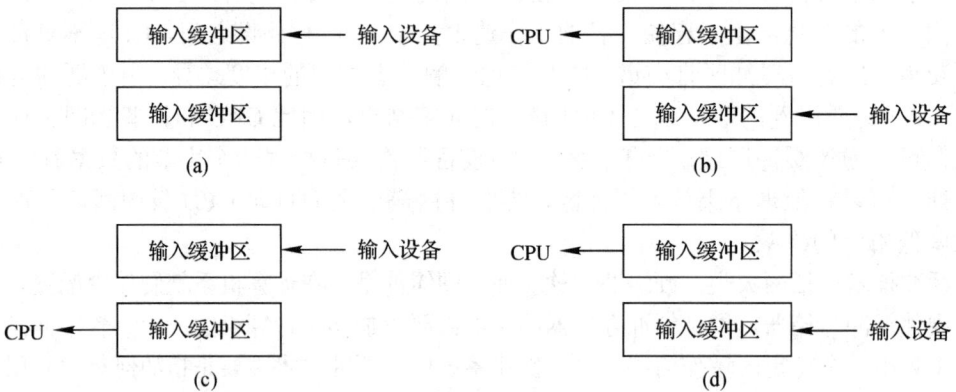

图 6-15　双缓冲技术的工作流程示意图

从图 6-15 可以看出，采用双缓冲技术时，CPU 和设备可以交替使用两个缓冲区，从而大大提高二者的并行程度，从而提高系统效率。

在 6.5.2 节的例子中，如果采用双缓冲技术，则处理 5 个文件块需要的时间为

$$60\ \mu s\times 5 + 30\ \mu s + 30\ \mu s = 360\ \mu s$$

由此可见，采用双缓冲技术会大大提高系统 CPU 与设备的并行程度。但是这种并行程度的提高需要一个条件：CPU 与设备的工作频率一致。

思考题 6.15： 6.5.2 节的例子中 CPU 将数据从缓冲区取出的时间为 60 μs，处理时间为 60 μs，采用双缓冲技术，处理 5 个文件块需要的时间是多少？

6.5.4　多缓冲

从思考题 6.15 可以看出，当 CPU 与设备的工作频率不一致时，采用双缓冲技术 CPU 的利用率可能会受到影响，CPU 与设备之间的并发程度会大大降低，为了解决这一问题，提出了多缓冲技术。

多缓冲技术的基本思想是将多个大小相同的缓冲区组织成环形缓冲区的形式，这些缓冲区分三种类型：可以用来装入数据的空缓冲区 E、已经装满数据的缓冲区 F、计算进程正在使用的满缓冲区 C。系统中有三个指针 NextE、NextF、PtrC 分别指向缓冲区 E 和 F 的队首以及缓冲区 C。当有数据需要装入缓冲区时，装入 NextE 所指向的缓冲区；当有数据需要处理时，从 NextF 所指向的缓冲区中取数据。

6.5.5　缓冲池

无论是单缓冲、双缓冲和多缓冲都是专用缓冲，当系统较大时，系统中会存在多个这种缓冲，可能出现缓冲区利用率不高的问题。为解决这一问题，引入了缓冲池技术。

缓冲池技术的基本思想是不区分输入缓冲区还是输出缓冲区，将用作缓冲区的一组内存块链接起来，缓冲池就是包含了一个管理的数据结构以及一组操作函数的管理机制，用于管理多个缓冲区，缓冲池中的每个缓冲区均既可以用于输入，又可以用于输出。当有进程需要输入缓冲区时，向缓冲池申请，缓冲池分配一个缓冲区给进程，进程用完后将缓冲区归还给缓冲池；当进程需要输出缓冲区时，向缓冲池申请，缓冲池分配一个缓冲区给进程，进程用完后将缓冲区归还给缓冲池。任何一个缓冲区均既可用作输入缓冲区，又可用做输出缓冲区。

6.6　本 章 小 结

本章介绍了 I/O 设备的定义、分类等 I/O 设备相关的基础知识，分析了 I/O 系统的构成、设备管理的目标、任务和功能，介绍了四种设备工作的 I/O 控制方式，阐述了 I/O 请求的处理步骤、中断技术以及设备驱动程序。最后讲解了设备分配所用的数据结构、设备分配原则和方式、设备分配程序及策略，最后介绍了缓冲技术。

6.7　习　　题

1. 基本知识

(1) 按照设备的所属关系可以将设备分为哪几种类型？

(2) I/O 系统由哪几部分构成？每一部分具有什么功能？

(3) 设备管理应该具备哪些功能？

(4) 进行设备分配需要哪些数据结构？

(5) 设备分配需要分配设备、控制器和通道，设备分配的顺序是什么？

(6) 软缓冲都有哪些技术？

(7) 设备工作的 I/O 控制方式都有哪些？

2. 知识应用

(1) 某系统中有 5 个文件块需要处理，采用单缓冲技术，输入设备将文件块送入缓冲区需要 60 μs，CPU 将数据从输入缓冲区送入用户区需要 30 μs，CPU 处理用户区的数据需要 3 μs，如果系统采用多缓冲技术，系统中配置了 10 个缓冲区，计算处理 5 个文件块所需时间，CPU 的利用率是多少？

(2) 分别给出单缓冲、双缓冲、多缓冲处理一块数据的时间和处理 n(n>1)块数据的时间？在此基础上分析单缓冲、双缓冲、多缓冲技术的优缺点。

3. 开放题

(1) 设备独立性软件用什么方法实现设备独立性的？试想一下这种方法还可以在什么情况下使用？如果无法回答此问题，请上网查询去哪儿网如何实现机票信息查询的？

(2) 画出 SDT、DCT、COCT、CHCT 之间的关系图，结合该关系图以及 SDT、DCT、COCT、CHCT 的结构分析设备分配的顺序为什么是先分配设备、再分配控制器、最后分配通道。再从有效利用资源的角度分析为什么先分配设备、再分配控制器、最后分配通道。

(3) 为什么不同型号的打印机需要安装不同的驱动程序？

第 7 章 文 件 管 理

◇ **本章导读**

除了硬件之外，计算机系统中还包括软件。文件系统负责计算机中软件系统的管理，本章主要讲解以下内容：

(1) 文件的定义及分类；

(2) 文件系统的定义、功能及目标；

(3) 文件的逻辑结构及存取方式；

(4) 文件的物理结构；

(5) 文件存储空间的管理；

(6) 文件的共享机制和保护策略；

(7) 磁盘的组织、管理及调度算法。

本章内容可以让大家逐步理解并掌握上面这些问题，让大家对计算机系统的文件管理方式有一个清晰的认识。如果你对上述内容没有概念，请认真阅读本章内容，并在其中找到答案，若有表达不清楚的地方，请参阅其他操作系统教材或者到互联网上寻求答案。

7.1 文件系统的基本概念

本节导读：本节在介绍具体的文件管理相关知识之前，先让读者了解文件系统相关的基本概念以及相关知识，掌握文件的定义、分类、文件系统的定义，对操作系统文件管理的功能和任务有一个清晰的认识，为下一步学习文件管理的具体内容打下基础。

7.1.1 文件的定义

☺ **小故事 第六季**(1)：OS 餐厅的管理团队

小盖的餐厅经营得越来越大，每天的进货量很大，小盖需要记录每天的采购清单、每日的销售数据、餐厅的员工档案等，这些数据和文件的管理需要小盖雇佣专门的文件管理团队来进行，这就是小盖餐厅的文件管理系统。

计算机系统包括硬件系统和软件系统，硬件系统包括 CPU、内存和外部设备。前面几章分别介绍了进程管理、CPU 调度、内存管理、设备管理，这四部分内容阐述了操作系统如何管理 CPU、内存和外部设备。但是这四部分只解决计算机如何有效利用计算机硬件资源，计算机如何管理软件资源也是操作系统要考虑的问题。文件管理就是解决计算机软件资源的管理问题。

1. 文件的引入

计算机系统在运行过程中需要解决以下几个问题：

(1) 计算机的主要作用是运行各种各样的程序，程序运行在内存，一方面，内存容量有限，不能把所有程序都放在内存；另一方面，内存信息易失，一旦断电，内存的信息都将丢失。因此，为了长久保存信息，需要以文件的形式将程序保存并管理起来，把需要永久保存的软件资源保存在内存中。

(2) 操作系统本身就是一种重要的系统软件，操作系统程序会远远大于内存的大小，它不能全部常驻内存，操作系统程序也需要长久保存。

(3) 用户在完成某些任务的过程中要使用某些私有或公共的软件资源来协助完成任务，这些私有的或公共的软件资源也需要长久保存。

(4) 用户编制完成或未完成的程序需要长久保存以便于后期修改或运行。

(5) 程序要处理的大量数据需要长久保存以便多次重复处理或者多个程序共享。

如果想解决上述问题，操作系统就必须提供文件存储的功能，当系统中的文件数量增加到一定程度时，例如：几万、几十万，操作系统必须提供快速的文件查找和检索功能，保证用户可以快速提取想要的文件。

试想一下，如果小盖的餐厅没有文件管理功能，每天的采购单记在一张纸上，采购之后这张纸随意一扔，会是什么情形？餐厅能不能很好地经营下去？同样计算机如果没有文件管理功能，计算机能不能广泛应用？

2. 文件的定义

从上面的分析可以看出，文件管理是操作系统中非常重要的一个模块，那么什么是文件呢？

直观地看，文件是长久保存的一段程序或一组数据。这种说法比较模糊，不够规范。在计算机系统中，文件是具有文件名的一组相关信息的集合，它是操作系统进行信息管理的最基本单位。

从上面给出的文件定义中可以看出文件的两个基本特性：

(1) 文件具有文件名，任何一个文件都必须有一个文件名，这个文件名主要用于标识这个文件，用户可以根据文件名对文件进行各种操作。

(2) 文件是一组相关信息的集合，文件的内容是彼此相关的。

☼ 小问题 7.1：想一下，你自己电脑中的文件都具有哪些属性？

3. 文件的属性

文件名：用来唯一标识文件的名称。

文件类型：系统为了存储信息而使用的对信息的特殊编码方式，例如：文本文件、图片文件、可执行文件等。在 Windows 系统中，文件类型用文件扩展名区分。

文件长度：文件中包含的信息量，可以是字符数、字节数、块数等。

文件的修改日期：最后一次对文件进行修改操作的时间。

文件的物理位置：文件在存储介质上的实际位置。

文件的操作类型：可以对文件进行操作的类型，例如：只读、读写、存档等。

7.1.2 文件的分类

与设备管理类似，文件有很多类型，如果想有效管理文件，首先需要对文件分类，相同类型的文件按照同样的方式进行管理。由于文件有不同属性，因此文件的分类也有不同的方式。

1. 按逻辑结构分类

按照文件的逻辑结构分类，文件可以分为流式文件和记录式文件两种类型。

(1) 记录式文件：由若干称为记录的较小单位组成。

在文件系统中，构成文件的最基本单位是字符。但是，在记录式文件中，由字符构成了数据项，由数据项构成了记录，记录是一组有意义的数据项。

例如：学生成绩文件由全体学生的成绩信息构成，每个学生成绩信息是一个记录，每个记录由学号、姓名、专业、年级、班级、高等数学成绩、操作系统成绩、数据库原理成绩、平均成绩和总成绩等数据项组成。每个数据项都有一个名称、数据类型等。

对这类文件进行操作一般以记录为单位进行。

(2) 流式文件：由一组相关的字符流组成，文件中没有记录的概念 。

并不是所有的文件都是由记录组成的，由基本字符构成的文件就是流式文件。我们每天打交道的源程序文件就是流式文件，我们编写的源程序代码是由一个一个的字符构成的。

2. 按性质和用途分类

根据文件性质和用途的差异，可将文件可以分为系统文件、库文件和用户文件三种类型。

(1) 系统文件：由系统软件构成的文件，由操作系统核心及其他系统程序和数据所组成。大多数系统文件只允许用户通过系统调用来执行，不允许用户读和修改。

(2) 库文件：由标准子程序库及其他常用的库函数组成。为了方便用户编程，有人将一些常用的算法设计成标准子程序或标准函数，并为用户提供调用接口供编程者调用，以提高用户的编程效率。例如：矩阵相乘、线性回归等。这些文件允许用户执行，但不允许修改。

(3) 用户文件：由用户生成并委托给系统保存的文件，主要包括源程序文件、目标文件、可执行文件、各种数据文件和各种文档等。

3. 按对文件实施的保护级别分类

按照对文件实施的保护级别不同，可以将文件分为只读文件、读写文件、可执行文件、不保护文件四种类型。

(1) 只读文件：允许文件核准的用户读，但不允许写。

(2) 读写文件：允许文件核准的用户读、写，但禁止未核准的用户读写。

(3) 可执行文件：只允许核准的用户执行，不允许读、写。

(4) 不保护文件：对文件不实施任何保护，所有用户都可以对文件进行各种操作。

4. 按文件的组织和处理方式分类

按照文件的组织和处理方式不同，可以将文件分为普通文件、目录文件和特殊文件三类。

(1) 普通文件：系统中最一般格式的文件，可以是由基本字符构成的 ASCII 码文件，也可以是由二进制码构成的可执行文件。

(2) 目录文件：由文件目录信息构成的文件，目录文件中包含其他文件的信息，系统可以通过目录文件检索其中包含的下属文件。

(3) 特殊文件：系统对外部设备以文件的形式管理，用来表示外部设备的文件是特殊文件。

5. 按文件的存在方式分类

按照文件的存在方式分类，文件可以分为逻辑文件和物理文件两种类型。

(1) 逻辑文件：用户看到的建立在逻辑结构基础上的文件。

(2) 物理文件：存储在物理设备上的文件。

7.1.3　文件系统的定义

操作系统以文件为基本单位对软件进行管理，每一个软件是计算机系统中的一个基本元素，系统中有很多各种类型的文件，这些文件合起来构成了文件系统。

文件系统定义：操作系统中与文件管理有关的那部分软件、被管理的文件，以及实施管理所需的各级目录、索引表等各种数据结构的总体叫做文件系统。

从文件系统的定义可以看出文件系统的目的是进行文件管理。从系统的角度看，操作系统如果想有效管理文件，必须提供合理的数据结构完成对文件的存储空间的组织、分配、回收，完成对文件的存储，并对存入文件实施保护、检索等。文件系统负责为用户建立文件、撤销文件，负责对文件进行读写、修改、复制等操作，负责控制文件的存取。从用户角度看，只要用户告诉系统，你想要对哪个文件进行操作，系统能够满足用户需求即可，所以其实质是实现文件的按名存取。用户只要知道文件名即可存取文件中的信息，而无需知道文件究竟存放在什么地方。

✿ 小问题 7.2：根据文件系统的定义和你自己使用文件的体会分析一下文件系统应该具有什么样的功能？

7.1.4　文件系统的功能和任务

1. 文件系统的功能

(1) 实现文件的按名存取。用户只需要知道文件名，不需要知道文件的物理位置和结构，文件物理位置的变化，并不影响文件的存取。也就是对文件实施存取的具体过程对用户是透明的。

(2) 实现对文件的统一操作。在使用文件的过程中，我们已经知道，对文件操作有很多，如随机访问、顺序访问、建立、打开、关闭、删除、读写等。如果每一种操作的接口都采用不同的模式，用户需要学习和熟悉各种不同的文件操作接口，为了方便用户使用文件，文件系统向用户提供了统一的界面来完成各种不同的操作。

(3) 实现文件的共享与保护。用户希望自己存放在文件系统中的文件能安全，同时，用户又希望能够按照自己的愿望实现文件共享，因此文件系统提供各种可靠的安全保护设施以防止未授权的用户对文件进行非法操作，并防止该操作造成的信息破坏；同时又提供了一系列文件共享机制保证文件的合法共享。

(4) 实现文件的海量存储。随着存储容量的不断增加，外存中可以存储的文件数量不断增加，特别是随着互联网、物联网等技术的发展，数据生成和采集变得非常容易，会有海量数据需要存储，所以需要文件系统对海量数据进行存储。

2. 文件系统的任务

要想具有上述功能，文件系统需要完成以下任务。

(1) 有效地分配文件存储器的存储空间。文件存储在外存上，外存空间是一种有限资源，外存空间的合理分配和有效使用是实现文件海量存取、实现文件按名的基本保证。

(2) 提供文件的逻辑结构、物理结构和存取方法。文件是供用户使用的。用户在使用文件时希望按照自己的使用需求组织文件，用户看到的文件组织方式是文件的逻辑结构，文件系统需要给用户提供不同的逻辑结构以方便用户使用文件。大量文件存储在物理存储介质上，文件存储在物理存储介质上的结构是文件的物理结构，在文件物理存储介质上可以用不同的文件组织方式，文件系统需要能够提供不同的物理结构。用户可能因为不同目的使用文件，不同的目的对文件的使用方式不同，例如：对学生名册文件的存取方式，如果老师想考勤，就按照顺序访问的方式逐个访问学生的名字，如果上课请同学回答问题，就会从全体学生中随机选择某个同学，此时不需要访问该同学前面的同学姓名。因此，文件系统需要提供各种不同的存取方式以满足不同文件使用需求。

(3) 实现文件的逻辑结构转变为物理结构。文件的逻辑结构是用户看到的文件结构，文件的物理结构是计算机看到的文件结构，最终对文件的操作实际是按照物理结构进行的，因此，需要有一种机制将用户看到的逻辑文件变成计算机看到的物理文件，这一过程就是文件的逻辑结构转变成物理结构。

(4) 实现文件的共享，提供各种存取控制机制。用户共享文件的需求，需要文件系统提供不同的存取控制机制，控制对文件的非法访问，保证文件的合法共享。

(5) 提供文件的各种操作界面。既然对文件的操作有多种类型，文件系统需要为各种不同的操作提供操作界面，保证用户方便地进行文件操作。

7.2　文件的逻辑结构及存取方式

本节导读：对文件进行操作是用户使用计算机时所进行的最频繁的操作之一,用户看到的文件结构是什么样的?采用什么结构比较符合用户使用文件的习惯?如何有效存取文件?这些是文件操作要解决的一系列问题,本节回答上述问题。

7.2.1　文件的逻辑结构

1. 逻辑结构的定义

文件的逻辑结构是从用户的观点出发所看到的文件组织形式，它说明文件的基本元素逻辑上是如何定义的，以及基本元素又是如何聚集成其他的元素，一直到最后构成文件的过程，也就是用户看到的文件面貌。

思考题 7.1：你认为设计文件逻辑结构应该考虑哪些因素？

2. 设计文件逻辑结构的原则

设计文件的逻辑结构目的是为了方便用户以及计算机系统对文件进行各种操作，既要考虑操作的方便性，又要考虑尽可能降低各种操作的代价，为此，设计文件的逻辑结构应遵循以下原则。

(1) 当用户对文件信息进行写操作时，给定的逻辑结构应能尽量减少对已存储好的文件信息的变动，从而降低写操作的代价，提高写操作的效率。

(2) 当用户需要对文件信息进行读操作时，给定的逻辑结构应使文件系统在尽可能短的时间内查找到需要的记录或基本信息单位，从而提高读操作的代价，方便用户进行读操作。

(3) 在文件大小一定的情况下，应尽可能减少文件信息占据的存储空间，从而降低文件的存储代价。

(4) 尽可能使用户可以方便地理解文件的内容，从而便于用户使用文件。

(5) 尽可能满足用户的不同应用需求。

3. 文件逻辑结构类型

为满足用户使用文件的需求及便于对文件进行各种操作，设计了两种文件的逻辑结构。

1) 流式文件

流式文件是一种无结构的文件，由字符构成单词，单词构成行，行构成页，页构成文件。对行的长短、段的大小、文件的长度等均没有约束。实质上说，就是由字符构成文件，单词、行、页等都是为了方便管理文件而引入的过渡概念，这些概念不会给对文件进行各种操作产生影响。

因为流式文件的结构简单，因此对流式文件的管理比较简单。但是由于流式文件没有索引，所以对文件中某个位置或某个内容的查找较为困难。如果一个文件有较少的随机查找操作，较多的顺序处理操作，则将该文件组织成流式文件是比较适合的。例如：对源程序文件进行的常见操作是编译，编译器编译源程序是从头到尾顺序扫描、顺序处理，因此源程序文件组织为流式文件。可执行文件也是一种常见的流式文件，对可执行文件进行的最多操作运行，运行程序的过程是从文件的开始位置逐行读取文件的内容，解释其含义并完成相应的动作，也是顺序处理，因此可执行文件组织为流式文件。

2) 记录式文件

记录式文件是一种有结构文件，记录式文件由字符构成数据项(在数据库中被称为字段)，由数据项构成了记录，由记录构成了文件。数据项是包含语义信息的最小单位，它描述了记录中某个属性的信息，记录是包含语义信息的完整单位。例如：学号是一个数据项，该数据项中的数据描述的都是学生的学号。一条记录完整地描述一整条信息，其中包含了多个语义。例如学生成绩记录中包含学号、姓名、专业、年级、班级、操作系统成绩、数据库成绩、数据结构成绩、Java 成绩和总成绩。记录(20150502012，张曼曼，计算机 2014-2，90,85,95,85，355)描述的是张曼曼同学各门课程成绩信息及总成绩，(20150502018，李小博，计算机 2014-2，95,85,75,85，340)描述的是李小博同学各门课程成绩信息及总成绩。

记录式文件包括定长记录和变长记录两种类型。定长记录是指文件中每个记录的长度都相同，如果记录长度是 l，记录数是 n，定长记录文件的长度是 l×n。变长记录是指文件中每个记录的长度可以不相同，变长记录文件的记录长度如果分别是 l_1，l_2，…，l_n，则变长记录文件的长度为 $\sum_{i=1}^{n} l_i$ 。

由于记录式文件结构比较规则，因此查找非常方便，也便于进行随机访问。

7.2.2 文件的存取方式

用户对文件进行的最主要的操作是存取操作，用户通过存取操作实现对文件的使用。用户对文件的使用目的不同可以采用不同的存取方式，常见的存取方式包括顺序存取、随机存取和按键存取三种。

1. 顺序存取

顺序存取就是按照文件的逻辑地址对文件进行存取。在流式文件中，顺序存取就是从文件的第一个字符开始依次访问文件的每一块信息，如果当前指针位置是 Rptr，每次读取的信息块的大小为 m 个字节，则下次读取的位置则为 Rptr + m。

在记录式文件中，顺序存取就是从文件的第一个记录开始依次访问文件的所有记录。定长记录式文件的结构示意图如图 7-1 所示，在图 7-1 所示的记录式文件中，如果进行读操作，需要先将 Rptr 置为 0，下一次读取的地址是 Rptr + m；第 i 个记录的地址为 (i–1)m，以此类推。在图 7-2 所示的变长记录文件中，如果进行读操作，需要先将 Rptr 置为 0，下一次读取的地址为 Rptr + m_1；如果当前 Rptr 当前指向第 i 个记录(其实际地址为 m_1 + m_2 + … + m_i–1)，下一次读取的地址为 Rptr + m_i，以此类推。

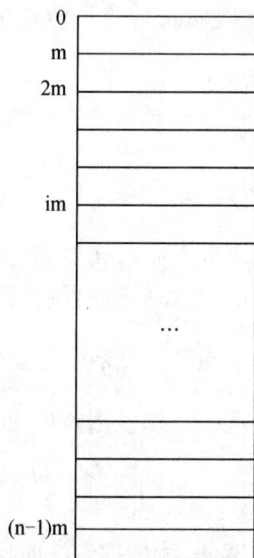

图 7-1 定长记录式文件逻辑结构示意图   图 7-2 变长记录式文件逻辑结构示意图

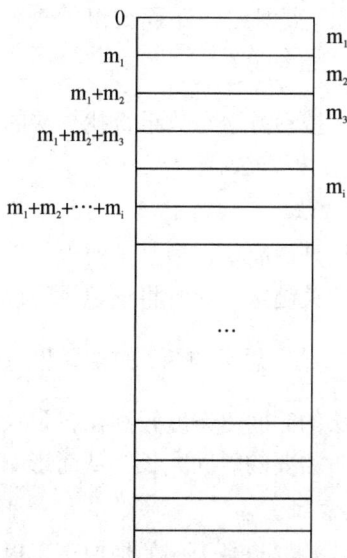

从顺序存取方式的基本过程可以看出，顺序存取方式是按照逻辑顺序完成对文件的存取操作的，在当前时刻可以知道下一时刻，甚至下 k 个时刻要存取的内容，因此可以采用预先缓冲技术将后面要读的内容放入缓冲区，这样可以大大加快访问速度。在用户使用文件过程中，有很多需要进行顺序存取的实际需求，例如：对源程序进行编译的过程需要从源程序的第一行代码开始逐行读取源程序的内容并进行语法检查；用户在听歌曲的时候，需要从歌曲的第一句逐句读取歌曲的内容并从头至尾的听整首歌曲。

2. 随机存取

随机存取又称为直接存取，是允许用户按照自己的意愿随机存取文件中任何一部分内容。在流式文件中，需要给定文件的位置，然后定位于该位置，这在实际实现的过程中是非常难以实现的，很难计算用户想访问的位置的实际内存地址。在记录式文件中，给定记录号，直接访问给定记录。在图 7-1 所示的定长记录文件中，如果访问记录 i，不需要执行 Rptr + m 操作，直接定位(i–1)m 即可；在图 7-2 所示的变长记录文件中，如果访问记录 i，也不需要执行 Rptr + m 操作，直接定位 $m_1 + m_2 + \cdots + m_i - 1$ 即可。相比之下，定长记录文件的随机存取更容易实现。

3. 按键存取

按键存取就是按照给定的关键字实现对文件的存取。这种存取方法在日常生活中最常见，也是数据库系统中使用最多的存取方法。例如：访问"张曼曼"同学的成绩记录；访问"大连到武汉的航班信息记录"等。从按键存取的例子可以看出，与顺序存取和随机存取不同，按键存取访问的位置不能通过文件的逻辑地址顺序完成，而是需要通过一个查找过程和一个访问过程同时完成，查找过程负责定位到指定的关键字所在的记录位置(地址)，访问过程完成访问操作。由于按键存取方法中搜索关键字所在记录位置是一个复杂又耗时的过程，该操作的效率将直接影响按键存取操作的效率，因此本书重点讲解关键字搜索方法。

思考题 7.2： 数据结构课程数组的查找算法都有哪些？每种查找算法的时间复杂度是多少？

文件关键字搜索方法与数组查找算法的基本思想类似，主要包括线性搜索法、折半搜索法和 Hash 法三种方法。

1) 线性搜索法

线性搜索法是最简单、最易于实现的搜索法，就是用关键字与文件的记录逐条比对，直到找到匹配的关键字，此时将该记录的地址作为访问的记录地址进行访问。

思考题 7.3： 结合思考题 7.2 的结果想一下线性搜索法的时间复杂度是多少？

线性搜索法的时间复杂度较高，在记录数较少的情况下可以使用，如果记录数较多，完成一次访问所需要的时间太长，从而影响系统的效率。

2) 折半搜索法

在被查找的数据记录无序的情况下可以采用线性搜索法，线性搜索法的搜索效率较低。对于文件内容变化不大且经常进行按键存取的情况，为了提高关键字查找速度，可以对文件按照关键字字段排序，对排序后的文件可以采用折半搜索法。

如果文件已经按照查找关键字排序，排序后的关键字序列为 K_0、K_1、…、K_{n-1}，要访问关键字为 K 的记录，其查找过程示意图如图 7-3 所示。如果关键字 K_i 所在记录号为 i，则首先用 K 与 $K_{n/2}$ 对比，如果 $K = K_{n/2}$，查找结束，访问记录 n/2；否则，如果 K 大于 $K_{n/2}$，则 $K_{n/2}$ 之前的关键字不需要进一步对比，只需要用 K 与 $K_{n/2}$ 之后的关键字对比；如果 K 小于 $K_{n/2}$，则 $K_{n/2}$ 之后的关键字不需要进一步对比，只需要用 K 与 $K_{n/2}$ 之前的关键字对比。下一轮对比选择 $K_{n/4}$，重复上述过程，直至找到与 K 匹配的关键字。

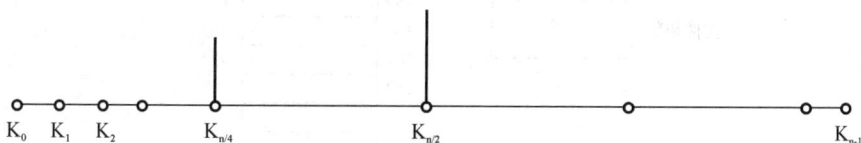

图 7-3　折半搜索法示意图

？ 思考题 7.4：折半搜索法的时间复杂度是多少？

3）Hash 法

虽然折半搜索法的效率要远远高于线性搜索法，但是在数据记录数快速增长，特别是大数据时代，折半搜索法的效率依然不能满足用户的需求。Hash 法被广泛应用于现代操作系统的数据查找中。

Hash 法的基本思想是定义一个 Hash 函数，H(K)，对于给定的 K，H(K)可以直接给出 K 所对应的逻辑地址。Hash 法可能存在碰撞问题，即不同的关键字映射到相同的逻辑地址上。

？ 思考题 7.5：数据结构中 Hash 函数冲突问题如何解决，据此推断 Hash 搜索法如何解决碰撞问题？

7.3　文件的物理结构

本节导读：7.2 节介绍了文件的逻辑结构和存取方式，文件的逻辑结构和存取方式主要从用户的需求出发设计的，目的是满足用户使用文件的需要。要完成对文件进行的各种操作，需要访问实际的物理文件。文件的逻辑结构主要考虑方便用户使用，文件的物理结构是文件存在物理存储介质上的方式，是考虑方便系统存取文件。本节介绍几种主要的文件物理结构。

目前常见的文件物理结构有连续文件、链接文件、索引文件、多级混合索引四种。

1. 连续文件

连续文件也叫顺序结构的文件。

1）组织方式

连续文件的组织方式是把一个文件按逻辑顺序依次存放在外存的一片连续物理块中的结构。图 7-4 给出了连续文件的结构示意图。文件 File0001 共有 5 块，逻辑 0 块放在第 158

物理内存块中，按照连续方式组织，第 1 块放在第 159 物理块中，第 2 块放在第 160 物理块中，依次类推。

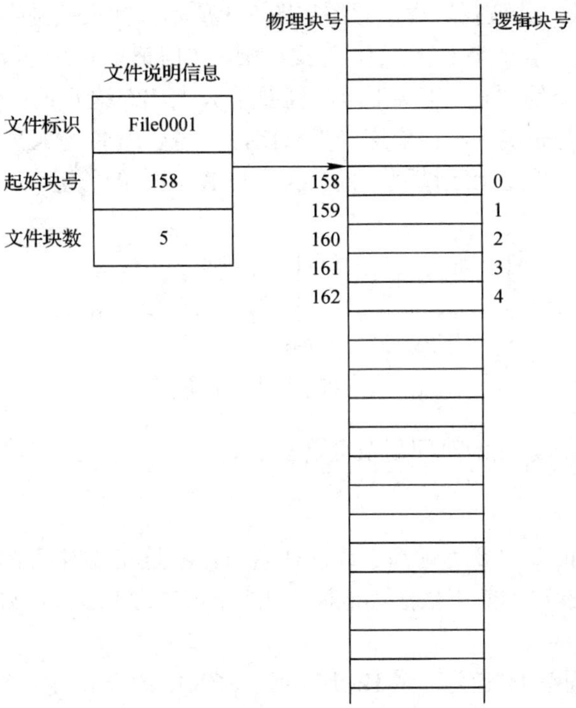

图 7-4　连续文件结构示意图

2) 特点

连续文件具有以下特点。

* 文件的逻辑块号到物理块号的转换简单。由于采用连续结构，逻辑上连续的块在物理存储介质上也是连续的，首块的物理块号与逻辑块号简单相加就可以计算出物理块号。

* 存取速度快。由于文件在外存中存储在一块连续区域内，而且事先可以预知文件的物理地址，可以采用预读取技术实现文件的存取，可以大大加快文件的存取速度。

* 空间利用率低。由于一个文件需要占一块连续的空间，可能存在有空闲的存储区，但是不能满足用户文件需求的情况，因此存储空间的利用率会大大降低。

* 部分文件内容的删除会产生碎片。如果删除的小文件在两个大文件之间，小文件删除形成的空闲区可能会成为碎片。

* 不能动态增加文件长度。一个文件占一块连续的存储区，一个文件写入之后，在该文件的后面又写入的其他文件，则该文件不能动态增长。

3) 适用情况

连续文件具有逻辑文件到物理文件的变换简单、存取速度快的优点，同时也会导致空间利用率低等缺点，连续文件对以下情况较为适用。

* 经常性地进行顺序访问的文件。对文件进行顺序访问的时候如果访问速度快，可以提高系统的效率，因此需要经常性地进行顺序访问的文件采用连续文件结构存储会获得较高的访问效率。

• 文件内容不变。因为连续文件不能动态增加文件长度，但是，如果文件内容不变，就可以方便地采用连续文件结构进行文件存储。

思考题 7.6：如果文件内容经常发生变化，用什么结构合适呢？

2. 链接文件

1) 组织方式

由于连续结构不利于文件的动态增长，外存空间的利用率较低，为了解决上述问题，提出了链接结构。链接结构是一种非连续结构，存放文件信息的每一物理块中有一个指针，指向逻辑上连续、物理上非连续的下一个物理块，这个指针的长度由物理设备的容量决定。图 7-5 给出了链接文件的结构示意图。文件 File0001 共有 6 块，逻辑 0 块放在第 158 物理内存块中，按照链接方式组织，第 158 块的块尾有一个指向逻辑第 1 块存放的物理块号(160)的指针，第 160 块的块尾有一个指向逻辑第 2 块存放的物理块号(162)，依此类推。文件说明信息中只需要记录逻辑第 0 块的物理块号即可。

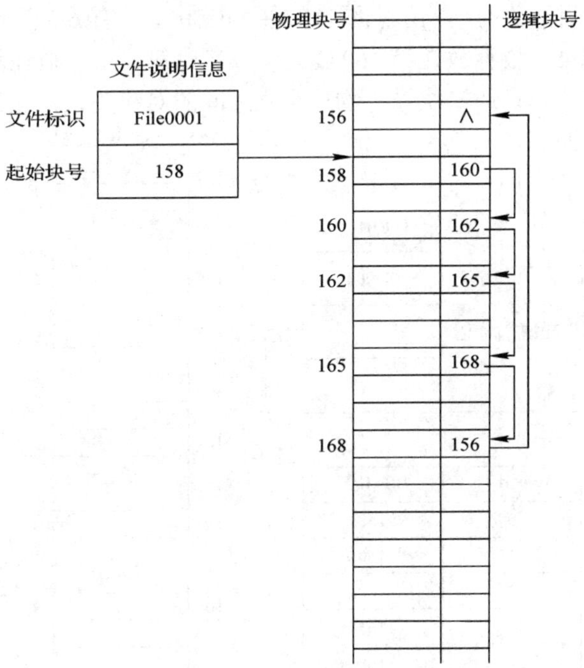

图 7-5 链接文件结构示意图

2) 特点

链接文件具有以下特点：

• 空间利用率高。由于采用的是非连续存储结构，任何一个空闲块都可以有效利用，从而避免空间浪费，不易产生碎片，空间利用率可以大大提高。

• 容易修改，可以动态增加文件长度。文件的增加只需要申请一个空闲块，将该块链接到文件尾，文件的删除只需要修改链接指针的位置即可，因此文件易于修改。

• 访问速度慢，不能进行随机访问。由于下一个物理块的信息存储在上一个物理块中，需要从第 0 块逐块读取文件才能获取下一块的信息，因此访问速度慢，不能进行随机存取。

3) 适用情况

· 经常性地进行顺序访问的文件。如果文件经常进行顺序访问，可以采用链接结构，逐块处理文件信息，在第 0 块处理完之后，就可以获得第 1 块的信息，以此类推。

· 内容经常修改的文件。如果文件经常修改，采用链接结构可以方便地修改文件。

思考题 7.7：如果想提高访问速度，并对文件进行随机访问，用什么结构合适呢？

3. 索引文件

1) 组织方式

链接文件解决了存储空间浪费问题，但是文件物理块之间的指针链使得文件的存取效率较低，为解决这一问题，提出了索引文件的组织方式。与链接文件类似，索引文件中，一个文件的物理块之间可以不连续，但是并不是通过指针将各个物理块之间链接起来，而是为一个文件的所有物理块建立一张表，叫索引表，文件说明信息中存放索引表的首地址，实现由逻辑块号到物理块号的映射。

图 7-6 给出了索引文件的结构示意图。文件 File0001 共有 6 块，逻辑 0 块放在第 158 物理内存块中，逻辑第 1 块存放在第 160 物理块，逻辑第 2 块存放在第 162 物理块等。系统建立了一张索引表，记录逻辑块号与物理块号之间的对应关系，文件说明信息中只需要记录索引表的首地址即可。

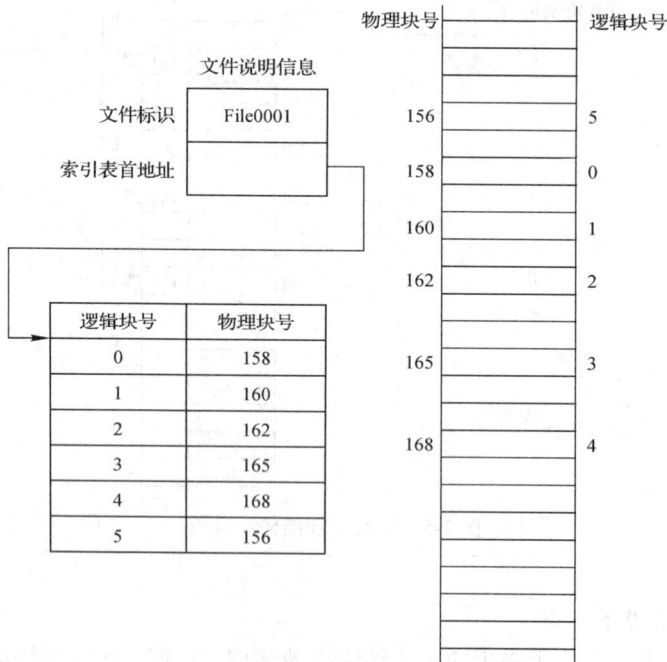

图 7-6　索引文件结构示意图

2) 特点

· 空间利用率高。与链接文件一样，索引文件采用的也是非连续存储结构，任何一个空闲块都可以有效利用，从而避免空间浪费，不易产生碎片，空间利用率可以大大提高。

· 容易修改，可以动态增加文件长度。文件的增加只需要申请一个空闲块，修改文件索引表即可，因此文件易于修改。

• 可以顺序访问，也可以随机访问。索引表按照逻辑块号由小到大的顺序组织，通过顺序读取索引表可以方便地进行顺序访问；如果想进行随机访问，给定记录号，可以方便计算逻辑块号，通过索引表可以用逻辑块号方便查找物理块号，从而实现随机存取。

• 索引表的时间、空间开销较大。如果文件较小，索引表较小；如果文件很大，索引表会占用较大的空间，进行索引表查找需要一定的时间开销。

3) 适用情况

• 顺序访问、随机访问的文件均可。无论是顺序访问还是随机访问，都可以采用索引结构，在进行文件操作时，通过访问索引表即可完成对文件的各种访问。

• 内容经常修改的文件。由于采用非连续存储，可以方便地在文件的任何位置增加或删除一个文件块，因此索引结构适合于内容经常修改的文件。

思考题 7.8：如果想降低索引表的空间开销，用什么结构合适呢？

4. 多级混合索引

1) 组织方式

索引文件解决了文件存取效率低下问题，但是带来了文件索引表的开销，特别是对于较大的文件，其索引表的时间和空间开销均较大，为解决这一问题，提出了多级混合索引文件的组织方式。与索引文件类似，多级混合索引结构依然采用非连续的存储结构。一个文件的物理块之间可以不连续，为一个文件建立一张表，叫多级索引表，多级混合索引结构示意图如图 7-7 所示，多级索引表的大小为 n，n 是一个较小的数。其中的前 n-3 项是数据项，直接指向文件的数据块；第 n-2 项是一级索引项，指向文件的一级索引块，一级索

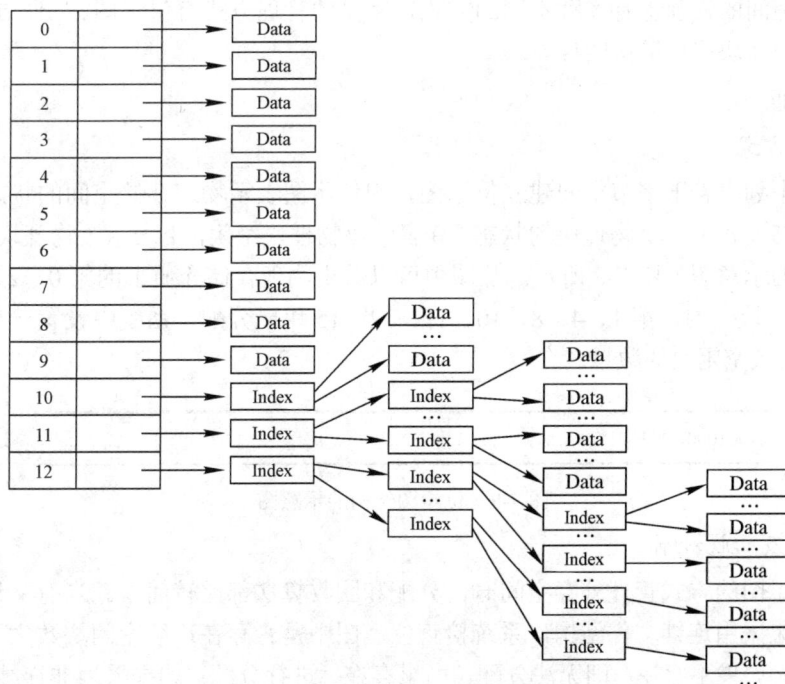

图 7-7 多级混合索引结构示意图

引块中包含指向数据块的指针；第 $n-1$ 项是二级索引项，指向文件的一级索引块，一级索引块中包含指向二级索引块的指针，二级索引块中包含指向数据块的指针；第 n 项是三级索引项。文件说明信息中存放多级索引表的首地址。

2) 特点

• 空间利用率高。与索引结构一样，多级混合索引结构采用的也是非连续存储结构，任何一个空闲块都可以有效利用，从而避免空间浪费，不易产生碎片，空间利用率可以大大提高。

• 容易修改，可以动态增加文件长度。文件的增加只需要申请一个空闲块，修改多级索引表即可，因此文件易于修改。

• 可以顺序访问，也可以随机访问。多级索引表按照逻辑块号由小到大的顺序组织，通过顺序读取索引表可以方便进行顺序访问；如果想进行随机访问，给定记录号，可以方便计算逻辑块号，通过多级索引表可以用逻辑块号方便查找物理块号，从而实现随机存取。

• 索引表的时间、空间开销较小。如果文件较小，用基本索引表即可；如果文件很大，可以采用一级索引表、二级索引表、三级索引表，查找索引表的时间可以大大降低。

7.4 文件存储空间的管理

本节导读：文件的物理结构是在外存上组织文件的方式，文件存储在外存空间上，如何有效管理外存空间，也是文件系统需要解决的问题，本节介绍几种常见的外存空间管理结构。

文件存储在外存上，外存空间的有效组织可以保证文件的存取效率，与内存管理方式类似，外存空间的管理也有多种不同的方式，常见的管理方式有位示图、空白文件目录、空白块链和空白块成组链接四种。

1. 位示图

1) 组织方式

在内存中划出若干字节空间建立位示图，用位示图表示物理存储空间的状态，每一位表示物理存储设备上一个物理块的状态，0 表示该物理块空闲，1 表示该物理块已经分配。位示图结构的示意图如图 7-8 所示。从图中可以看出物理存储介质上的第 0、2、3、5、6、7、9、13、14 块空闲、第 1、4、8、10、11、12、15 块已分配。系统中设置一个空闲块计数器 count 记录空闲块的数量。

0100100010111001 ......

图 7-8 位示图结构的示意图

2) 分配及回收机制

采用位示图的方式管理外存空间时，分配和回收算法都比较简单。当有文件申请外存空间时，如果采用连续文件结构，系统检查位示图中是否存在连续空闲块数大于文件请求块数的区间，如果不存在，则无法分配，如果存在，进行分配；如果采用非连续结构存储，系统检查 count 的值，如果申请的存储块数大于 count，则无法分配，如果申请的块数小于

count，则可以进行分配，分配时，查找位示图中为 0 的位，将该位对应的物理块分配给文件，并将文件的逻辑块与物理块的对应关系写入文件索引表，并将该位置为 1。当文件释放空间时，将相应物理块所对应的位置为 0。

3) 特点

• 分配回收算法简单。由于进行外存空间的分配与回收时，算法较为简单，特别是对于采用非连续存储的文件外存空间分配回收只需要比较 count 值就可以判断是否可以进行分配，分配时只需要找到为 0 的位，就可以找到空闲块，而找为 0 位可以采用移位计算，也可以通过判断位示图中的数值的方法，因此分配算法简单。回收时，只需要将相应的位置为 1 即可。

• 空间开销大。由于位示图需要占大量的内存空间，因此该方法的空间开销较大。

思考题 7.9：如果位示图中连续的 0 较多，有没有好的办法压缩位示图？

思考题 7.10：回顾一下动态分区存储管理的分区组织方式以及分配回收算法。

2. 空白文件目录

1) 组织方式

位示图的方式可以有效地进行文件存储空间的管理，但是，由于用 1 位表示 1 个物理块的状态，当外存空间较小时，该方式比较有效，当外存空间较大时，位示图的空间开销较大，开销大的主要原因是当一片连续的物理块都处于空闲状态时，每块需要占用 1 位，产生了较大的空间开销，如何降低空间开销引起了学者们的广泛关注。为了降低空间开销，人们想到把文件存储器中未分配的一片连续的物理块组织成一个空白文件，系统按文件的结构把存储介质上的空闲块组成一个或多个空白文件。所有空白文件组成一个空白文件目录，文件目录中包括空白文件名(一般用空白文件编号表示)、起始块号和块数。空白文件目录的结构示意图如图 7-9 所示。

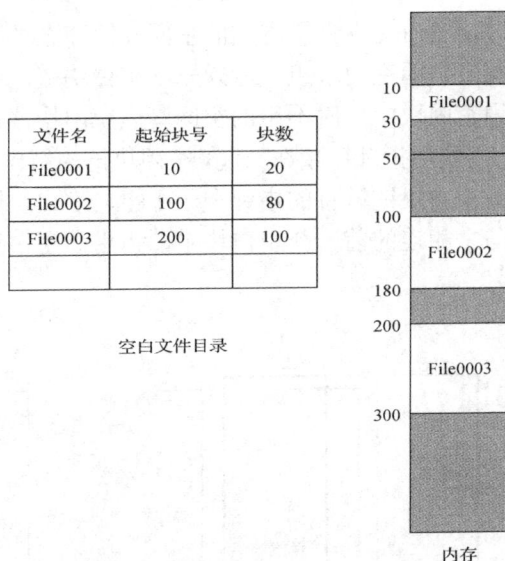

文件名	起始块号	块数
File0001	10	20
File0002	100	80
File0003	200	100

空白文件目录

图 7-9　空白文件目录的结构示意图

2) 分配及回收机制

当有文件请求外存空间时，系统扫描空白文件目录，从中扫描出一块合适的空白区进行分配。对于采用连续结构的文件，如果空白文件的大小正好满足用户文件的需求，则将该空白文件对应的外存空间分配给请求者，将该空白文件从空白文件目录中删除；如果空白文件的块数大于用户文件的需求，则在空白文件中截取用户请求的空白块数分配给请求者，修改空白文件的起始块号和块数，调整空白文件目录。对于采用非连续结构的文件，可以从空白文件目录的第一个文件中划出满足用户请求的块数，然后修改空白文件的起始块号和块数，如果该空白文件的块数不够，再从第二个空白文件中截取，直到满足用户需求为止，然后修改空白文件的目录。

回收时将释放的空白文件重新组织成空白文件目录，如果释放的空白文件与前面或者后面的空白文件相邻，还需要考虑空白文件合并，然后调整空白文件目录表。

从上面的阐述可以看出，空白文件管理方式与内存管理中的动态分区存储管理方式类似，因此，空白区的组织方式、空闲区的分配回收均采用相似的算法。

3) 特点

· 空白区较大时空间开销小。采用空白文件方式管理外存空间，如果空白文件较大，则空白文件数量较少，空白文件目录较小，因此管理空白文件的空间开销以及查找空白文件的时间开销均会大大降低。

· 分配回收算法复杂。由于空白文件的分配回收算法需要考虑空间合并问题，因此分配回收算法较为复杂，有较大的开销。

思考题 7.11：如果存在多个空白区，每个空白区都较小，空间开销如何？有没有更好的解决方案？

3. 空白块链

1) 组织方式

由于空白文件较小时，空白文件目录方式的空间开销会大大增加，因此学者们研究了一种可以大大降低空间开销的空白块组织方式——空白块链。该方式不需要单独的空间管理空闲块，而是借用空闲块中暂时不用的空间管理空闲块，借用每个空闲块中一个指针的位置，将所有的空闲块用指针链接在一起，空闲块链的结构示意图如图 7-10 所示。该结构中只需要一个指向空白块链链首的指针和一个指向空白块链链尾的指针，其他空白块的信息都分别存储在与之相连的前一个空白块中，借用了空白块存储空白块信息，大大节省空间。

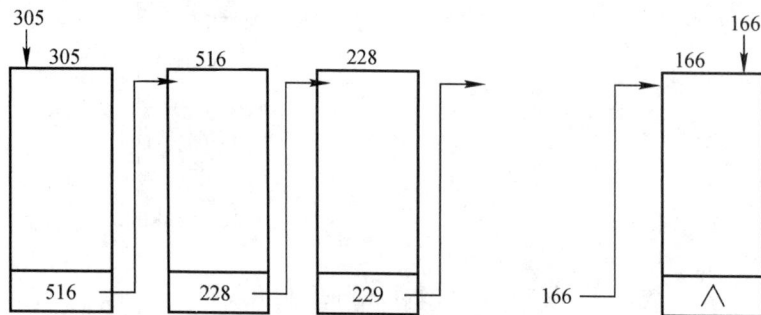

图 7-10　空白块链的结构示意图

2) 分配及回收机制

当有文件请求外存空间时，系统通过指向空白块链的链首指针找到第一个空白块，并顺着空白块链截取所请求的空白块数，然后修改链首指针。当有文件释放外存空间时，把释放的空闲块依次插入链尾。

3) 特点

• 空间开销小。所有关于空白块的信息都记录在空白块中，不需要额外的空间存储空白块信息，因此空间开销较小。

• 分配回收时间开销大。在进行空白块分配时，需要读取每一个空白块才能获取下一个空白块的信息，因此在进行分配时需要进行的读取操作的次数等于请求的空白块数，时间开销较大；在进行回收时，需要逐个地将各个空白块链接起来，也大大增加了空间开销。

？？ 思考题 7.12：分配回收时间开销大的原因是什么？是否可以减少？

4. 空白块成组链接

1) 组织方式

用空白块链管理空白块的巧妙之处在于借用了空白块的空间管理空白块，不便之处是多次读取空白块进行空白块的分配回收，提高了分配回收代价。深入思考会发现，之所以会增加分配回收代价，是因为每个空白块中只记录了一个空白块的信息，每读取一个空白块只能获得一个空白块的信息。事实上，一个空白块中可以存储很多空白块的信息，如果用一个空白块存储多个空白块的信息，可以提高一次读取的信息量，从而大大降低管理空白块的时间开销。因此，学者们提出将外存上的空闲块分组，组的大小固定 50 块或 100 块，每组的信息记录在另一个空闲块中，每组中只有一个块用来记录空白块的信息，其他空白块不用。空白块成组链接的结构示意图如图 7-11 所示。系统将所有的空白块分组，每组大小固定，例如：以 80 为一组。组的大小由空白块的大小和内存地址空间大小决定，第 7、8、66 等 80 个空白块的信息记录在第 10 号空白块中，第 10、11、68 等 80 个空白块的信息记录在第 18 号空白块中，第 18、12、15 等 80 个空白块的信息记录在第 69 号空白块中，第 69、90、109 等 30 个空白块的信息记录在内存资源块中。其中，第 10、18、69 号空白块是用来记录空白块信息的专用块，其他空白块不记录任何信息。

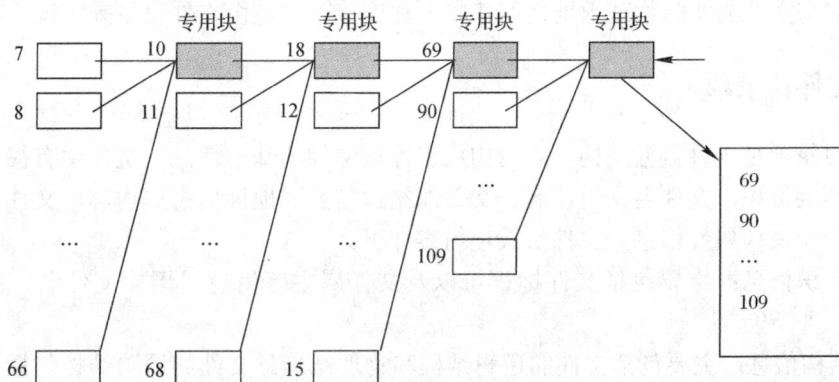

图 7-11　空白块成组链的结构示意图

2) 分配回收机制

当有文件请求空白块时，系统从资源表中读取空白块的信息，如果资源表中的空闲块数量可以满足文件需求，进行分配，同时调整资源表的内容，如果资源表中的空白块不够，则读取下一个专用块的信息，进行分配。例如：图 7-11 中，如果目前资源表中记录 30 个空白块的信息，文件请求 20 块，则在资源表中选择除第 69 号空白块以外的 20 个空白块分配给文件，并将已分配的空白块从资源表中删除，资源表中剩下 10 个空白块的信息。此时，另一个文件请求 20 块，系统将资源表中除第 69 号空白块之外的空白块分配给文件，同时将第 69 号空白块的信息写入资源表中，再将 69 号空白块分配给文件，此时资源表中记录第 18、12、15 等 80 块的信息，系统再从资源表中选择除第 18 号空白块以外的 10 个空白块分配给文件。

当文件释放空白块时，系统将释放的空白块的信息写入资源表，如果资源表中写满 80 块，选择一个空白块，作为专用块，将资源表信息写入专用块，再将专用块以及其他空白块的信息写入资源表。例如：图 7-11 中，如果目前资源表记录 30 个空白块信息，此时某文件释放 60 个空白块，系统将其中的 50 个空白块信息写入资源表中，然后从剩下的 10 个空白块中选择一个空白块(假设选择第 500 块)作为专用块，将资源表的信息写入第 500 块，然后将第 500 块以及剩下的 9 个空白块的信息写入资源表。

3) 特点

· 空间开销小。所有关于空白块的信息都记录在专用的空白块中，不需要额外的空间存储空白块信息，因此空间开销较小。

· 分配回收时间开销小。在进行空白块分配时，只需要读取资源表的信息就可以获取一组空白块的信息，因此在进行分配时需要进行的读取操作的次数大大小于空白块链方式；在进行回收时，只需要将一组空白块信息记录在一个专用块中，也大大降低了时间开销。

7.5　文件的目录结构

本节导读：7.1 节介绍了文件的功能就是实现文件的"按名存取"，那么文件存入物理空间后，文件是怎样实现"按名存取"的呢？要想实现文件的"按名存取"，需要将每个文件的文件名与文件的实际物理地址之间建立一种连接，这是由文件目录来实现。

7.5.1　文件目录项

文件目录项是一种数据结构，该结构用来标识文件的基本信息，文件中有很多不同的属性信息需要标识，文件名、用户名、文件的结构信息、地址信息等内容。文件目录项用来标识每一个文件属性信息，文件目录项内容如下。

(1) 标识信息：主要包括文件标识符以及文件属主等信息，例如文件名、用户名等信息。

(2) 结构信息：主要包括文件的逻辑结构和物理结构。文件的逻辑结构包括记录式和流式，记录式包括定长记录和变长记录。在标识文件逻辑结构的同时，还要标识文件的长度信息，定长记录文件的长度为记录数乘以记录长度，变长记录文件长度为各个记录长度之和，流式文件的长度是文件中的字节数。文件的物理结构包括顺序文件、链接文件和索引文件三种类型，对于顺序文件，文件目录项中标识首块号和块数；对于链接文件，文件目录项中标识该文件的首块号；对于索引文件，文件目录项中标识索引表首地址。

(3) 存取控制信息：为了保证文件的合法使用，对文件的操作需要进行控制，文件的存取控制信息主要标识哪些用户对文件有何种权限。在对文件进行访问时，根据文件的存取控制信息判断操作是否合法。

(4) 其他信息：主要标识文件的时间信息，包括文件的建立以及修改日期、时间等。

7.5.2 文件目录结构

文件存储在物理存储介质上，物理存储介质又叫物理卷，文件系统中把一片软盘、一个区或一卷磁带叫做一个物理卷。一个物理卷上的文件较少时，文件目录的组织方式并不影响对文件的访问，当一个物理卷上文件数量特别多时，需要采用有效的文件目录组织方式以提高对文件的访问速度。主要的文件目录结构包括单级目录结构、二级目录结构和多级目录结构三种。

1. 单级目录结构

一个物理卷上的所有文件都登记在一个目录中，也就是说，整个文件系统中只有一张目录表，所有文件的描述信息都登记在这一张表中。当用户要求建立文件时，系统就在这个目录中寻找一个空白表目，填写该文件的文件名、用户名、文件的逻辑结构、物理结构等文件目录项内容。删除文件时，从文件目录表中删除相应的表目并回收文件所占的物理块。图 7-12 给出了单级文件目录结构示意图。

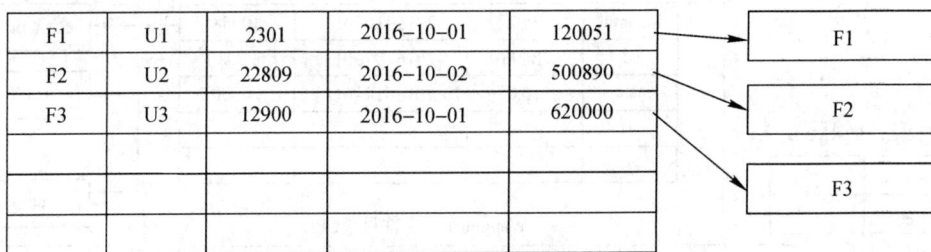

图 7-12 单级文件目录结构示意图

由于单级文件目录中所有的文件信息都登记在一个目录中，因此，单级目录结构的建立、删除以及读写操作都非常简单，特别是在物理卷的存储容量小而且存储的文件数量较少的情况下，采用单级文件目录非常方便。但是，随着存储技术的不断发展，物理卷的存储容量不断增加，一个物理卷上能存储的文件数量不断增加，此时采用单级目录存在以下问题。

(1) 检索效率低。随着物理卷上文件数量的增加，单个文件目录中记录的文件数量变得越来越大，目录文件会变大。当给定一个文件名时，在文件目录中检索文件所需要的时间将会大大增加，检索文件的效率会大大降低。

(2) 不允许文件重名。文件命名一般采取见名知义的方法，文件增多以后，难以避免两个文件同名的情况，由于在文件系统中用文件名唯一标识文件，在单级目录结构中所有文件都登记在一个目录中，因此不允许文件重名。

(3) 难以实现文件共享。在多道程序系统下，系统中的资源为多个用户所共享，文件也是一种可以共享的资源，采用单级目录结构，无法让用户共享同一个文件。例如：用户 A 和用户 B 都是程序员，他们都用 C 语言进行编程，都需要用 C 编译器，如果不允许共享，只能在系统中保存两个相同内容不同名字的编译器分别供 A 和 B 使用，这将大大降低文件的使用效率，造成系统资源的浪费。

思考题 7.13：用什么方法可以让不同用户共享同名文件？

2. 二级目录结构

为了解决单级目录结构中文件检索效率低、文件命名冲突以及文件共享问题，提出了二级目录结构。在二级文件目录中，文件目录分成主文件目录(Main File Directory，MFD)和用户文件目录(User File Directory，UFD)两个级别。主文件目录用于管理用户文件目录，其中登记了用户名和用户目录地址。用户文件目录用来管理某一个具体用户的所有文件，其中登记了该用户所属文件的文件名、文件的逻辑结构、物理结构等信息，其结构与单级目录结构的文件目录项相同。也可以理解为：二级文件目录是在单级目录结构之上增加了一个用户目录。二级目录结构的示意图如图 7-13 所示。图 7-13 中，主文件目录中分别记录了用户 Lee、Wang、Yu 的用户文件目录的地址，Lee、Wang、Yu 等每个用户有一个用户文件目录，用户文件目录中分别登记每个用户的文件信息，三个用户共享同名文件 cc，用户 Lee 和用户 Yu 各有一个名字为 Resume 的文件，用户 Lee 和用户 Wang 各有一个名字为 aa.c 的文件。从中可以看出，该结构可以解决不同用户的文件重名问题，也可以解决文件共享问题。同时，由于每个文件的用户文件目录的大小远远小于单级文件目录，因此检索效率也将大大提高。

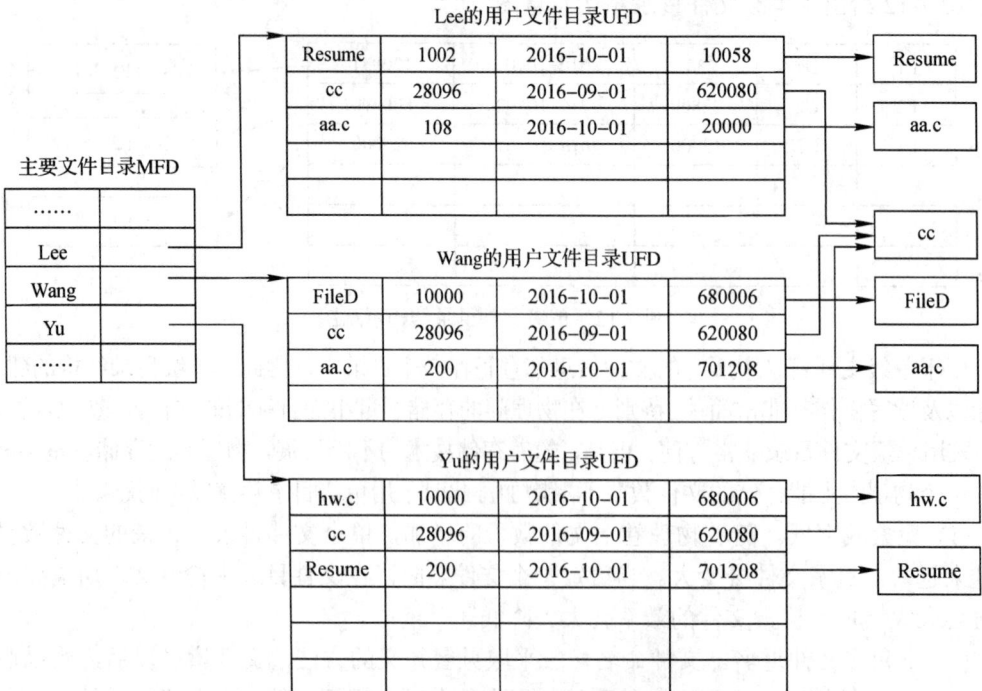

图 7-13　二级目录结构示意图

3．多级目录结构

二级目录结构虽然解决了文件重名和文件共享问题，也在一定程度上提高了文件的检索效率，但是对着文件数量的增加，用户文件目录中文件的数量也会变得越来越大，检索用户文件目录需要的时间会大幅增加，又会产生文件检索效率低的问题，因此对二级目录结构进行了拓展，形成了多级目录结构。

多级目录结构中，除了最低一级的物理块中装有文件信息外，其他每一级目录中存放的都是下一级目录或文件的说明信息，从而形成了树形文件目录结构。图 7-14 是多级目录结构示意图，最高层节点 C:\为根目录，用矩形表示的最低层的树叶为普通文件，中间用圆形表示的树枝是子目录(文件夹)。在多级文件目录中，用文件名不能准确表示一个文件，例如，图 7-14 中的有两个名字为 my.txt 的文件，分别属于 C:\home\Lee 和 C:\home\Yu。为了准确标识一个文件，需要用"路径名+文件名"。

路径就是到达文件所在位置需要经过的子目录的序列，从根目录开始到达文件所经过的子目录序列叫绝对路径；从当前目录开始到达文件所经过的子目录序列叫相对路径。例如：当前路径为 C:\Appl\word，现在要访问 C:\home\Yu 下的 my.txt，绝对路径就是 C:\home\Yu，相对路径就是..\..\home\Yu；如果要访问 C:\Appl\Word\work 下的 1.doc，绝对路径就是 C:\Appl\Word\work，相对路径就是 work。显然，访问当前目录之下的子目录中的文件，采用相对路径可以减少检索路径的层次，从而可以提高检索效率。

从图 7-14 可以看出，多级文件目录可以较好地反映现实世界的树形层次结构，符合人们的使用习惯。用"路径名+文件名"的方式标识文件可以有效避免文件重名问题。采用分而治之的树形结构，可以有效降低每一个分支结点中文件的检索效率。

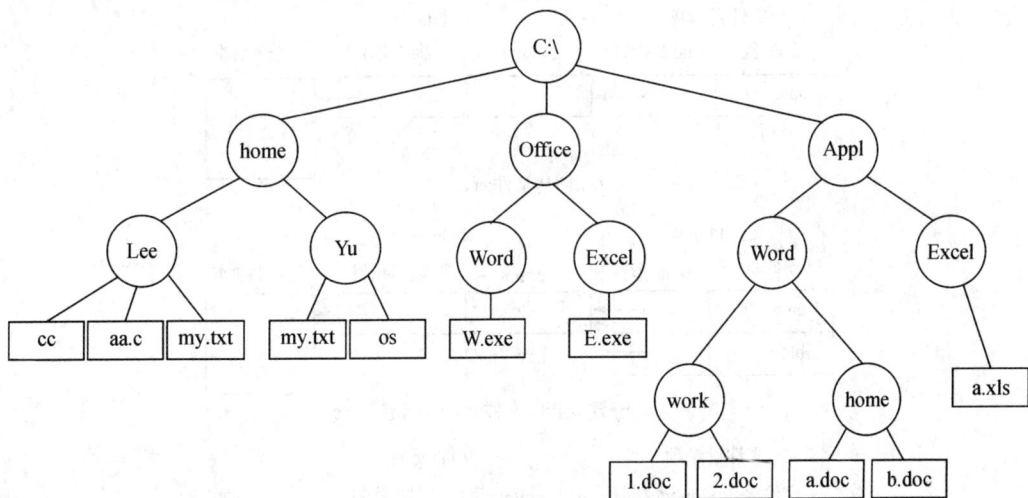

图 7-14　多级目录结构示意图

7.6　文件的共享与保护

本节导读：为了提高文件的利用率，需要提供文件的共享机制；为了保证文件的安全，需要提供对文件进行保护。本节介绍文件的共享方式和文件的保护技术。

7.6.1　文件共享

从图 7-14 可以看出，如果当前目录是 work，可以直接访问文件"1.doc"；如果当前目录是 Yu，无论使用绝对路径还是相对路径访问文件"1.doc"都需要经过根目录以及一系列子目录。显然在 work 下访问文件"1.doc"效率较高。如果需要频繁在 Yu 下访问文件"1.doc"，则访问效率较低。有没有办法高效地在 Yu 目录下访问"1.doc"呢？这就是文件共享需要解决的问题。比较有效的文件共享方式是建立链接，也就是在目录 Yu 下建立一个指向文件"1.doc"的链接，此时 Yu 下就有一个与"1.doc"直接相连的链接文件。建立了链接之后，就可以从多个路径访问一个文件。建立链接的方式主要有两种：硬链接和软链接。

1. 硬链接

硬链接是将不同文件名链接到同一个文件实体的机制。建立硬链接就是在文件目录中建立一个新的文件目录项，该文件目录项包括一个新的文件名以及该文件指向的文件物理地址，该物理地址是被链接文件的物理地址，这样可以实现两个不同名字的文件指向同一个文件。在文件的 inode 中有一个计数器记录文件的硬链接数。当建立一个新文件时，计数器的值为 1，表示只有一个链接指向该文件。如果建立了指向该文件的一个硬链接，则计数器的值加 1。如果删除任何一个文件，只需要把 inode 计数器的值减 1 即可，只有当 inode 计数器的值为 0 时才可以删除文件副本。

文件硬链接机制工作示意图如图 7-15 所示。

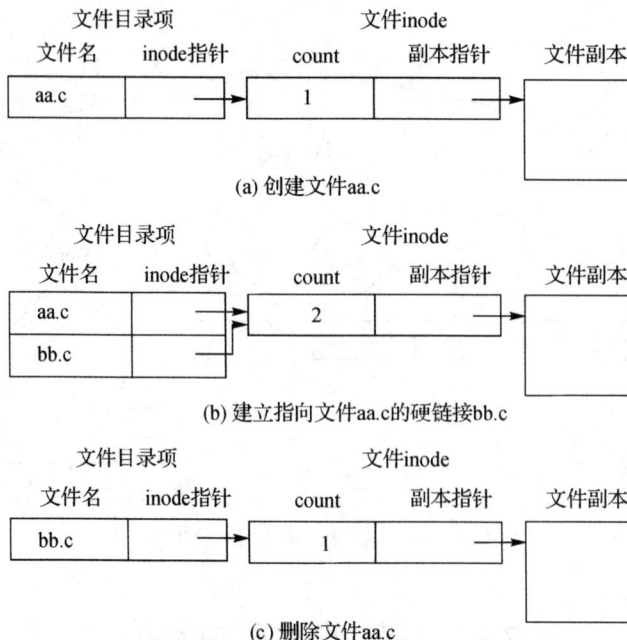

图 7-15　文件硬链接机制工作示意图

当创建一个文件 aa.c 之后文件目录项中增加了一项，同时建立了该文件的文件 inode 结点，其中链接数计数器 count 值为 1，文件 inode 中有指向文件副本的指针，如图 7-15(a)

所示；建立指向文件 aa.c 的硬链接 bb.c，在文件目录项中增加一项 bb.c，inode 指针指向 aa.c 的 inode 节点，同时文件链接数计数器 count 变为 2，如图 7-15(b)所示；删除文件 aa.c，在文件目录项中删除 aa.c，在指向 aa.c 的文件 inode 节点中将链接数计数器 count 减 1，此时不删除文件副本，文件 bb.c 依然可以访问该副本，如图 7-15(c)所示。如果此时再删除 bb.c，文件 inode 节点中将链接数计数器 count 变为 0，才把文件副本删除。

从硬链接的工作机制可以看出，可以通过采用硬链接方式，解决文件共享问题。对于图 7-14 中的问题，可以在目录 Yu 下建立一个指向文件"1.doc"的硬链接，此时 Yu 下就有一个与"1.doc"共享同一个副本的另一个文件，例如文件 1b.doc，在 Yu 下可以直接访问 1b.doc，从而避免了低效的文件访问操作。

硬链接可以解决文件的共享问题，但是它的缺点是不能对目录建立硬链接，因此硬链接不能解决目录文件的共享问题。

2. 软链接

为了解决硬链接不能解决的目录共享问题，引入了软链接。软链接又称为符号链接，它是指向另一个文件的特殊文件，这种文件的数据部分仅包含它所要链接文件的路径名。软链接不直接使用 inode 号作为文件指针，而是使用文件路径名作为指针，软链接中"文件名＋数据部分"就是目标文件的路径名。每个软链接文件都有自己的 inode，而且在磁盘上会有一小片空间存放软链接文件链接的文件路径名。因此，软链接能够跨文件系统，也可以和目录链接。另外，软链接可以对一个不存在的文件名进行链接，但是链接到一个不存在的文件上的软链接不能打开，直到这个名字对应的文件被创建后，才能打开其链接。

？ 思考题 7.14：Windows 系统的快捷方式是哪种链接？为什么？

7.6.2 文件保护

文件系统负责管理用户文件，就需要保证用户文件的安全。需要说明的是，如果操作系统不提供文件保护功能，用户自己也可以保证自己的文件安全，例如用户将自己的文件存储在一个可移动存储介质(移动硬盘、U 盘等)上，在完成对文件的操作后，将文件带走，下次再对文件进行操作时，再把可移动存储介质带来。这样可以避免其他人使用自己的文件。但是，这种保护方式给用户使用文件带来了麻烦而且无法进行文件共享。因此，由操作系统提供对文件的保护是更有效的办法。

那么，操作系统如何实现文件的保护呢？操作系统的文件保护主要是避免非法用户的非法访问，允许合法用户的合法访问。常见的保护方法有三种。

1. 存取控制矩阵

为了对文件实施保护，保证合法用户对文件的合法使用，可以用二维矩阵进行存取控制，其中一维表示用户，另一维表示文件，用户与文件对应的矩阵元素表示该用户对该文件的存取控制权。文件的存取控制矩阵的结构示意图如图 7-16 所示。用户对文件的存取权限主要包括读、写、执行三种。当用户对文件进行操作时，用存取控制验证模块根据存取控制矩阵的内容与当前的存取操作进行比较，如果所进行的操作与存取控制矩阵的内容不相匹配，则拒绝执行本次操作。

用户名 文件名	zhang	wang	…	liu
hello.c	rwx	——		——
aa.c	rw—	——		——
cc	r—x	r—x		r—x
link				
abc	r——	——		——

图 7-16　文件的存取控制矩阵结构示意图

　　从图 7-16 可以看出，存取控制矩阵的大小等于文件数与用户数的乘积。文件数和用户数均较少的情况下，存取控制矩阵方式可以有效地完成文件的存取控制。随着用户数和文件数的不断增加，存取控制矩阵过大，占用的资源较多，大大增加了文件存取控制成本，该方法的适用性大大降低。

2. 存取控制表

　　由于大多数文件一般只允许少数用户使用，因此文件数和用户数较多时，文件的存取控制矩阵很大，但是内容很稀疏，造成了严重的资源浪费。为了简化文件的存取控制矩阵，引入了存取控制表。

　　存取控制表的基本思想是把用户分类，为每一个文件建立一个存取控制表，表中记录各类用户对该文件的存取权限，文件的存取控制表结构示意图如图 7-17 所示。

用户类型	权限
文件主	rwx
用户组A	rx
用户组B	x
用户组C	r

图 7-17　文件的存取控制表结构示意图

　　图 7-17 中给出了某文件的文件存取控制表结构示意图，系统将用户分为用户组 A、用户组 B 和用户组 C 三组。用户类别包括文件主以及用户组 A、用户组 B 和用户组 C 四种类别，不同类别的用户对文件的存取权限不同，文件主有读(r)、写(w)和执行(x)权限，用户组 A 有读(r)和执行(x)权限，用户组 B 只有执行(x)权限，用户组 C 只有读(r)权限。

　　存取控制表在文件建立时创建，在系统运行过程中可以随时修改，可以存放在文件目录表中，文件打开时，随文件一并移到内存。

3. 口令

　　对文件进行存取控制还有另一种方式——口令方式。口令方式有两种类型：

　　(1) 文件口令。给每个文件一个口令，附在文件目录项中，用户访问文件时必须提供口令，如果用户提供的口令与文件口令相匹配，则允许用户访问文件，否则不允许用户访问文件。

(2) 用户口令。给每个用户一个口令，用户在登录时输入口令，如果用户能成功登录，则该用户可以访问系统中的所有文件；如果用户提供的口令不正确，则该用户不能访问任何文件。

口令方式的优点是需要较少的空间记录口令，实现方法简单；缺点是口令记忆较难，而且一旦口令泄露，文件将无法受到保护。

7.7　磁盘的组织与管理

本节导读：磁盘是用来存储文件的大容量存储设备，对文件的访问会产生大量的磁盘访问，在文件访问量较大时，会有若干个文件访问请求等待处理，如果处理不当，会大大降低文件访问的效率，从而影响系统效率。文件的访问效率与磁盘的组织方式密切相关，因此如何组织磁盘才能提高文件访问速度是操作系统要解决的核心问题之一，本节将回答上述问题。

7.7.1　磁盘的结构

要想确定磁盘的组织方式，首先需要了解磁盘结构。磁盘由磁头、磁臂、盘片、轴心几部分构成，磁盘的结构如图 7-18 所示。每个磁盘包括多个盘片，每个盘片包括两个存储面，每个存储面上有若干磁道，磁道之间有一定的间隙。为了方便存取，每个磁道分为若干个扇区，一个扇区是一个数据块，数据块的大小一般为 512 B、1024 B、2048 B，物理记录存储在扇区上，因此物理记录的大小与扇区大小相同。

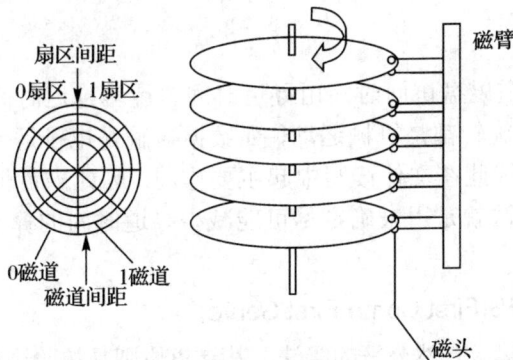

图 7-18　磁盘结构示意图

每个存储面上有一个用于进行数据读写的磁头，所有的磁头都固定在同一条磁臂上，磁臂进行径向运动以进行磁道定位，磁道定位完成后，磁盘围绕轴心旋转使得不同扇区在磁头下经过从而完成数据读取。

7.7.2　磁盘访问时间

从 7.7.1 节可以看出，磁盘进行数据读取需要经过定位到数据所在磁道、定位到数据所在扇区以及数据传输等几个步骤，因此磁盘访问时间计算公式如式(7-1)所示。

$$T = T_s + T_i + T_\tau \tag{7-1}$$

其中，T 是磁盘访问时间，T_s 是寻道时间，也就是磁头定位到数据所在磁道所需时间，T_i 是旋转延迟时间，也就是数据所在扇区旋转到磁头下所需时间，T_τ 是数据传输时间。

(1) 寻道时间：是磁头从一个磁道到达另一个磁道需要的时间，包括启动磁臂的时间和移动磁头的时间。如果启动磁臂的时间是 s，磁头经过一个磁道间隙的时间是 m 毫秒，则磁头经过 n 条磁道所需时间计算公式如式(7-2)所示。

$$T_s = m \times n + s \tag{7-2}$$

(2) 旋转延迟时间：是目标扇区旋转到磁头下所需时间。如果磁盘每秒转数为 r，则旋转一圈需要 1000/r 毫秒。最好情况下，目标扇区就在磁头下，不需要旋转延迟时间；最差情况下，目标扇区刚刚转离磁头，几乎需要旋转 1 圈目标扇区才能转到磁头下；因此目标扇区转到磁头下平均需要旋转半圈，旋转延迟时间的计算公式如式(7-3)所示。

$$T_t = \frac{1000}{2r} \tag{7-3}$$

(3) 数据传输时间：是磁头经过目标扇区所需时间，主要由读写的字节数和磁盘的转速决定。如果磁盘每秒转数为 r，则旋转一圈需要 1000/r 毫秒。如果每个磁道有 N 个字节，要读取的字节数为 b，则要读取的内容占磁道总容量的比值为 b/N，b 个字节数据传输时间计算公式如式(7-4)所示。

$$T_\tau = \frac{1000b}{rN} \tag{7-4}$$

7.7.3　磁盘调度算法

由 7.7.2 节可以知道磁盘访问时间由寻道时间、旋转延迟时间以及数据传输时间三部分构成。其中寻道和旋转都是机械运动，而数据传输是电子运动。在寻道和旋转两部分中，寻道时间更长，因此在文件读写中起主要作用。因此磁盘调度算法应尽可能减少寻道时间，磁盘调度算法就是用来确定尽可能减少寻道时间的算法。目前主要算法包括以下几种。

1. 先到先服务 FCFS(First Come First Serve)

先到先服务是一种追求自然公平的算法，其寻道原则是按照进程请求磁盘的先后顺序进行磁盘调度。在忽略旋转延迟时间和数据传输时间的前提下，如果磁头当前位置为 121 号道，磁盘访问请求磁道序列为：15、390、210、150、19、58、188、399、32、6、18、56，采用 FCFS 磁盘调度算法时，寻道过程如下：

$$121 \rightarrow 15 \rightarrow 390 \rightarrow 210 \rightarrow 150 \rightarrow 19 \rightarrow 58 \rightarrow 188 \rightarrow 399 \rightarrow 32 \rightarrow 6 \rightarrow 18 \rightarrow 56$$

按照该寻道过程，每到一个磁道需要经过的磁道数为寻道次数，总的寻道次数计算如下：

$$106 + 375 + 180 + 60 + 131 + 39 + 130 + 211 + 367 + 26 + 12 + 38 = 1675$$

由此可以看出，该算法可以直接用队列实现，算法简单、易实现，按照先到先服务的策略进行磁盘调度，寻求自然公平，但是，从调度过程看，调度过程不够优化，特别是两次相邻的请求分别在磁盘的两端时，存在大量空跑现象，大大降低了磁盘调度的效率。

思考题 7.15：如何优化磁盘调度从而减少寻道的总次数？

2. 最短寻道时间优先 SSTF(Shortest Seek Time First)

为了尽可能减少总的寻道时间，人们想到通过局部最优的方法进行磁盘调度，即：优先调度离当前位置最近的磁道。如果磁头当前位置为 121 号道，磁盘访问请求磁道序列为：15、390、210、150、19、58、188、399、32、6、18、56，采用 SSTF 磁盘调度算法时，寻道过程如下：

$$121\rightarrow150\rightarrow188\rightarrow210\rightarrow58\rightarrow56\rightarrow32\rightarrow19\rightarrow18\rightarrow15\rightarrow6\rightarrow390\rightarrow399$$

按照该寻道过程，总的寻道次数计算如下：

$$29 + 38 + 22 + 152 + 2 + 24 + 13 + 1 + 3 + 9 + 384 + 9 = 686$$

对比 FCFS 和 SSTF 的寻道次数，可以看出 SSTF 调度算法的寻道次数大大降低。

这种算法对 FCFS 进行了优化，采用局部优化的策略，但是其缺点是，如果在某一个小的磁道范围内频繁到来新的作业，先来的长作业可能永远也调度不到，产生"饿死"现象，因此该算法并不公平。

思考题 7.16：如何避免饿死现象呢？

3. 扫描算法 SCAN

为了解决 SSTF 算法中可能产生的"饿死"现象，人们提出了扫描算法 SCAN。SCAN 算法在磁头当前移动方向上选择与当前磁头所在磁道距离最近的请求作为下一个服务对象。由于磁头移动规律与电梯运行相似，故又称为电梯调度算法。SCAN 算法的思想：当设备无访问请求时，磁头不动；当有访问请求时，磁头按一个方向移动，在移动过程中对遇到的访问请求进行服务，然后判断该方向上是否还有访问请求，如果有则继续扫描；否则改变移动方向，并为经过的访问请求服务，如此反复。

如果磁头当前位置为 121 号道，且磁头正向着小号磁头方向移动，磁盘访问请求磁道序列为：15、390、210、150、19、58、188、399、32、6、18、56，采用 SCAN 磁盘调度算法时，寻道过程如下：

$$121\rightarrow58\rightarrow56\rightarrow32\rightarrow19\rightarrow18\rightarrow15\rightarrow6\rightarrow0\rightarrow150\rightarrow188\rightarrow210\rightarrow390\rightarrow399$$

按照该寻道过程，总的寻道次数计算如下：

$$63 + 2 + 24 + 13 + 1 + 3 + 9 + 6 + 150 + 38 + 22 + 180 + 9 = 520$$

由此可以看出，SSTF 中的局部最优并非全局最优。SCAN 算法对 SSTF 算法进行了进一步优化，克服了 SSTF 的缺点，既考虑了距离，同时又考虑了方向，也就是说，SCAN 算法考虑到全局范围内的需求，因此不会产生"饿死"现象。

4. 循环扫描算法 C-SCAN

SCAN 算法虽然克服了 SSTF 的缺点，但是该算法对刚刚扫描过的区域不公平，特别是最内侧和最外侧刚刚扫描过的区域。例如：磁头当前位置为 121 号道，磁盘访问请求磁道序列为：15、390、210、150、19、58、188、399、32、6、18、56，磁头向着大号磁头方向移动，访问序列为 121-15-188-210-390-399，此时磁头开始向着小号磁头方向，刚移动离开 399 号磁道，有一个新的访问请求到达，该访问请求访问 400 号磁道，此时请求必须等小于 400 号的所有请求都访问完成才能开始访问 400 号请求，其中包括后来陆续到来的访问请求。为了解决这一问题，学者们在扫描算法的基础上规定磁头单向移动来提供服务，回返时直接快速移动至起始端而不服务任何请求。该方法称为 C-SCAN 算法，即：循环扫描算法。

如果磁头当前位置为 121 号道，且磁头正向着小号磁头方向移动，最大磁道号为 500，磁盘访问请求磁道序列为：15、390、210、150、19、58、188、399、32、6、18、56，采用 C-SCAN 磁盘调度算法时，寻道过程如下：

$$121 \rightarrow 58 \rightarrow 56 \rightarrow 32 \rightarrow 19 \rightarrow 8 \rightarrow 15 \rightarrow 6 \rightarrow 0 \rightarrow 500 \rightarrow 399 \rightarrow 390 \rightarrow 210 \rightarrow 188 \rightarrow 150$$

按照该寻道过程，总的寻道次数计算如下：

$$63 + 2 + 24 + 13 + 1 + 3 + 9 + 6 + 500 + 101 + 9 + 180 + 22 + 38 = 971$$

从计算结果看，寻道总次数增加了，但是在由 0 到 500 的过程中没有停止、启动的代价，因此寻道速度大大提高，而且保证了公平性。

采用 SCAN 算法和 C-SCAN 算法时磁头总是严格地遵循从盘面的一端到另一端，显然，在实际使用时还可以进一步改进，即磁头移动只需要到达最远端的一个请求即可返回，不需要到达磁盘端点。这种形式的 SCAN 算法和 C-SCAN 算法称为 LOOK 和 C-LOOK 调度。这是因为它们在朝一个给定方向移动前会查看是否有请求。注意，若无特别说明，也可以默认 SCAN 算法和 C-SCAN 算法为 LOOK 和 C-LOOK 调度。

7.8 本 章 小 结

本章主要介绍文件及文件系统的基本概念，文件系统为了有效管理文件为用户提供的逻辑结构及存取方式、适应不同文件管理方式的物理结构，文件存储空间的管理方式，管理文件所用到的目录结构，文件的共享与保护，与文件存取密切相关的磁盘的组织与管理算法。

7.9 习   题

1. 基本知识

(1) 什么叫文件？什么叫文件系统？

(2) 文件系统应该具备哪些功能？

(3) 给出你生活中记录式文件和流式文件的实例。

(4) 640 GB 的硬盘，每块 1024 B，位示图需要占多大空间？

(5) 文件有哪几种存取方式？结合使用文件的实际情况给出每种文件存取方式的实例，并说出为什么是这种存取方式？

(6) 文件的物理结构有哪几种？举例说明每一种结构适合于管理哪类文件？

(7) 有哪几种文件共享方式？

(8) 文件可以采用哪几种方式进行保护？分析每种方式的优缺点及适用情况。

(9) 磁盘的访问时间由哪几部分构成？

(10) 常用的磁盘调度算法有哪几种？阐述每种算法的实现思想。

2. 知识应用

(1) 如果磁头当前位置为 121 号道，且磁头正向着小号磁头方向移动，最大磁道号为 500，磁盘访问请求磁道序列为：15、390、210、150、19、58、188、399、32、6、18、56，分别画出采用 LOOK 和 C-LOOK 磁盘调度算法时，寻道过程示意图，并计算寻道次数和分析这两种算法的优点。

(2) 树形文件系统如图 7-19 所示：图中方框表示目录，圆圈表示普通文件。根目录常驻内存，目录文件组织成链接文件，不设文件控制块，普通文件组织成索引文件，目录表条目指示下一级文件名及其磁盘地址，各占 2 个字节，共 4 个字节。若下级文件是目录文件，指示其第一个磁盘块地址。若下级文件是普通文件，指示其文件控制块的磁盘地址。每个目录文件磁盘块的后 4 个字节用于拉链使用。下级文件在上级目录文件中的次序为图中的由左至右，每个磁盘块有 512 字节，与普通文件一页等长。普通文件的文件控制块共 13 项，采用多级索引结构，每个磁盘地址占 2 个字节，文件控制块的前 10 项指示文件块、第 11 项指示 1 级索引块、第 12 项指示 2 级索引块、第 13 项指示 3 级索引块。

问：

① 一个普通文件最多可能有多少个文件页？

② 若要读文件 J 中的某一页，最多启动文件读操作多少次？

③ 若要读文件 W 中的某一页最少启动文件读操作多少次？

④ 对③，为最大限度减少启动磁盘的次数，可采用什么方法？此时，最多启动磁盘读操作多少次？

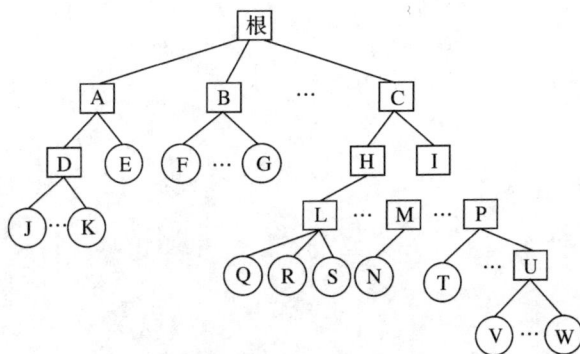

图 7-19 树形文件系统结构图

(3) 某软盘有 40 个磁道，磁头从一个磁道移至另一个磁道需要 6 ms。文件在磁盘上非连续存放，逻辑上相邻的数据块的平均距离是 13 磁道，磁头的初始位置离第一块的距离也为 13 个磁道，每块的旋转延迟时间及传输时间分别是 100 ms、25 ms，问读取一个 100 块的文件需要多少时间？如果系统对磁盘进行了整理，让同一文件的磁盘块尽可能靠拢，从而使逻辑上相邻的数据块的平均距离降为 2 磁道，这时读 100 块的文件需要多少时间？

(4) 有如下的请求磁盘服务的队列，要访问的磁道分别是 98、183、37、122、14、124、65、67，现在磁头在 53 磁道上，磁头向小号磁道方向移动，总共有 200 个磁道。分别给出 FCFS、SSTF、SCAN、C-SCAN 四种扫描算法的寻道次数。

(5) 信息在外存空间的排列方式也会影响存取等待时间。考虑 9 个逻辑记录 A、B、C、…、I，每个记录的大小与块的大小相等，它们被存放于磁盘上，每个磁道有 9 个物理块，正好能放 9 个记录，安排如下：

物理块	1	2	3	4	5	6	7	8	9
逻辑记录	A	B	C	D	E	F	G	H	I

假定要经常顺序处理这些记录，磁盘旋转速度为 27 ms/转，处理程序读出每个记录后花 2 ms 进行处理，假设当前磁头处于第一个物理块前，试问：

① 处理文件的总时间是多少？

② 考虑对信息的分布进行优化，如何进行优化才能使处理的总时间最短，处理的总时间为多少？

3. 开放题

(1) 通过对磁盘调度算法进行比较分析，说明局部最优的算法是不是全局最优，为什么？结合自己的生活实际说明一下哪种做法是局部最优？局部最优的局限性是什么？说说磁盘调度算法中蕴含着什么样的人生哲理？

(2) 通过对文件存储空间的管理算法的发展变化过程进行分析，总结如何进行创新？创新的要素和步骤是什么？找一个生活中困扰你的实际问题，给出创新性的解决办法；再结合自己的专业找一个问题，给出一种创新性的解决方案。

(3) 进一步查阅文件共享相关文献，说明文件共享的实现原理。

第8章　多核系统

◇　**本章导读**

多核系统的出现改变了计算机的硬件结构，给操作系统带来了新的问题，多核系统的内存结构发生了怎样的变化，多核系统中进程如何同步，如何进行多核环境下的进程调度成为操作系统需要解决的三个重要问题，本章重点讲解以上问题，具体内容如下：

(1) 多核系统的基本概念；

(2) 多核系统的内存结构；

(3) 多核系统的进程同步；

(4) 多核系统的进程调度。

本章内容可以让大家逐步理解并掌握上面这些问题，让大家对多核系统的管理方式有一个清晰的认识。如果你对上述内容没有概念，请认真阅读本章内容，并在其中找到答案，若有表达不清楚的地方，请参阅其他操作系统教材或者到互联网上寻求答案。

8.1　预备知识

本节导读：本节在分析摩尔定律发展历程的基础上，介绍多核技术提出的背景，为后续介绍多核技术打下基础。

☺　**小故事　第七季**(1)：**OS 餐厅的扩张**

小盖的餐厅经营得越来越大，一个厨师团队已经不能满足饭店食客的需要，小盖想到了组建多个厨师团队，由于厨师只负责做菜，但是为厨师服务的传菜员、服务员、采购员等人的工作调度都需要随着厨房运行模式的变化而变化，多个厨师团队的模式就是小盖餐厅的多核系统。

由于人们对计算机计算速度的要求不断提高，Intel 公司一直在努力提高 CPU 的时钟频率，Intel 公司的创始人之一 Gordon Moore 经过长期观察，提出了摩尔定律。其内容为：集成电路上可容纳的元器件数目，约每隔 18 个月便会增加一倍，性能也将提升一倍。随着单核 CPU 上集成的元器件数量呈几何级数增加，CPU 主频的不断加速，芯片的运算速度也要随之增加，而处理器芯片的面积有限，在有限的空间中集成了大量元器件，就会产生大量的热量，热量越大，要求 CPU 散热的速度越快，否则芯片被烧毁的可能就越大。随着主频速度的不断提升，芯片的散热能力成为瓶颈，CPU 主频速度提升达到极限，这打破了芯片时钟频率的摩尔定律。

虽然芯片的速度提升遇到了瓶颈，但是人们对计算速度提升的要求不会降低。当单颗

CPU 的速度无法继续增加的时候，人们就想到了增加 CPU 数量这一办法，因此提出了多核系统。

内核是 CPU 的执行单元，是 CPU 最重要的组成部分。CPU 所有的计算、存储、数据处理等命令都由内核执行。各种 CPU 核心都具有固定的逻辑结构，一级缓存、二级缓存、执行单元、指令级单元和总线接口等逻辑单元都会有科学的布局。多核技术是从双核技术发展起来的，所谓双核处理器就是将两个独立的处理器核心封装在一个芯片内部，从而能以较低的主频获得较高的处理器性能。最早的双核概念是由 IBM、HP、Sun 等支持 RISC 架构的高端服务器厂商提出，主要运用于服务器。而 AMD 和 Intel 将双核技术引入 PC 之后，该技术得到迅速普及，并产生了 4 核、8 核、16 核等更多核心的 CPU。而多核系统就是采用多核处理器的计算机系统。

多核计算机的出现，是计算机业的重大创新，因此引起了计算机领域的一系列重要变革，由于操作系统是计算机系统运行的基础软件，因此多核系统的出现势必会推动基于多核处理器的操作系统研究。

要了解多核系统环境下操作系统研究提出了哪些新的技术，首先需要了解多核系统结构。

8.2　多核系统结构

本节导读：要想理解多核操作系统的基本思想，首先需要理解多核系统的基本概念及分类、CMP 多核系统的结构以及多核系统的特点，本节主要介绍上述内容。

8.2.1　多核系统的基本概念及分类

1. 多核系统的核心

多核系统的核心是处理器中的通用处理单元，每个核心有一套独立的取指令、解析指令、执行指令和逻辑运算单元，且拥有自己独立的一级数据缓冲存储器和一级指令缓冲存储器。多核处理器中的多个核心共享二级缓冲存储器或分别具有独立的二级缓冲存储器，各个核心可以完全并发地执行指令。

2. 多核处理器技术

多核处理器技术主要包括两种类型：同时多线程处理器(Simultaneous MultiThreading，SMT)和片上多核处理器(Chip MultiProcessor，CMP)线程。

1) SMT 技术

SMT 技术是由加利福尼亚大学的 Tullsen 于 1995 年提出的一种多核处理器结构，其基本思想是在每一时钟周期内，从多个不同线程中选择多条彼此不相关的指令，送到不同的功能部件中执行，以提高功能部件的利用率。SMT 处理器这种多线程调度不同于操作系统的多线程调度，操作系统的多线程调度是由软件实现的，而 SMT 处理器的多线程调度是硬件完成的。由于有硬件支持，SMT 处理器的线程切换速度很快，可以在很短时间内完成线程切换。然而，由于处理器进行指令选择和分配的工作复杂度较高，随着处理器核心数的增加，指令选择和分配的数量增加，模块和电路的延迟越来越大，不易获得较高的主频，同时由于多个线程共享同一个一级缓冲存储器、TLB 等，可能会导致冲突，使得缓冲存储器不命中的比率增大，进而限制了整个处理器性能的提升，因此采用 SMT 技术的多核系统扩展能力受到限制。

2) CMP 技术

CMP 技术是斯坦福大学的研究人员于 1996 年提出一种多核处理器结构，其基本思想是通过简化超标量结构设计，在单个处理器芯片上利用丰富的晶体管资源集成多个相对简单的超标量处理器核心，从而避免信号穿过传输线的延迟的影响。同时，多核处理器的多个处理器核心并行执行，使得应用程序的指令级并行性和线程级并行性得到充分开发，通过开发这样各个层次的并行度，提高了系统的性能和吞吐量。与 SMT 相比，CMP 通过简化单核处理器结构设计，在一个处理器芯片上集成多个单处理器核心，使多个单处理器核心作为一个整体工作，不仅有利于避免线延迟的影响，而且由于单处理器核可以很简单，从而易于获得较高的主频，也缩短了处理器设计和验证的时间周期。而且，CMP 结构能够适应工艺尺寸比例缩放，具有较好的可扩展性，也成为未来多核系统的发展方向，因此本书主要介绍 CMP 多核系统的结构及基于 CMP 的操作系统原理及算法。

8.2.2　CMP 多核系统的结构

☺ 小故事　第七季(2)：OS 餐厅厨师团队的改革

小盖尝试了两种不同的多厨师团队模式。一种是所有的厨师团队的功能一样，主厨做的菜种类、风格相同，工作效率相同，该模式管理比较简单，小盖只需要做好各个厨师团队之间的任务分配就行；另一种模式是各个厨师团队各有特色，有的擅长炖、有的擅长蒸、有的擅长炒，该模式的优点是每个厨师团队会将自己擅长的菜品做精，缺点是小盖在进行任务分配时难度较大，不仅要考虑任务均衡，更重要的是让适合的人做擅长的事儿。第一种模式是同构模式，第二种模式是异构模式。

按照内核中集成的多个微处理器的核心是否对等一致可以将 CMP 多核结构分为两种类型：同构 CMP 和异构 CMP。同构 CMP 里处理器的内核类型相同、地位对等，大多数同构 CMP 采用通用处理器做内核，美国斯坦福大学研制的 Hydra 多核处理器是同构多核 CMP 的典型代表。异构 CMP 内核类型不同、地位不对等，异构 CMP 一般采用"主处理器核+协处理器核"的设计，主处理器核采用通用处理器，协处理器核则采用一些针对特定应用的计算部件。索尼、IBM 和东芝等合作研发推出的 Cell 处理器是一种典型的异构多核处理器。

1. 同构 CMP 体系结构

既然 Hydra 多核处理器是同构 CMP 的典型代表，本书就以 Hydra 多核处理器为例介绍同构 CMP 的体系结构。图 8-1 是 Hydra 多核处理器的体系结构图，从图 8-1 可以看出，Hydra 处理器在一个芯片上集成了 4 个 MIPS 内核构造了一个 CMP，每一个内核具有自己的指令缓存和数据缓存，这个缓存是一级缓存，同时所有的内核都共享一个统一大小为 1 M 的片上二级缓存，并且多个核心之间数据的一致性采用基于监听的一致性协议来进行维护。

这些处理器内核除了支持通常的读取和保存操作之外还支持 MIPS 指令集中的 LL(Load Locked)和 SC(Store Conditional)指令,以实现同步原语。

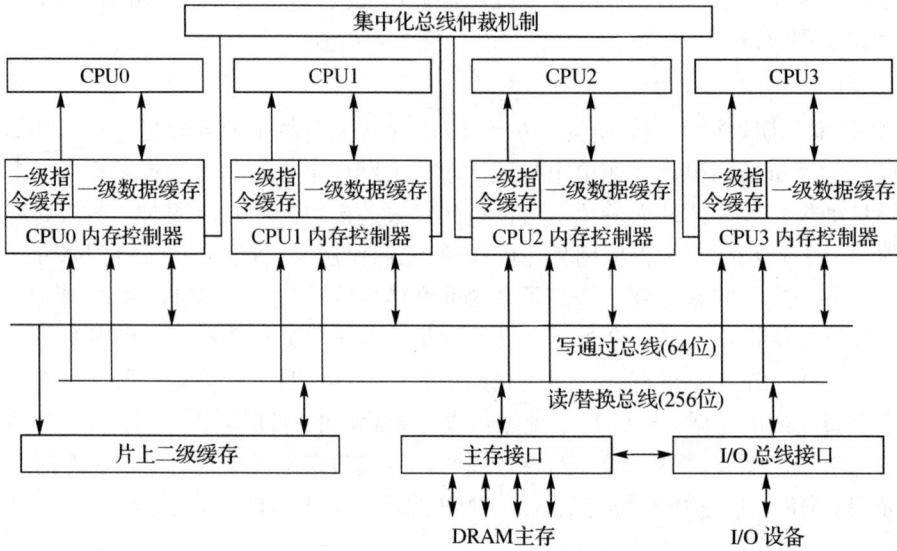

图 8-1　Hydra 多核处理器的体系结构图

2. 异构 CMP 体系结构

既然 Cell 多核处理器是异构 CMP 的典型代表,本书就以 Cell 多核处理器为例介绍异构 CMP 的体系结构。Cell 处理器是索尼、IBM 和东芝联合研发的异构多核处理器,图 8-2 是 Cell 多核处理器的体系结构图,从图 8-2 可以看出,Cell 多核处理器包含 1 个由 PowerPC970 简化而来的主处理器核心 PPE 和 8 个称为 SPE 的协作处理器,它们通过一个高速的内存一致的互联总线(EIB)进行连接。Cell 处理器的工作频率超过 4 GHz,可以依照应用领域增加或者减少计算核心数目。

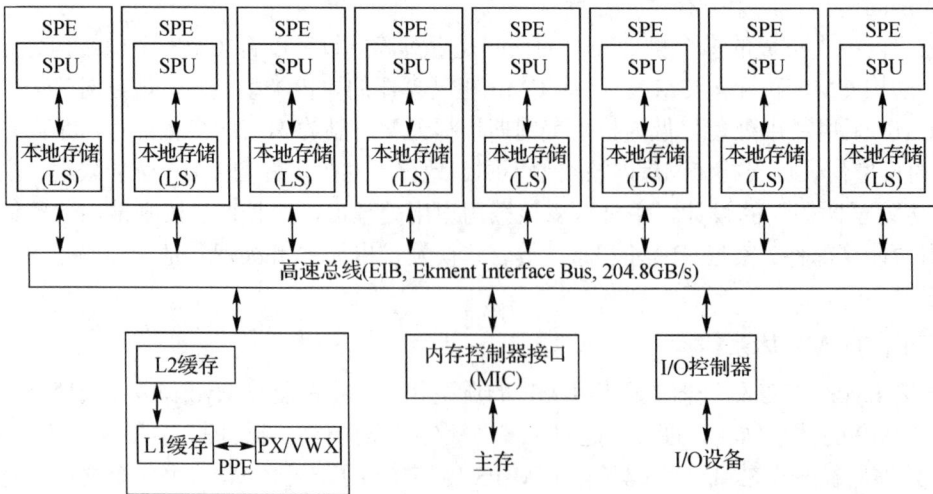

图 8-2　Cell 多核处理器的体系结构图

8.2.3 多核系统的特点

在单核系统中，只有一个 CPU 内核，多个线程只能并发运行，不能实现真正意义上的并行；在多核系统中，由于有多个 CPU 内核，因此多个线程可以真正地并行执行。多核系统对在其上运行的操作系统提出了新的要求。目前，还没有专门针对多核系统而开发的操作系统，大多数多核操作系统都是在单核处理器系统上开发的。大多数支持多核的操作系统都是通过支持 SMP 来支持多核系统的。但是由于 CMP 和 SMP 之间存在明显的差异，其结构完全不同，因此支持 SMP 的操作系统和支持 CMP 的操作系统之间的平行移植不能使多核处理器的效率得到充分发挥，在 SMP 的操作系统基础上发展起来的多核操作系统具有以下特征。

(1) 并行性。由于多核系统支持多个处理器，可以让多个线程并行的在各个处理器上执行，进而大大提高系统的吞吐率，大大减少进程的运行时间。

(2) 分布性。某一个进程的多个线程可以分散在多个不同的处理器上运行，而不会只局限于一个处理器上，因此具有分布性。

(3) 通信和同步。与单核处理器相比，由于进程间的资源共享和相互合作，同一个处理器上的进程之间以及不同处理器上的进程之间都需要同步和通信。

(4) 可重构性。在多处理器系统中，由于存在处理器的冗余，当某个处理器发生故障时，操作系统可以把出现故障的处理器换出来，并使该处理器重新启动。

8.3 多核的内存管理

本节导读：内存管理是操作系统的核心任务之一，多核环境下，内存管理发生了很大的变化，本节主要介绍多核环境下内存访问方式。

由 8.2 节可以看出，多核系统中有多个处理器，在每个处理器上执行线程均需要对内存进行访问，因此多核系统的内存结构不同于单核系统，多核系统主要包括均匀内存访问、非均匀内存访问、全缓存内存访问三种内存访问模式。

8.3.1 均匀内存访问

在多个内核之间共享内存，最简单的共享方式就是均匀内存访问(Uniform Memory Access，UMA)，在这种访问模式下，内存独立于内核存在，所有内核通过同一总线平等访问内存，每个内核以相同的方式访问内存。

由于每个内核以相同的地位、相同的方式平等地访问内存，因此内存可以在多个内核之间均衡地访问。这种模式的优点是内存结构简单，实现容易；但是当各个内核上运行的线程对内存的需求差异较大时其效率较低；除此之外，当内核数量增加时，内核之间对内存的竞争越来越激烈，系统的效率会大大降低。

思考题 8.1：试想一下，在现实生活中，多核系统中每一个线程所需要的内存量是一样的吗？

8.3.2　非均匀内存访问

事实上，在现实生活中，各个线程对内存的需求量显然是不一样的，因此采用均匀内存访问模式不符合多核系统中线程对内存需求的实际情况。特别是在内核较多的多核系统中，UMA 模式因多个内核均匀共享内存而产生瓶颈，从而降低系统的效率。为了解决这一问题，人们想到考虑线程之间的差异，提供多个分开的、独立的共享内存，每个内核与每个独立共享内存之间的距离不同，访问延迟也有差异，这种访问延迟之间存在差异的共享模式称为非均匀内存访问(Non-Uniform Memory Access，NUMA)。与均匀内存访问模式相比，非均匀内存访问模式的最大特点是内核与不同共享内存之间的距离不同、访问延迟不同，因此不同内核在不同的内存单元面前地位不平等，每个内核与每个内存之间均存在远近亲疏关系。基于这种关系，在 NUMA 模式下，合理的调度策略是将线程调度到距离本地内存最近的内核上执行，从而可以减少访问延迟，提高访问效率。

这种模式的特点是有较高的灵活性和可扩展性，只要能够采用合适的策略保证线程能够按照就近策略执行，系统就可以以较高的效率访问内存。

?? 思考题 8.2：如果找不到合适的策略保证线程能够按照就近策略执行，非均匀访问模式是否可以保证有较高的访问效率？

8.3.3　全缓存内存访问

通过前面的分析可以看出，NUMA 模式能够有效工作的前提条件是能够找到合适的策略保证线程按照就近策略执行，但是，系统并不能保证总能找到合适的就近执行策略。一旦找不到合适的就近执行策略，则可以通过缓存满足数据访问要求。也就是说，在每个内核中配置一定的缓存，内核执行所需要的数据均放在缓存中，内核对数据的访问需求通过缓存得到满足，无论数据原来在哪个内存单元中，都不会影响访问效率，这种访问模式被称做全缓存内存访问(Cache Only Memory Access，COMA)。

8.4　多核系统的进程同步

本节导读：实现进程同步是操作系统的另一个重要的任务，特别是多核环境下，进程同步问题的复杂性远远大于单核环境，本节主要介绍多核系统的进程同步机制。

8.4.1　多核环境下进程管理的变化

由于多核环境下计算机体系结构发生了的变化，对运行在计算机系统中的软件产生了巨大影响，特别是与硬件密切相关的操作系统。除了 8.3 节中阐述的内存管理的之外，多核环境下进程管理也会受到较大影响，其中影响最大的是进程同步和进程调度。单核环境下，多个进程只能并发，不能并行。多核环境下，有多个内核，不同进程可以运行在不同内核上，实现了真正的并行，但是也带来了新的问题，就是需要考虑内核之间的同步。同时，由于多个内核可以同时工作，进程调度变得更为复杂，不仅要考虑选择哪个进程使用内核，还需要考虑将进程放在哪个内核上运行。

8.4.2　多核环境下的进程同步机制

从 3.5.2 节可以看出，多道程序并发执行时存在很多临界资源，单核环境下，可以采用信号量机制实现对临界资源的互斥使用，由于任何一个进程都在同一个内核上运行，因此不需要考虑不同内核之间的同步问题。在多核环境下，如果运行在两个不同内核上的进程需要对同一个变量进行写操作，则需要对这两个不同的内核进行同步。

以 3.5.2 节临界区的例子为例，在现实生活中，假设账户余额用变量 balance 表示，存钱进程和取钱进程共享该变量。假设初始时 balance 的值是 500，在某一时刻父亲要通过 balance = balance + 1000 完成存 1000 元钱的操作，同时儿子正通过 balance = balance − 100 进行取 100 元钱的操作。表面上看存钱和取钱都只需要一个语句就完成了，实际上，在计算机中它们都对应三条指令。

存 1000 元，用进程 Deposit 表示：

  LOAD A，balance

  ADDI A，1000

  STORE A，balance

取 100 元，用进程 Withdraw 表示：

  LOAD A，balance

  MINUS A，100

  STORE A，balance

如果这两个进程运行在两个内核上，而且按照图 8-3 的时序运行，运行结果是 400，显然该结果是错误的。

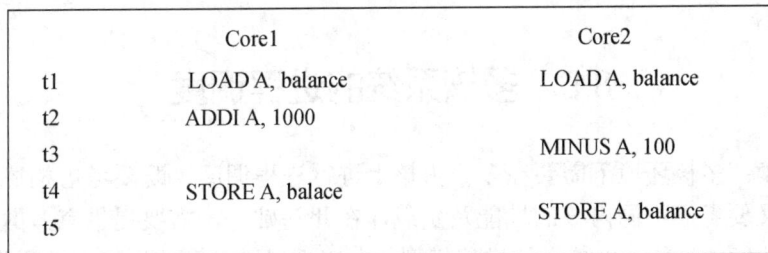

	Core1	Core2
t1	LOAD A, balance	LOAD A, balance
t2	ADDI A, 1000	
t3		MINUS A, 100
t4	STORE A, balace	
t5		STORE A, balance

图 8-3　运行在两个内核上的并发进程运行时序图

要想保证这两个进程的正确执行，需要保证进程 Deposit 和进程 Withdraw 不同时执行，必须其中一个进程执行完成，另一个进程才开始执行。由于进程 Deposit 和进程 Withdraw 位于不同的内核上，因此这种同步是跨内核的。

那么，在多核环境下如何实现跨内核的进程同步呢？因为操作系统是软硬件系统之间沟通的桥梁，软件是运行在硬件之上的，没有硬件的支持，软件无法实现，因此多核系统实现跨内核同步既需要有硬件方法，也需要有软件方法。

1. 硬件跨内核进程同步技术

常见的硬件跨内核进程同步技术包括总线锁、交换指令、测试与设置技术等。

总线锁是一种典型的硬件跨内核进程同步技术，总线锁技术就是将总线锁住，只有持有总线锁的内核才能使用总线。由于所有内核都需要使用共享总线访问共享内存，一个内核将总线锁住了，其他内核就无法访问共享内存，从而实现了对共享内存的互斥访问，进而达到跨内核进程同步的目的。

交换指令是另一种硬件跨内核进程同步技术，交换指令即：xchg(exchange)。该指令可以以互斥的方式完成寄存器和内存之间的内容置换。

测试与设置技术是在单核环境下使用的一种进程同步技术，在多核环境下依然可以发挥作用，其实现思想与单核系统一样。

2. 软件跨内核进程同步技术

除了硬件跨内核进程同步技术外，操作系统也需要提供软件跨内核进程同步技术。由于多核技术是新技术，如何用软件的方法实现跨内核同步还没有通用的技术，但是不同操作系统为了提高产品的竞争力，满足多核技术发展的要求，也都研究开发了软件跨内核进程同步技术，下面简要介绍一下两个典型的操作系统 Windows 系统和 Linux 系统是如何实现软件跨内核同步的。

1) Windows 系统的软件跨内核进程同步技术

* 互锁操作(Interlocked Operation)。
* 执行体互锁操作(Executive Interlocked Operation)。

2) Linux 系统的软件跨内核进程同步技术

* 总线锁：置换、比较与置换、原子递增操作。
* 原子算术操作：原子读、设置、加、减、递增、递减、递减与测试。
* 原子位操作：位设置、位清除、位测试与设置、位测试与清除、位测试与改变。

8.5　多核系统的进程调度

本节导读：多核环境下需要在多个内核上进行进程调度，既要考虑描述进程之间的依赖关系，又要考虑不同内核的性能及负载，在此基础上，需要提供有效的调度算法保证系统的整体性能最优。本节介绍进程模型、内核模型以及多核环境下的进程调度算法。

多核环境下的进程调度目标与单核环境下基本相同，所不同的是多核环境下要考虑不同内核之间任务的协调以及多个内核之间的负载平衡。要考虑不同内核之间任务的协调，就需要能够描述不同进程之间的关系，因此需要用一个合适的模型描述进程之间的逻辑关系；要考虑多个内核之间的负载平衡，就需要能够描述不同内核之间的负载情况，因此需要用一个合适的模型描述内核之间的关系；多核系统的进程调度算法是多核系统进程调度的核心。

8.5.1　多核环境的进程模型

多核环境下有多个进程并行执行，这些并行执行的进程之间可能会存在一定的彼此依赖关系，在进行进程调度时，要充分考虑进程之间存在的依赖关系。为了准确描述进程之间的依赖关系，为进程调度提供可靠依据，一般采用进程模型图描述进程之间的依赖关系。

进程模型图是一个三元有向非循环图(Directed Acyclic Graph)PG，PG = (V, E, W)，其中 V = {v_1, v_2, ⋯, v_n}是图中的结点集合，每个结点 v_i 代表一个进程；E = {e_1, e_2, ⋯, e_m}是图中的边集合，每条边 $e_j(v_x, v_y)$表示进程 v_x 和 v_y 之间存在依赖关系；W = {w_1, w_2, ⋯, w_m}是图中的边的权重集合，w_i 是边 e_i 的权重，表示连接 $e_i(v_x, v_y)$的两个进程 v_x 和 v_y 之间的通信代价。

图 8-4 是一个进程模型示意图。

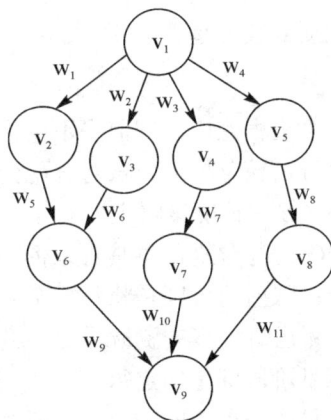

图 8-4　进程模型示意图

8.5.2　多核环境的内核模型

多核系统有两种类型，一种是同构多核系统，一种是异构多核系统。同构多核系统中多个核心的结构及性能相同，易于管理，相应的进程调度算法也较为简单；异构多核系统中多个核心的结构及性能有差异，管理难度较大，相应的进程调度算法较复杂。

为了便于进行进程调度，需要提供一种模型描述多核环境下 CPU 内核。由于异构多核系统更为复杂，因此本书介绍异构内核模型，同构内核模型可以看做是异构内核模型的简化版本。内核模型用六元组 KG = {K, C, S, I, T, O}表示，其中 K = {k_1, k_2, ⋯, k_n}是内核结点集合，每个结点 k_i 代表一个内核；C = {c_1, c_2, ⋯, c_m}是内核之间的相连关系，每个元素 $c_j(k_x, k_y)$表示内核 k_x 和 k_y 之间存在连接关系；S = {s_1, s_2, ⋯, s_n}是内核的运算速度集合，s_i 是内核 k_i 的运算速度；I = {i_1, i_2, ⋯, i_n}是内核的启动开销集合，I_i 是内核 k_i 的启动开销；T = {t_1, t_2, ⋯, t_m}是内核之间的通信速率集合，每个元素 $t_j(k_x, k_y)$表示内核 k_x 和 k_y 之间的通信速率；O = {o_1, o_2, ⋯, o_n}是内核的负载集合，o_i 是内核 k_i 的负载。

需要说明的是，m 的最大值是 n × n，表示任何两个核心之间均可以相连，在实际的系统中 m 小于 n × n，因为不是所有的核心之间都存在相连关系。在算法运行时，为了方便使用，一般将 C 和 T 定义为 n × n。

8.5.3　多核环境的进程调度策略

多核环境下进程调度问题的复杂程度远远高于单核环境，进程调度策略的研究引起了学者们的普遍关注，目前主要的多核进程调度策略有：基于任务复制的调度策略、基于聚簇的调度策略、表调度策略和随机搜索调度策略。

1. 基于任务复制的调度策略

该调度策略是指在不同内核上冗余地复制一个或多个任务，以减少任务间的通信开销。其实质是以增加计算开销降低任务的通信开销，提前任务的开始时间和完成时间。基于任务复制的进程调度策略的核心是复制节点的选择，需要综合考虑多种因素，权衡复制节点选择策略，复制的结点越多，通信代价越小，但是计算成本越大。基于任务复制的方法具有较高的时间复杂度和空间复杂度，是消除任务间通信开销的有效方法，这种方法对通信延迟较大的多核处理器系统性能提升较为显著。

2. 基于聚簇的调度策略

该调度策略的是在不增加整个进程完成时间前提下，根据一定规则将多个进程聚集成一个簇，然后以进程簇为单位进行内核分配，内核对分配到其上所有进程进行调度，确定进程簇中进程的执行顺序。基于聚簇的调度策略主要工作分三个阶段：聚簇、映射、调度。聚簇的主要原则是对进程模型 PG 进行分析，将具有以依赖系的进程聚成一个簇，尽量保持簇内依赖性高，簇间依赖性低；映射阶段则是将每一个簇映射到一个内核上，此时需要分析内核模型 KG，尽可能综合考虑进程簇的资源需要和内核节点的性能及负载情况，保证每个内核节点的复杂均衡；调度阶段则是确定每个内核上任务的执行顺序，基本算法与单核系统的进程调度算法相同，目的是尽可能减少任务的执行时间。

3. 表调度策略

该调度策略的目标是在满足任务优先级约束的条件下，按照一定顺序将进程模型中的进程调度到多个内核中并行执行，最终获得整个任务的最小调度长度。该调度策略基本思想是：给每个任务一定的优先级，将任务按照优先级从高到低的顺序排序以构造调度序列，形成任务调度列表，重复执行下列步骤：

(1) 从构造的任务列表中取第一个任务。

(2) 将该任务调度到某个具有最早开始时间的内核，并从任务调度列表中移除该任务。

由于表调度策略执行步骤比较少，时间复杂度相对较低。在实际的应用中，表调度策略在调度质量方面具有很高的效率。因此，目前多核处理器进程调度大多都是基于表调度策略实现的。

8.6　本章小结

分析了多核系统的出现对计算机的硬件结构以及操作系统带来的变化，重点阐述了多核系统内存结构的变化、多核系统中进程同步的思想以及多核环境下的进程调度的基本思想。

8.7　习　　题

1. 基本知识

(1) 为什么引入多核系统？

(2) 多核处理器技术主要包括哪两种类型？

(3) CMP 多核技术包括哪几种体系结构，他们之间的区别是什么？

(4) 多核操作系统有哪些特点？

(5) 多核系统的内存管理包括哪几种模式？

(6) 多核系统的进程同步包括哪几种技术？

(7) 多核系统的进程模式如何表示，核心模型如何表示？

(8) 多核环境中有哪几种进程调度策略？

2. 应用题

(1) 给出实现进程模型的数据结构。

(2) 给出实现核心模型的数据结构。

3. 开放题

查阅文献分析目前有哪几种对表调度策略的改进算法，至少分析三种改进方案的优缺点？

参 考 文 献

[1]　刘俊海. 多核系统内存管理算法的设计与实现[D]. 天津：天津大学，2008，6：4-12.

[2]　Sriram S, Shuvra S. Bhattacharyya, Embedded Multiprocessors: Scheduling and Synchronization[M]. Second Edition. Cleveland USA：CRC Press, February 3, 2009.

[3]　Dubois M, Shreekant S. Thakkar. Scalable Shared Memory Multiprocessors[M]. New York USA：Springer, December 31, 1991.

[4]　Kunle O K, Basem A N, Hammond L,etal. The Case for a Single-chip Multiprocessor[C]. //Proc. of the 7th International Conferenceon Architectural Support for Programming Languagesand Operating Systems, New York：1996.

[5]　Hammond L, Hubbert B A, Siu M, etal. The Stanford Hydra CMP. IEEE Micro, 2000, 20(2)：71-84.

[6]　高翔. 多核处理器的访存模拟与优化技术研究[D]. 合肥：中国科学技术大学，2007(6)：5-6.

[7]　Schimmel C. 现代体系结构上的 UNIX 系统[M]. 张辉，译. 北京：人民邮电出版社，2003.

[8]　王军峰. 基于多核的进程调度算法[D]. 哈尔滨：哈尔滨工程大学，2012，3：5-17.

[9]　李静. 基于多核的任务调度策略研究[D]. 哈尔滨：哈尔滨工程大学，2011，3：4-19.

[10]　杨新波. 多核系统内存管理算法的研究[D]. 哈尔滨：哈尔滨工程大学，2011，3：7-12.

[11]　何进仙. 基于多核系统的内存管理研究[D]. 成都：电子科技大学，2009，5：5-17.

[12]　邹恒明. 操作系统之哲学原理[M]. 北京：机械工业出版，2013.

[13]　汤小丹，梁红兵，哲凤屏，等. 计算机操作系统[M]. 4 版. 西安：西安电子科技大学出版社，2014.

[14]　张尧学，宋虹，张高. 计算机操作系统教程 [M]. 4 版 北京：清华大学出版社，2013.

[15]　黄刚，徐小龙，段卫华. 操作系统教程[M]. 北京：人民邮电出版社，2009.

[16]　Andrew S. Tanenbaum. 现代操作系统[M]. 陈向群，马洪兵，等，译. 北京：机械工业出版社，2011.

[17]　陈向群，杨芙清.操作系统教程[M]. 北京：北京大学出版社，2004.

[18]　孙钟秀. 操作系统教程[M]. 4 版. 北京：高等教育出版社，2008.